KB083292

밥상 가득, 우리 먹거리

대한민국 지리적 표시 농/림/수/축산물을 찾아서

밥상 가득, 우리 먹거리

대한민국 지리적표시 농/림/수/축산물을 찾아서

지은이 신완섭

우리두리

머리말

우리나라는 식품과 관련하여 여러 가지 인증 제도를 채택하고 있다. 예를 들어 친환경농산물인증제도, 유기가공식품인증제도가 있으며 그 밖에도 농산물이력추적관리제도, 가공식품산업표준KS인증제도, 전통식품품질인증제도 등이 있다. 이 중 지리적 표시제^{Protected Geographical Indication}는 내가 가장 관심을 갖는 제도 중 하나이다.

2011년 한국농촌연구원이 25-59세 여성 700명을 대상으로 지리적 표시제에 대한 설문조사를 벌인 결과 응답자의 15%만이 알고 있다는 답변을 얻었다. 한심한 수준이 아닐 수 없다. 이 제도는 유럽연합^{EU}국가들이 자국의 농산물을 보호할 목적으로 만든 제도를 본떠 만든 제도이다. 지난 1999년에 관련법규가 처음으로 마련되었고 2002년 1월에 제1호 농산물이 등록된 이래 13년 사이에 165여 지역특산품이 추가 등재되거나 신청 중에 있어서 그리 생소하지 않을 법한데 의외의 결과라 놀라지 않을 수 없다.

지리적 표시제는 말 그대로 '특정지역의 우수 농림수축산물과 그 가공품에 고유의 지역명 표시를 할 수 있도록 해서 해당지역의 특산품을 보호하고 소비자의 알권리를 충족시키고자 만들어진 제도'이다. 사람들이 삼성, LG 등 유명 브랜드에 무한 신뢰를 보내는 것처럼 해당 지역명을 브랜드로 내세워 그만의 우수성과 명성을 인정해 주는 제도쯤으로 이해하면 된다. 세계적 명성을 얻고 있는 스카치 위스키, 보르도 와인, 아르덴 치즈, 비엔나 소시지 등이 그 예가 되겠다.

지난 2005년경 친환경 먹거리 사업^{www.onfarm.co.kr}에 발을 디딘 것을 계기로 식품에 관심을 갖게 되었다. 몇 해 전에는 [몸에 좋은 행복식품 다이어리^{중앙생활사}]라는 책을 발간한 적도 있다. 기후와 토양에 따라 작물선택과 재배방식은 달라지지만 세계인이 즐겨 찾는 베스트푸드는 식물성 자연 발효식품이 차지하고 있음을 알게 되었다. 요즈음은 로컬 푸드^{Local food}가 대세를 이룬다. 멀리 물 건너 온 것이 아니라 뒷마당에서 직접 가꾼 채소 과일이나 인근 야산에서 뜯어온 산나물이나 연근해에서 갓 잡은 싱싱한 생선 등을 식탁에 올리고 싶어 한다. 매우 바람직한 현상이다.

그런 의미에서 지리적 표시상품은 진가를 발휘할 수 있다. 이미 등록된 몇 가지 지리적 표시 특산품을 떠올려보면 어떤 찬거리를 골라야할지 고민할 필요가 없어지니 말이다. 가령 이천 쌀^{제12호 농산물}로 밥을 짓고 횡성 한우^{제17호 농축산물}와 양양 송이^{제1호 임산물}로 철판구이 요리를 하고 완도 전복^{제2호 수산물}으로 죽을 끓인다면 국가기관이 인증하는 최고의 식재료로 밥상을 차린 것이 된다.

그런데 비엔나 소시지는 알아도 제주 돼지고기^{제18호 농축산물}가 우리나라를 대표하는 지리적표시 상품이란 걸 모르는 주부들이 8할을 넘는다면 이건 정말 곤란하다. 광우병 불안이 채 가라앉기도 전에 횡성을 필두로 홍천, 함평, 영광, 고흥 등 5곳의 지역이 나란히 한우를 지리적 표시제로 등록한 사실도 알아야 한다. 지난 2012년 3월 한미 간 자유무역협정^{Free Trade Agreement}이 공식 발효된 이후 대형마트의 과일코너는 수입산 과일로 넘쳐나고 있다. 정육점에 넘쳐나던 미국산 소고기가 호주 등 다른 국가로 탈바꿈되었을 뿐 농민들이 우려하던 일이 현실로 드러나고 있다.

FTA는 생리상 강한 자만 살아남게 된다. 훈장이나 계급장을 뗀 채 오로지 스스로의 경쟁력만으로 살아남는 자만 승리하게 된다. 정부도 유관기관도 드러내 놓고 보호를 해주지 못하기 때문이다. 시행 15돌을 넘긴 지리적 표시제는 우리 농수축산품이 스스로 자생력을 기르게 만드는 데 하나의 기준이 되고 있으며 상당부분 성과도 거두고 있다. 그러나 아직 멀었다. 앞서 밝힌 것처럼 국민적 계도가 엉망이고 남 따라 장에 가다보니 자격요건이 결여된 일부 등록상품도 눈에 띈다. 국내에서 이런 상황이니 어찌 세계적인 지리적 표시상품들과 나란히 어깨를 겨룰 수 있을까.

내가 이 글을 쓰게 된 동기가 그런 안타까움에서 비롯되었다면 그 역시 안타까운 일이 아닐 수 없다. 2010년 지리적 표시제 상품들을 모 약계지에 연재하기 시작했을 때가 생각난다. 해당 신문사 사장도 처음 들어본다는 지리적 표시제, 거기다 독자가 약사인 전문지였으므로 대중성과 전문성을 적절히 살린 글 구성이 절실했다. 농산물 제1호인 보성 녹차를 집필하며 나는 간단한 화두를 끄집어냈다. "진리가 무엇입니까? 차나 한 잔 마시고 가게" 조주스님의 선문답으로 시작된 글의 앞부분은 해당 식품의 원산지와 유래, 관련 에피소드를 담았다. 중반부터는 식품의 주요성분과 효능효과, 적용사례 등으로 구성해 보았다. 절반 이상을 약리작용 등으로 할애한 것은 독자인 약사를 의식했기도 했지만 식품이라는 특성상 '식품에 대한 영양학적인 이해'가 우리 모두에게 가장 유익한 정보가 되리라는 판단에서였다.

식품은 삶의 양식樣式이자 양식糧食이다. 먹는 일은 빼놓을 수 없는 생활의 일부분이라서 섭취하는 식품에 따라 문화적인 차이가 달리 나타날 수밖에 없다. 극명한 차이는 육식 위주의 서양식 포크&나이프, 벼농사 위주의 극동식 숟가락 젓가락에서 찾아볼 수 있다. 마찬가지로 이 땅에서 자란 농산물은 대대로 우리의 생활에 많은 영향을 끼쳐 왔다. 우리만의 독특한 식습관과 식문화가 탄생된 배경과 유래를 찾아보는 재미도 잊지 않았다.

이 책에는 2015년 4월 현재까지 등록된 165여 지역, 80여 종의 지리적표시 특산물이 담겨있다. 여러 지방자치단체에서 지금도 신청 중인지라 지리적표시 농수축산물은 여전히 현재진행형이다. 대한민국을 대표하는 지역 특산물들이 많이 등록되어 우리 농가를 살찌우고 우리 식탁을 풍성하게 만듦은 물론 세계시장으로도 뻗어나가기를 간절히 소망하며, 자료수집에 도움을 주신 농림축산식품부 국립농산물품질관리원 원산지관리과, 산림청 산림경영소득과, 한국임업진흥원, 국립수산물품질관리원 품질관리과 관계자 여러분에게 심심한 감사를 드린다.

군포 사무실에서 저자 신완섭

C O N T E N T

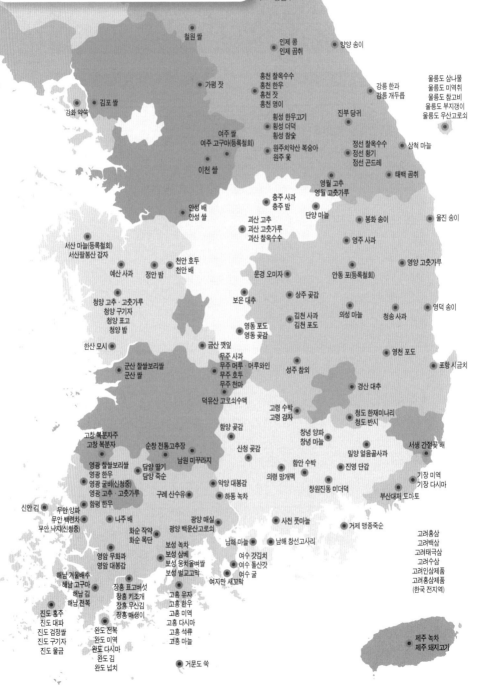

국내 지리적표시 등록 현황

지리적표시 (PGI) 농림축산식품부

2015년 4월 기준

농산물 / 축산물 / 임산물 / 수산물

자료 : 농림부

철원 쌀

인제 콩
인제 곰취

양양 송이

가평 잣

홍천 찰옥수수
홍천 한우
홍천 잣
홍천 명이

강릉 한과
강릉 개두릅

울릉도 삼나물
울릉도 미역취
울릉도 참고비
울릉도 부지갱이
울릉도 우산고로쇠

김포 쌀

강화 약쑥

여주 쌀
여주 고구마(등록철회)

이천 쌀

안성 배
안성 쌀

횡성 한우고기
횡성 더덕
횡성 참숯

원주치악산 복숭아
원주 옻

진부 당귀

정선 찰옥수수
정선 황기
정선 곤드레

삼척 마늘

충주 사과
충주 밤

영월 고추
영월 고춧가루

괴산 고추
괴산 고춧가루
괴산 찰옥수수

단양 마늘

봉화 송이

울진 송이

태백 곰취

서산 마늘(등록철회)
서산팔봉산 감자

예산 사과

정안 밤

천안 호두
천안 배

영주 사과

영양 고춧가루

청양 고추·고춧가루
청양 구기자
청양 표고
청양 밤

문경 오미자

안동 포(등록철회)

보은 대추

상주 곶감

김천 사과
김천 포도

의성 마늘

청송 사과

영덕 송이

한산 모시

금산 깻잎

영동 포도
영동 곶감

영천 포도

군산 찰쌀보리쌀
군산 쌀

무주 사과
무주 머루·머루와인
무주 호두
무주 천마

성주 참외

포항 시금치

덕유산 고로쇠수액

경산 대추

고령 수박
고령 감자

고창 복분자주
고창 복분자

함양 곶감

청도 한재미나리
청도 반시

서생 간절곶 배

순창 전통고추장

담양 딸기
담양 죽순

남원 미꾸라지

산청 곶감

청녕 양파
청녕 마늘

밀양 얼음골사과

진영 단감

기장 미역
기장 다시마

영광 찰쌀보리쌀
영광 굴비
영광 굴비(신청중)
영광 고추·고춧가루
함평 한우

구례 산수유

악양 대봉감

하동 녹차

함안 수박

의령 망개떡

창원진동 미더덕

부산대저 토마토

신안 김

무안 양파
무안 백련차
무안 낙지(신청중)

나주 배

화순 작약
화순 목단

광양 매실
광양 백운산고로쇠

사천 풋마늘

거제 맹종죽순

고려홍삼
고려백삼
고려태극삼
고려수삼
고려인삼제품
고려홍삼제품
(한국 전지역)

해남 겨울배추
해남 김
해남 고구마
해남 전복

영암 무화과
영암 대봉감

보성 녹차
보성 삼베
보성 웅치올벼쌀
보성 벌교꼬막

남해 마늘

남해 창선고사리

여수 갓김치
여수 돌산갓
여수 굴
여자만 새꼬막

장흥 표고버섯
장흥 키조개
장흥 무산김
장흥 매생이

고흥 유자
고흥 한우
고흥 미역
고흥 다시마
고흥 석류
고흥 마늘

진도 홍주
진도 대파
진도 검정쌀
진도 구기자
진도 울금

완도 전복
완도 미역
완도 다시마
완도 김
완도 넙치

거문도 쑥

제주 녹차
제주 돼지고기

지리적표시제의 이해 및 현황

지리적표시제의 이해 및 현황

지리적표시제란?

지리적 표시Protected Geographical Indication란 명성이나 품질, 기타의 특징
이 본질적으로 특정지역의 지리적인 특성에 의해 생산된 농림수축산
물 또는 가공품이라는 것을 인정하고 그 명칭을 보호해 주는 제도이
다. 보통 강화 약쑥, 창선 고사리처럼 특정장소의 명칭을 사용하지만
예외적으로 고려 홍삼, 고려 백삼처럼 국가 전역을 지칭하는 명칭을
쓰기도 한다. 이와 같이 지리적 표시 상품은 특정한 지역, 지방, 산,
하천명 등 반드시 지리적 명칭이어야 하므로 지리적 명칭과 관련이

없는 브랜드는 지리적 표시의 대상에서 제외된다.

외국의 예를 들어보면 꼬냑은 원래 프랑스 꼬냑 지방에서 생산되는 증류주 명칭인데, 지금은 보통명사처럼 사용될 정도로 그 명칭이 널리 알려져 있다. 이 외에도 프랑스의 브로고뉴 와인, 보르도 와인, 샹빠뉴 샴페인과 쿠바의 하바나 시가, 오스트리아 비엔나 소시지 등 쟁쟁한 지리적 표시상품들이 세계 전역을 누비고 있다.

외국의 사례 유럽연합의 지리적표시제

우리나라의 지리적표시제는 유럽연합EU의 제도를 모델로 삼은 것이다. EU는 지리적표시를 원산지명칭보호PDO ; Protected Designation of Origin와 지리적표시보호PGI ; Protected Geographical Indication로 구분하고 있다. PDO는 원료의 생산과 가공 전 과정이 해당지역 내에서 이루어져야 하지만, PGI는 생산, 제조 및 처리 과정 중 어느 하나라도 지역과 관련성이 있으면 인정해 주는 제도이다. 프랑스의 AOC, 이탈리아의 DOC, 스페인의 DDO 등 각 나라별로 시행하고 있는 제도들은 모두 원산지명칭보호에 해당한다.

이 제도의 선두주자인 프랑스는 자국의 포도주 산업을 육성 보호할 목적으로 1935년에 '포도주 및 증류주 국가위원회'를 설치하였고 1947년에 국립원산지명칭관리소INAO를 두어 원산지명칭보호제도AOC를 본격화한 이래로 치즈, 농축우유, 천연수 등으로 확대 시행하였다. 2000년 3월 현재 나라별로는 프랑스 112 품목을 필두로 이탈리아 101, 그리스 포르투갈 각 76, 독일 60, 스페인 48 품목 순이고, 품목별로는 치즈 139, 육류 육가공 133, 과일 채소 109, 광천수 31개 순으로 등록되어 총 527개$^{PDO\ 326,\ PGI\ 201}$ 품목이 등록되어 있다. EU는 1992년 부터 등록된 상품 이외에는 해당 지명을 함부로 쓰지 못하도록 강력 한 법적 보호조치를 취하고 있다.

우리나라의 운영실태

앞서 말한 대로 EU의 제도를 본떠 1999년 지리적표시제가 처음 도 입되었다. 농수산물품질관리법 규정을 마련하여 농축산물은 국립농 산물품질관리원이, 임산물은 산림청이, 수산물은 국립수산물품질관 리원에서 각각 신청-심사-등록 업무를 맡아 하고 있다. 2002년 1월 에 국내 처음으로 제1호 등록 농산물 '보성 녹차'가 탄생되었고, 2006 년에는 제1호 임산물로 '양양 송이'가, 2008년에는 '보성벌교 꼬막'이 제1호 수산물로 등록되었다. 특이한 점은 EU에는 없는 수산물을 세 계 최초로 지리적표시제로 포함시킨 것인데, 대게나 황태로 유명한 경북 영덕과 강원 인제 용대리에 대해서는 원양어획물이 섞여있다 는 이유로 등록을 보류시키고 있는 반면, 연근해를 생산지로 하는 수 산물만 차례로 등록시켜 지역명물의 형평성을 제대로 살리지 못하고 있다는 지적을 받고 있다. 2015년 4월 현재 농축산물 96, 임산물 49, 수산물 20곳으로 비교적 짧은 기간에 165곳 지역특산품이 지리적표 시제 상품으로 이름을 올리고 있는 것이다.

품목별 등록현황

우리나라 3대 대표 음식은 김치, 불고기, 비빔밥이다. 이들 음식에 약방의 감초처럼 들어가는 고추와 마늘이 가장 많이 등록된 점은 지극히 당연한 결과이다. 한국인이 가장 즐기는 과일인 감과 사과와 배, 주식인 쌀, 최고의 건강식품으로 자리 잡은 고려 인삼, 대한민국 대표 축산물 한우, 맛과 풍미를 자랑하는 송이버섯, 겨울철 밥상의 터줏대감인 김 등이 그 뒤를 잇고 있어 이들을 대한민국 10대 특산물로 꼽을 수 있겠다. 축산물로는 제주 돼지고기를 제외하고는 한우 일색이어서 수입소고기에 대한 대항마 역할이 기대된다. 임산물은 송이버섯과 곶감^{감 포함}, 밤 외에 고로쇠수액이 다빈도 등록 상품으로 이름을 올려 대한민국 지역특산 임산물로 자리매김할지 귀추가 주목된다. 수산물은 뒤늦게 시행된 만큼 대표 주자를 가려내기에는 아직 미흡한 감이 없지 않으나 연안에서 양식하는 김, 미역, 다시마 등 해조류가 두각을 나타내고 있다.

※ 다빈도 등록상품 현황표

분류	다빈도 등록상품(3곳 이상)
농산물	고추관련 10 〉 마늘 7 〉 쌀, 사과, 인삼, 배 각 6 〉 녹차, 찰옥수수, 포도 각 3
축산물	한우 5
임산물	감(곶감 포함) 8 〉 송이 4 〉 고로쇠, 밤 각 3
수산물	김 4 〉 미역, 다시마 각 3

지역별 등록현황

우리나라는 삼면이 바다로 둘러 쌓여있고 국토의 70%가 산림을 이루고 있어 육해공 산해진미를 어디서건 맛볼 수 있다. 또한 일조량과 강수량이 풍부해 전국 방방곡곡이 옥토를 이루므로 주곡인 쌀과 사과, 포도 등 과일의 맛과 영양이 뛰어난 편이다. 특히 강원, 경북 산간지역에서 나는 여러 가지 산나물과 버섯류, 남도지역의 수산물은 우리만의 독특한 음식문화를 만드는데 일조를 했다. 지역별로는 맛의 고장으로 알려진 전남 지역이 농수축산물 전 분야에서 선두를 달리고 있고 산림이 풍부한 경북, 강원 지역이 임산물 분야에서 다양한 먹거리를 등록시키고 있다. 반면 도시화로 인해 수도권(서울, 경기, 인천) 지역의 실적이 저조하고 충청과 전북, 제주 지역 지방자치단체의 신청 활동이 상대적으로 미흡한 편이다. 2012년 이후 신청 등록이 저조한 가운데 3곳의 농산물, 즉 서산 마늘(제4호), 안동 포(제22호), 여주 고구마(제44호)가 자의반 타의반 등록을 자진 철회하여 제도관리에 문제점을 노출하고 있다.

※ 각 도별 등록 현황표(2015년 4월 기준)

분류	전국	서울경기	강원	충북	대전충남	대구경북	부산경남	전북	광주전남	제주	계
농산물	6	6	11	6	7	12	11	6	24	1	90
축산물	-		2						3	1	6
임산물	-	1	10	3	5	12	5	5	8	-	49
수산물	-						3	1	16		20
계	6	7	23	9	12	24	19	12	51	2	165

문제점 및 개선방안

지리적표시 상품은 지역별 특산품의 또 다른 이름이다. 세계적으로 공인받는 지리적표시 상품처럼 자타가 인정하는 지역대표 상품이어야 한다. 자타가 공인한다는 의미는 결국 집안 잔치로만 여겨져서는 안 된다는 뜻이다. 따라서 보다 신중하게 신청해야 하고 엄격한 잣대로 심사받아야 한다. 그것이 선결과제이다. 그런데 분류기준 자체가 모호한 구석이 있다. 대분류를 농산/임산/수산으로 3등분해 놓고 축산물은 농산물로 임의 분류하고 있다든지 대봉감 반시 곶감 등 감 관련 산물들을 하나같이 임산물로 분류해 오다 진영단감만 불쑥 농산물로 등록시킨 것은 쉽게 납득이 가지 않는다.

둘째로는 일단 등록된 상품에 대해서는 전폭적인 지원과 계도가 이루어져야 한다. 일부 지자체에서는 지리적표시 신청 자체를 기피한다고 한다. 등록되어도 별로 혜택을 보지 못하기 때문에 차라리 신청비용이라도 아끼자는 실리적인 이유에서다. 정부부처와 지자체가 앞장 서서 이 제도의 의의와 선정상품의 우수성을 널리 알리고 보호 육성해야 한다. 해당 지자체는 매년 지표산물 축제를 준비하고 유관부처 주도로는 정기적인 박람회나 전시회를 개최하여 소비자는 물론 업체관계자나 바이어와 접촉할 수 있는 기회를 조성해 주어야 한다.

셋째로는 국민과 민간업체의 자발적인 참여가 절실하다. 시장에서 물건을 사다보면 지리적표시 라는 인증마크가 부착된 상품들을 만나게 된다. 기왕에 살 물품이라면 이 마크가 부착된 상품을 선호해야 하고, 마트나 백화점 등에서도 따로 운영하는 유기농 코너처럼 지표산물 전용매장을 설치하여 전국 각지의 질 좋은 대한민국 대표상품들을 홍보 판촉하는데 적극 동참해야 한다.

마지막으로 아는 것이 힘이 된다. 정부부처나 지자체, 일부 민간 기업의 힘만으로는 세계적인 지표산물 반열에 오르기는 역부족이다. 어떤 사람이나 사물에 대한 애정은 '앎'에서 비롯된다. 잘 알지도 못하면서 사랑할 수는 없는 법이기 때문. 따라서 학계에서는 지표산물 백서를 마련해야 하고 언론에서도 각종 매스미디어를 통해 그 우수성을 널리 알려서 온 국민이 우리 먹을거리에 대한 기본소양 지식을 갖추도록 해야 비로소 지표산물로서의 진가를 발휘하게 될 것이라는 게 내 믿음이다. 그런 점에서 본서도 일조하기를 소망한다.

지리적표시 세부 등록현황표

2015년 4월 기준

농축산물		임산물	수산물
1 보성 녹차	2 하동 녹차	1 양양 송이	1 보성 벌교 꼬막
3 고창 복분자주	4 서산 마늘(등록철회)	2 장흥 표고버섯	2 완도 전복
5 영양 고춧가루	6 의성 마늘	3 산청 곶감	3 완도 미역
7 괴산 고추	8 순창 전통고추장	4 정안 밤	4 완도 다시마
9 괴산 고춧가루	10 성주 참외	5 울릉도 삼나물	5 기장 미역
11 해남 겨울배추	12 이천 쌀	6 울릉도 미역취	6 기장 다시마
13 철원 쌀	14 고흥 유자	7 울릉도 참고비	7 장흥 키조개
15 홍천 찰옥수수	16 강화 약쑥	8 울릉도 부지갱이	8 장흥 무산김
17 횡성 한우고기	18 제주 돼지고기	9 경산 대추	9 완도 김
19 고려 홍삼	20 고려 백삼	10 봉화 송이	10 완도 넙치

농축산물		임산물	수산물
21 고려 태극삼	22 안동 포(등록철회)	11 청양 구기자	11 장흥 매생이
23 충주 사과	24 밀양 얼음골사과	12 상주 곶감	12 여수 굴
25 한산 모시	26 진도 홍주	13 창선 고사리	13 남원 미꾸라지
27 정선 황기	28 남해 마늘	14 영덕 송이	14 고흥 미역
29 단양 마늘	30 창녕 양파	15 구례 산수유	15 고흥 다시마
31 무안 양파	32 여주 쌀	16 광양백운산 고로쇠	16 창원진동 미더덕
33 무안 백련차	34 청송 사과	17 영암 대봉감	17 신안 김
35 고창 복분자	36 광양 매실	18 천안 호두	18 해남 김
37 정선 찰옥수수	38 진부 당귀	19 문경 오미자	19 해남 전복
39 고려 수삼	40 청양 고추	20 무주 머루	20 여자만 새꼬막
41 청양 고춧가루	42 해남 고구마	21 울진 송이	
43 영암 무화과	44 여주 고구마(등록철회)	22 횡성 더덕	
45 보성 삼베	46 함안 수박	23 악양 대봉감	
47 고려 인삼제품	48 고려 홍삼제품	24 영동 곶감	
49 군산 찰쌀보리쌀	50 제주 녹차	25 가평 잣	
51 홍천 한우	52 영월 고추	26 홍천 잣	
53 영천 포도	54 영주 사과	27 보은 대추	
55 서생 간절곶 배	56 무주 사과	28 청도 반시	
57 함평 한우	58 삼척 마늘	29 정선 곤드레	
59 김천 자두	60 영동 포도	30 거제 맹종 죽순	
61 진도 대파	62 김천 포도	31 태백 곰취	
63 원주치악산 복숭아	64 영월 고춧가루	32 인제 곰취	
65 영광 찰쌀보리쌀	66 예산 사과	33 덕유산 고로쇠수액	
67 여수 돌산갓	68 여수 갓김치	34 진도 구기자	
69 청도 한재미나리	70 담양 딸기	35 횡성 참숯	
71 보성 웅치올벼쌀	72 사천 풋마늘	36 담양 죽순	
73 고령 수박	74 의령 망개떡	37 무주 머루와인	
75 강릉 한과	76 금산 깻잎	38 충주 밤	
77 괴산 찰옥수수	78 인제 콩	39 함양 곶감	
79 김포 쌀	80 영광 한우	40 울릉 우산고로쇠	
81 나주 배	82 창녕 마늘	41 강릉 개두릅	
83 고흥 한우	84 진도 검정쌀	42 화순 작약	
85 거문도 쑥	86 부산대저 토마토	43 화순 목단	
87 안성 배	88 진영 단감	44 원주 옻	
89 서산팔봉산 감자	90 영광 고추	45 무주 천마	
91 영광 고춧가루	92 천안 배	46 홍천 명이	
93 고령 감자	94 고흥 석류	47 청양 표고	
95 진도 울금	96 포항 시금치	48 청양 밤	
97 군산 쌀	98 안성 쌀	49 무주 호두	
99 고흥 마늘			

농산물

/ 감자 / 갓김치 / 검정쌀 / 겨울배추 / 고구마 / 고추 · 고추가루 / 고추장 /

/ 깻잎 / 녹차 / 당귀 / 대파 / 딸기 / 마늘 / 망개떡 / 매실 / 모시 / 무화과 / 미나리 / 배 /

/ 백련차 / 복분자 · 복분자주 / 복숭아 / 사과 / 삼베 / 석류 / 수박 / 시금치 / 쌀 / 약쑥 · 쑥 / 양파 /

/ 울금 / 유자 / 인삼(수삼 · 백삼 · 홍삼) / 자두 / 찰쌀보리쌀 / 찰옥수수 /

/ 참외 / 콩 / 토마토 / 포도 / 한과 / 홍주 / 황기 /

감자

제89호 지리적표시 농산물 - 서산팔봉산 감자
제93호 지리적표시 농산물 - 고령 감자

개도 안 먹는 감자를
우리보고 먹어라 합니까?

　18세기 중반 프로이센의 프리드리히 2세가 기근을 방지할 구황작물로 감자를 심으라는 명령을 내리자 이런 상소문이 올라왔다. 국왕은 본인이 매일 감자를 먹으며 "내가 개만도 못하냐?"고 여론을 무마했다. 옛날이나 지금이나 '항산항심恒産恒心; 등 따스하고 배부른 백성이 만족한다'이 치세의 요체인가 보다. 오늘날 정치인들이 본받아야 할 대목이다.

　감자ᵵ藷는 가지과의 다년생 식물로서 세계에서 네 번째로 많이 생산되는 작물이다. 남미 안데스 지역이 원산지이지만 재배 적응력이 뛰어나 해안가에서부터 5천 미터 고산지대까지, 아프리카 사하라 사막에서부터 눈 덮인 그린란드까지 자라지 않는 곳이 없을 정도이다. 1570년대 신항로를 개척한 에스파냐에 의해 처음으로 유럽에 도입되었으나 맛없고 흉측한 모양새 때문에 악마의 작물로 외면 받다가 18세기 이후 급격히 늘어난 인구를 부양할 구황작물로 널리 퍼지기 시작했다. 영국의 곡물 수탈에 시달리던 아일랜드에서는 일찌감치 주식으로 자리 잡기도 했으나 19세기 말 유럽을 강타한 감자마름병으로 인해 100만 명이 굶어죽는 대기근을 겪기도 했다.

조선시대 때 편찬된 〈오주연문장전산고〉에 따르면 우리나라에는 1824~25년경 청나라를 통해 전래되었다. 산삼을 캐기 위해 숨어들어 온 청나라 사람들이 식량으로 몰래 경작한 것이 시초. 초기에 불렸던 '북저北藷'라는 명칭은 북에서 온 감자라는 뜻이다. 일본은 우리보다 200년 앞서 1603년 네덜란드 상인들에 의해 전파되었는데, 자카르타에서 가져온 것이라 하여 '자가이모'라는 이름이 붙여졌다.

2013년 충남 서산 팔봉산 감자와 경북 고령 감자가 지리적표시제로 등록되었다. 감자하면 강원도가 연상되지만 강원도는 전역이 온통 감자밭 투성이인지라 대표 주자를 내세우기가 좀 거시기한 반면, 해양성 유기질 사질토와 낙동강 연안 충적토에서 최고의 우량 감자를 생산해 온 두 곳이 먼저 감자 주산지로 이름을 올린 것이다. 어쩌면 감자바위라 놀림당하는 걸 싫어하는 강원 사람들의 정서가 반영된 탓인지도 모르지만 감자옹심이, 감자범벅, 감자전 등 감자요리의 지존

자리를 꿰차고 있으니 감자는 여전히 강원도의 힘을 반영하고 있다.

감자가 자라기에 가장 적당한 온도는 섭씨 20도 전후이다. 1920년대 초 강원 회양군 난곡면에서 농업연구를 하던 독일인 매그린이 이런 기후 조건에 잘 맞는 품종난곡1~5호을 개발하여 도내의 화전민들에게 보급하면서 쌀 대신 감자가 주식이 되었다. 반으로 쪼갠 씨감자를 3월 하순에서 5월 상순 사이 심어서 싹이 트면 2대쯤 포기를 남기고 솎아준다. 심은 지 석 달도 안 되는 6월 하순~7월 상순에 수확의 기쁨을 누리게 되지만 75% 정도로 수분 함량이 많아 장기 보관이 어려운 게 문제. 감자에는 솔라닌과 차코닌이 주를 이루는 글리코알칼로이드라는 독성화합물이 들어있다. 물리적인 위해危害나 광선, 시간의 경과에 따라 그 성분이 증가하며 껍질 바로 밑에 주로 함축된다. 이때 특히 생으로 먹게 되면 독성으로 인해 두통, 설사, 구토 등이 나타나고 심할 경우 사망에 이를 수 있다.

도입 초창기에는 임진왜란 때 일본에서 들여 온 고구마와 혼용하여 불려졌다. 아직도 함경도와 황해도에서는 고구마를 단감자, 양감자, 왜감자 등으로 부르며, 한때 전라도와 충청도에선 고구마를 감자라 부르고 감자는 하지감자라 구분했다. 제주에서는 지금도 고구마를 지칭하는 감자와 감자를 지칭하는 지슬 혹은 지실이란 방언이 쓰여 지고 있다. 명칭뿐만 아니라 헷갈리는 게 또 있다. 감자는 엄연한 뿌리 식물인 고구마와 달리 줄기가 변성되어 만들어진 덩이줄기 식물이다. 또한 고구마 보다 단맛은 덜하지만 혈당지수GI는 높은 편이라 혈당으로의 전환이 빠르고 에너지로 쓰이지 못한 잉여 당분이 지방으로 축적되기 쉬우므로 주의해야 한다.

그러나 전체적으로 볼 때 감자는 매우 유용한 식물이다. 녹말 13~20%, 단백질 1.5~2.6%에 비타민C가 매우 풍부하다. 지방질이 거의 없는 알칼리성 고단백 식품인 것이다. 감자의 효능을 살펴보면,

1. 알칼리성 저칼로리식. 감자의 알칼리 성분은 사과의 2배인 6.7로서 농산물 중 최고수준이고 주식 중 유일한 알칼리성 식품이다. 100g당 열량이 같은 양의 쌀밥 145kcal의 절반인 72kcal에 불과해 적게 먹고도 포만감을 느낄 수 있어 다이어트식으로도 추천된다.

2. 비타민C의 보고. 감자에는 100g당 비타민C가 23mg 들어있어 일일권장섭취량 50mg를 달랑 감자 2개로 해결할 수 있다. 이 양은 사과의 2배에 해당되면서도 가열 조리하더라도 일반 과일 야채와 달리 96% 이상이 잔존하여 영양소 파괴가 거의 없는 특징을 띤다.

3. 성인병 예방. 성인병 예방에 좋은 이유는 감자에 많이 함유된 칼륨과 식이섬유 덕분이다. 감자의 칼륨은 나트륨보다 12배나 더 많아 소금섭취가 많은 한국인의 칼륨:나트륨의 이상비율[1:1]을 균형적으로 맞춰주어 나트륨의 체내흡수를 막아준다. 쌀밥이나 흰빵, 면류보다 많은 감자의 식이섬유는 콜레스테롤 및 당의 흡수를 저해하여 동맥경화를 예방하고 혈당치의 상승도 막아준다.

4. 빈혈 예방과 치료. 가장 흔한 빈혈은 철분 부족으로 오는 철결핍성 빈혈이다. 이럴 경우 철분을 많이 섭취해 줘야 하지만 장에서 흡수되지 않고 배설되어 버린다면 별 소용이 없다. 감자에 많은 비타민C는 철과 결합하여 장에서의 흡수를 도우므로 빈혈 방지에 큰 도움을 준다.

5. 한국인에게 필수적인 건강식품. 쌀밥=탄수화물을 주식으로 하는 식사에는 예외 없이 체내 분해를 위해 수분이 동원된다. 하지만 남아도는 수분은 노화를 유발하고 성기능을 저하시킨다. 알칼리성 식품인 감자는 몸의 붓기를 빼 주고 체질의 산성화를 막아준다. 탄수화물의 소화 흡수에 관여하는 비타민B1 역시 사과의 10배, 밥의 2~3배가 많고 쌀밥에는 거의 없는 콜린, 메치오닌 같은 영양소가 들어있어 우리에게는 필수적인 식품이다.

감자는 주식 또는 간식, 굽거나 찌거나 기름에 튀겨 먹어 그 요리법이 매우 다양하다. 하지만 전분이 적은 서양감자는 바싹바싹 튀김용으로 어울리는 반면 전분이 많은 우리 감자는 쫀득쫀득 지짐용으로 더 잘 어울린다. 그러다보니 맥도날드 포테이토는 모두 수입산 감자버뱅크 품종를 사용한다.

끝으로 감자의 맛과 영양을 살리는 조리 시 4가지 원칙도 알아보자. 첫째 가능한 껍질을 벗기지 말고 요리할 것. 둘째 자를 때는 공기에 닿는 면적을 적게 하여 큼직하게 자를 것, 셋째 비타민C가 물에 녹는 것을 방지하기 위해 자른 뒤에는 물에 씻지 말 것, 넷째 산화방지를 위해 기름에 튀기기보다 볶아 먹을 것.

세계적인 장수마을인 불가리아 훈자와 에콰도르의 비루카밤바 주민들은 공통적으로 '유카' 라는 감자를 주식으로 삼고 있다. 유럽 사람들이 '땅속의 사과'로 불렸던 감자가 오늘날 장수식품으로 각광받는 증거이다. 하루 두 톨의 감자, 여러분도 상식常食해 보기 바란다.

갓 · 갓김치

제67호 지리적표시 농산물 - 여수 돌산갓
제68호 지리적표시 농산물 - 여수 돌산갓김치

밥솥에서 퍼 낸 더운 쌀밥 위에
척척 걸쳐먹는 그 맛이 가장 좋다.
입맛이 없거나 나른할 때 한입 넣으면
금세 입맛이 되살아나고 온몸에 힘이 솟는다.

'음식사냥 맛사냥'을 연재했던 이종찬 기자의 돌산갓김치 예찬이
다. 그는 막걸리를 좋아해서 매콤하면서도 새콤달콤한 갓김치를 안
주 삼다보면 그 맛이 혓바닥을 농락하면서 또다시 시원한 막걸리를
부른다며 경계(?)의 눈초리도 흘린다. 막걸리 애호가인 나 역시 똑 같
은 심정으로 밥도둑인 간장게장만큼 안주도둑인 갓김치를 경계한다.

갓은 쌍떡잎식물 양귀비목 겨자과 식물이다. 한국과 중국에 분포
하며 한자로 개채芥菜 또는 신채辛菜라 하고 영어로는 Mustard이다. 우
리나라에서는 잎채소를 갓이라 하고 그 열매를 겨자라고 따로 부르

는데, 잎을 주로 먹는 것과 겨자로 쓸 품종은 약간 다르며 갓은 주로 김치용으로 쓰이는데 반해 열매는 매운맛이 강하여 양념, 약제 또는 기름으로 짜기도 한다. 2,000년 이상의 재배역사가 확인된 중국과 달리 우리나라에서의 재배역사는 분명치 않으나 중국과 일본의 전파 내력으로 봐서 오랜 옛날에 도입이 되어 품종분화가 이루어진 것으로 추정된다.

문헌에 많이 나오는 것으로 보아 조선 시대에도 갓김치를 즐겨 먹은 듯하다. 특히 메갓이라고도 불리는 산갓은 이른 봄의 입춘 오신반 五辛盤에 포함된다. 이것으로 담근 김치는 쏘는 맛으로 미각을 자극하며 그 향취가 사흘을 간다고 하였다. 〈증보산림경제〉에서는 "산갓이 좀 자라면 즉시 시들고 맛이 좋지 못하다. 봄을 먼저 알린다고 하여 산갓을 '보춘저報春葅'라 한다." 하였다.

돌산 갓은 해방 후 50년대 초 일본을 왕래하는 여수지역 무역상들이 무잎 형태의 '만생평경대엽고채' 계통의 씨앗을 들여와 돌산 세구지 마을에서 처음 재배한 것이 시초. 지금은 돌산 전역은 물론 인근 화양면까지 확산 재배되고 있다. 돌산갓김치가 명성을 얻게 된 것은 재래 갓과 달리 해양성 기후와 알칼리성 및 유황 성분의 토사질 토양에서 재배되어 톡 쏘는 매운맛이 적고 섬유질이 적어 부드러운 데다 독특한 향을 지니고 있기 때문이다. 이 같은 특성으로 막 담근 생김치도 담백한 맛을 내지만 일정기간 숙성시킬 경우에는 감칠맛을 내 하절기나 동절기할 것 없이 잃었던 입맛을 되찾는 데 제격이다.

여기다 돌산 갓은 단백질 함량이 일반 채소에 비해 높다. 일반 곡류에서 부족한 무기질과 비타민도 많아 콜레스테롤 수치를 낮춰주며 고지혈증 등 성인병 예방에도 효능이 뛰어난 기능성 식품이다. 특히 당질은 8.4%이다. 이 때문에 한때 청와대 식탁에 고정메뉴로 오르기도 했다. 현재는 지리적 특산품으로 등록하여 돌산·화양지역 1천여 농가에서 600여 ha^{3백20만여평}에 갓을 재배하고 있다.

돌산 갓은 씨앗을 뿌린 뒤 수분과 일정 시비를 할 경우 50여 일이면 수확이 가능하여 양산체제가 구축돼 있다. 이로 인해 4계절 내내 갓김치 맛을 즐길 수 있는 것도 명성을 이어가는 한 요인이다. 맛은 봄과 가을철에 노지에서 재배된 갓으로 담근 것이 가장 뛰어나다.

돌산 갓김치에는 일반김치와 물김치, 절임김치 등 3종류가 있다. 일반김치는 무잎 갓을 소금에 절여 씻은 뒤 젓국과 마늘, 양파, 생강, 물고추, 찹쌀가루죽 등을 혼합하여 만든다. 물김치는 배춧잎 갓을 절여 배와 사과, 풋고추를 갈아서 만든 즙과 생강, 양파, 마늘, 찹쌀가루죽 등을 혼합하여 하루쯤 숙성시켜야 제 맛이 난다. 절임김치는 팩에 절임 갓을 담고 갖가지 재료의 양념을 별도로 포장하여 소비자의 식성에 따라 간을 맞추도록 한 맞춤형이다.

갓에는 푸른색과 보라색 갓이 있는데 보라색이 향이 더 진하고 맵다. 갓김치는 보랏빛의 붉은 갓으로 담그는 것이 맛있고, 동치미에는 물이 우러나지 않는 푸른색 갓이 좋다. 전라도 지방의 갓김치는 고춧가루와 멸치젓을 많이 넣은 별미 김치이다. 갓은 삭히지 않고 소금에 절이기만 하면 되고 실파를 섞어서 담그면 더욱 맛있다. 겨울철에는 담근 후 한 달쯤 충분히 익은 것이 더 맛있다.

〈본초강목〉에서는 '가슴을 이롭게 하고 식욕을 돋운다.'라고 표현하고 있고, 〈동의보감〉에서는 '따뜻하고 매운 성질이 담을 제거하고 기氣의 유통을 돕고 한寒을 몰아내어 몸을 따뜻하게 하니 신장의 사기邪氣가 제거되고 구규九竅 ; 사람 몸에 있는 9개의 구멍를 통하게 한다.'고 기술하고 있다.

갓은 엽산이 풍부한 식품 중의 하나로서 갓 100g에 엽산이 370㎍이 들어있다. 보통 식품 중 엽산의 50-90%가 가공 및 조리 과정에서 파괴되는데, 갓은 김치를 담가 먹어도 엽산의 함량은 크게 줄지 않는다. 엽산은 단백질과 핵산의 합성에 작용하여 발육을 촉진시킨다. DNA 합성에 필요한 티미딜레이트thymidylate가 합성되기 위해서는 엽산이 꼭 필요한데 부족하면 세포분열이 정상적으로 일어나기 어렵다. 세포분열이 많이 일어나는 유아기, 성장기, 임신 수유기에 필요량이 대폭 증가하므로 이 시기에 엽산 보충이 필요하다. 술을 많이 마시는 사람, 아스피린이나 경구용 피임약을 복용하는 사람도 결핍되기 쉬우므로 충분한 양을 섭취해야 한다. 엽산이 풍부한 갓김치는 성장발육 외에도 다음과 같은 효능이 있다.

1. 빈혈 예방. 엽산이 없다면 골수 내의 적혈구 전구 세포들이 새로운 DNA를 형성할 수 없기 때문에 정상적으로 분열되어 성숙한 적혈구가 되지 못한다. 특히 적혈구의 수명은 통상 4개월 정도인데, 새로운 적혈구가 만들어 질 때 엽산이 결핍되면 정상적인 적혈구가 생성

되지 못해 악성 빈혈이 유발된다.

2. **뇌졸중 예방.** 식사를 통해 충분한 양의 엽산을 섭취하는 사람들은 적은 양의 엽산을 섭취하는 사람들보다 뇌졸중 발생 위험이 낮다고 한다. 미국 보건조사의 일환으로 실시한 한 영양조사에 따르면, 19년 동안을 추적 관찰한 결과 가장 많은 식이성 엽산을 섭취한 사람들이 가장 적은 양의 식이성 엽산을 섭취한 사람들보다 뇌졸중을 경험할 가능성이 21%가 낮다고 보고하였다.

3. **암 예방.** 엽산이 암을 유발시키는 DNA의 손상 위험도 감소시킬 수 있다. 엽산의 일일 섭취 권장량은 400μg인데 한 연구 결과에 의하면, 하루 700μg의 엽산 섭취로 젊은 성인들은 DNA의 손상을 최소화할 수 있다고 한다. 또한 적당량의 엽산 섭취가 여성들에서 대장암 및 직장암의 발생률을 감소시켜준다고 한다.

갓과 잘 어울리는 음식으로 된장을 꼽을 수 있다. 콩으로 만들어진 된장은 각종 영양소가 풍부해서 성장발육에 도움을 준다. 갓에 된장을 넣고 밥을 쓱쓱 비벼 먹어도 맛있고 무침을 해도 입맛을 돋우기 때문에 함께 먹으면 맛과 영양 모든 면에서 궁합이 잘 맞는다. 끝으로 갓김치 담그는 법을 소개한다.

▶ 재료 : 갓1kg, 실파500g, 고춧가루1과1/2컵, 멸치젓2컵, 굴1컵, 밤10개, 배1개, 잣1큰술, 마늘2통, 생강1톨, 통깨1큰술, 실고추약간, 굵은소금1/2컵, 계란1개, 양파1/2개

▶ 담그는 법
① 갓은 깨끗이 씻어 소금에 절인다.

② 실파는 5cm 길이로 자른다.

③ 밤과 배는 껍질을 벗겨 편으로 저며 썰고 잣은 마른 행주로 닦는다.

④ 굴은 연한 소금물에 흔들어 깨끗이 씻는다.

⑤ 냄비에 멸치젓과 물을 붓고 끓인다.

⑥ 달걀 흰자는 거품을 내고 양파는 곱게 채 썰어 섞는다.

⑦ 끓인 멸치젓에 흰자 양파를 넣고 은근한 불에 끓여 맑은 액젓을 만든다.

⑧ 거즈에 내려 맑은 액젓을 만든다.

⑨ 고춧가루에 멸치젓국과 통깨를 넣고 불려 양념장을 만든다.

⑩ 양념장에 실고추, 밤, 배, 실파, 굴, 다진마늘, 다진생강을 넣고 버무려 속을 만든다.

⑪ 절인 갓은 물에 씻어 채반에 넣어 물기를 뺀다.

⑫ 물기 뺀 갓에 속을 넣고 버무린다.

⑬ 먹기 좋은 크기로 등분하여 항아리에 담는다.

검정쌀

제84호 지리적표시 농산물 - 진도 검정쌀

진도에는 '방죽골 장사샘' 전설이 전해온다.

이곳에 살았던 이씨 집안은 대대로 힘센 장사를 배출했는데

마을 어귀의 샘 때문이라는 소문이 자자했다.

그 뒤 사천저수지가 만들어지면서 사라져 버렸지만

지금도 사람들은 장사샘의 영험한 생명수가

이 일대의 검정쌀에 기운을 불어넣는다고 믿는다.

진도 농산물을 대표하는 검정쌀 전문 도정업소인 이곳 진도정미소 주인이 전해준 말이다. 이 정미소에서는 흑향미, 흑진주, 찰진주, 홍진주, 녹진주 등 다양한 검정쌀 도정제품이 생산되고 있다. 수백종에 이르는 검정쌀黑米은 중국 품종이 전 세계의 90% 이상을 차지한다. 중국 남부 지방에서 야생하던 것을 2천여 전부터 재배한 것으로 추정되는데 중국 고대농서인 [제민요술濟民妖術]에 북위시대인 서기 300년경에 재배한 기록이 남아 있어 이를 뒷받침하고 있다.

국내에는 중국에서 유입된 흑미가 농촌진흥청에 수집되어 특종 쌀

로 보관되던 중 10여 종의 품종개발을 통해 1980년 대 이후부터 서서히 농가로 보급되기 시작했다. 이곳 진도군이 검정쌀의 주산지로 자리 잡게 된 것은 1985년 전국에서 처음으로 이곳 소포마을에서 검정쌀을 재배하기 시작하였거니와 특유의 해양성 기후와 유기질이 풍부한 간척지, 충분한 일조량 등 지리적 여건이 잘 부합되었기 때문. 전라남도 진도군이 최근 검정쌀을 지리적 표시 농산물로 등록했다. 2012년 현재 1,300여 농가가 전체 농지의 1/4을 차지하는 2천 헥타르의 논에서 연간 9천톤 정도의 검정쌀을 재배하여 국내 검정쌀 유통의 80%를 차지하고 있다.

검정쌀은 검정약쌀로 불릴 만큼 특별히 건강에 좋다고 알려져 있다. 그도 그럴 것이 검정쌀은 일반쌀에 비해 각종 영양소를 많이 함유하고 있다. 찰흑미 100g에는 단백질 9.88%, 아미노산 0.54%, 비타민 B1 2.76mg, 비타민 B2 0.47mg, 철분 59.7mg, 칼슘 162mg, 아연 18.3mg, 망간 39.3mg, 셀레늄 0.13mg이 들어있다. 특히 진도 검정쌀에는 보라색과 독특한 향미를 내는 안토시아닌 성분이 많으며, 비타민 B와 E는 일반미보다 무려 4배가 많다. 안토시아닌은 식물에서 병원균 감염이나 상해, 자외선에 대한 방어능력을 가지고 동물 체내에서는 항산화, 항염, 심혈관계 질병 예방 치료 같은 뛰어난 효능을 갖기 때문에 기능성 식품으로서의 가치가 매우 높다. 이들 성분 외에도 감마오리자놀, 옥타코사놀, 토코페롤 등의 미량 함유 성분들이 성인병의 주된 원인인 뇌질환 및 심장질환 예방에 큰 도움을 준다.

중국 최고의 의서인 이시진의 [본초강목本草綱目]에 의하면 흑미는 '介

胃益中, 滋陰補腎, 建碑緩肝, 明目活血' 하다고 밝혀 어지럼증, 빈혈, 고혈압, 백발예방, 눈병, 심혈관, 다뇨증, 변비 등에 효과가 있다고 기록하고 있다. 중국의 1992년 11월자 논문에서는 직장암 40명에 대한 흑미의 효과를 관찰한 결과, 흑미를 장기 섭취할 경우 병세가 호전됨을 입증한 바 있다. 국내 전남대 농학과 연구팀도 검정쌀에서 추출한 안토시아닌을 암컷 쥐의 배양 암세포에 주입한 결과 최대 80%의 암세포가 사멸된 것을 확인했다. 이는 흑미 속에 많이 들어 있는 항산화 성분인 안토시아닌과 셀레늄Se 등이 항암작용을 나타내기 때문이다.

검정쌀의 주요 효능을 살펴보면

1. **미용과 성장촉진.** 흑미를 매일 먹으면 인체의 면역기능이 강화되고 종합적인 조절기능이 개선되어 노화방지, 질병예방, 여성미용 등에 효과가 있다. 임산부에 빈발하는 빈혈에 특효이고 어린이들의 골격 형성에 도움을 준다. 성장기 유아에 필요한 각종 영양소가 풍부하여 이유식으로도 적극 권장한다.

2. **콜레스테롤 억제.** 한국식품개발연구원 하태열 박사팀은 곡류가 콜레스테롤에 미치는 영향을 연구한 결과 검정쌀이 체내 콜레스테롤 상승을 막는데 가장 효과적이라는 사실을 밝혀냈다. 검정쌀의 색소 성분인 안토시아닌이 콜레스테롤 저하물질로 밝혀졌다.

3. **탈모 방지.** 일본의 화장품업체인 메나도사는 생약으로 사용되어 온 흑미 엑기스가 육모 효과가 있다고 발표했다. 즉 흑미 엑기스가 모발 성장인자의 하나인 HGFHepatocyte Growth Factor의 분비를 촉진하고 모

발의 하단부를 싸고 있는 모포毛胞를 성장시켜 모발이 굵고 건강하게 자라게 한다는 것이다.

검정쌀은 겉은 검으나 속은 희면서 찰기가 있다. 일반미에 5% 정도를 섞어 밥을 지으면 구수하고 찰진 밥이 된다. 2011년 농업진흥청이 실시한 지역농업특성화사업 평가에서 진도군이 당당히 최우수 평가를 받았다. 진도군은 지역특산품인 검정쌀에서도 다양한 가공식품 개발에 열을 올려 지금까지 흑미한과, 흑미강정, 흑미막걸리, 흑미과자, 흑미식초 등을 내놓고 있다.

이처럼 검정쌀의 역사가 일천하다보니 앞으로도 메뉴개발이 기대되는 마당에, 어떤 젊은 주부 한 분이 검정쌀로 팝콘 만들기를 제안해 왔다. 기름도 두르지 않은 후라이팬에 검정쌀을 넣어 볶기만 하면 톡톡 흰 속살을 드러내는 맛있는 팝콘이 된다는 것이다. 100% 무공해 간식에다 영양만점이라서 아이들이 있는 집에서는 꼭 한 번 따라 해보기 바란다.

매년 8월이면 이곳 소포마을에서는 검정쌀 축제가 열린다. 남도민요와 판소리 등 전통가락과 어울어지는 축제마당에 오면 검정쌀로 빚은 진도홍주와 찰떡을 맛 볼 수 있다. 건강하고 예뻐지고자 하는 선남선녀들이여, 올 여름 휴가는 이곳이 어떨런지….

겨울배추

제11호 지리적표시 농산물 - 해남 겨울배추

땅 끝에 서서
더는 갈 곳 없는 땅 끝에 서서
돌아 갈 수 없는 막바지...(중략)
혼자 서서 부르는 / 불러
내 속에서 차츰 크게 열리어
저 바다만큼
저 하늘만큼 열리다.

－ 김지하 시 '애린' 일부 －

　김지하의 시처럼 해남 땅은 땅끝 마을이다. 돌아 갈 수 없는 막바
지이기에 결연한 마음으로 부르는 노래는 바다를 열고 하늘마저 열
게 한다. 이 곳 해남 땅에서 겨우 내내 열리는 것이 또 하나 있으니 바
로 겨울배추다. 수확기에 접어드는 초겨울이면 주산지인 이 곳 황산,
화원 일대의 배추밭은 온통 푸르른 바다처럼 장관을 이룬다.

　해남 겨울배추는 전국 생산량의 70% 이상을 차지할 정도로 강원
도 고랭지배추로 대표되는 여름배추와 쌍벽을 이룬다. 배추는 재배
시기에 따라 4계절 배추로 나뉘고 속이 차는 여부에 따라 알이 꽉 찬

결구結球형과 그렇지 않은 불결구형으로 나뉘는데 우리가 즐겨먹는 대부분은 결구형 배추다.

배추는 섭씨 23도 이상의 고온에 취약한 반면 5도 이하에서도 생육을 멈추므로 온도에 대한 적응범위가 좁다. 따라서 더운 여름철에는 서늘한 고랭지에서 주로 재배되고 겨울에는 영하의 기온으로 내려가는 법이 거의 없는 남해안 일대에서만 재배된다. 한편 겉절이 해서 먹기 좋은 봄배추는 비닐하우스에서 겨울을 난 것이라 연하고, 김장용 배추인 가을배추는 속이 노랗고 고소한 맛이 특징이다.

우리나라 특산품 중 11번째로 지리적표시 상품으로 등록된 해남 겨울배추는 다음과 같은 특징으로 타의 추종을 불허한다.

1. 무농약 재배. 병충해가 없어지는 가을에 재배하기 때문에 농약을 거의 쓰지 않고 설령 쓰더라도 초기에 조금 쓸 뿐 4개월이 지난 출하기에는 자연 분해되므로 농약 걱정을 하지 않아도 된다.

2. 뛰어난 맛. 해남 겨울배추는 겨울을 이겨내기 위한 활발한 당 대사를 하여 당도가 높고 조직이 치밀하여 아삭하니 질감이 좋다.

3. 꽉 찬 속. 동일한 양의 하우스 배추에 비해 조직이 치밀하고 결구가 완벽하여 김치량이 많고 맛이 좋으며 시간이 흘러도 물러지지 않는다.

4. 안정적인 생산. 풍,흉작에 좌우되는 여름배추와는 달리 겨울철 배추시장의 70% 이상을 차지할 정도로 공급이 안정적이다.

5. 김치냉장고와 천생연분. 12월 중에 수확하여 저온창고에 보관하였다가 3-4월에 출하되는 해남 겨울배추는 늦여름까지 김치냉장고

에 두고 먹을 수 있어 농약을 많이 쓰는 고온기 배추보다 맛과 영양이 뛰어나다.

영어명 Chinese cabbage에서 알 수 있듯 배추는 중국이 원산지이다. 화북 일대에서 화중, 화남, 한반도를 거쳐 일본으로 전파되었는데 각 지역에 따라 독특한 형의 품종으로 개량되었다. 우리나라에서 배추가 재배된 시기는 정확치 않으나 고려 고종 23년^{서기 1,236년} 때 출간된 향약구급방^{鄕藥救急方}에 그 성상이 설명되어 있는 것으로 보아 그 이전으로 추정된다.

당시에는 배추를 채소가 아닌 약초로 여겨 숭^菘이라 했다. 숭은 중국 제나라 때 처음 등장하는데 추운 겨울에도 시들지 않는 소나무풀이라는 뜻이다. 배추는 본래 중국어의 白菜^{백채, 빠이차}이라는 말에서 배채〉배차〉배추로 발음이 변화된 것으로, 지금도 중국 산동성 일대에선 그대로 불리고 있다.

배추는 중국요리에서 육류와 함께 항상 빠지지 않고 나오는 식품으로 중국에선 '백가지 야채가 배추만 못하다^{百菜不如白菜}'란 말이 있을 정도로 배추를 중히 여겨왔다. 우리나라에서도 1년 내내 김치와 국 찌개 등에 이용되고 있는 배추는 96%가 수분이지만, 다른 영양분도 많이 들어있다. 배추의 푸른 잎에는 철분, 칼슘, 엽록소, 비타민C가 많고, 노란 고갱이에는 비타민 A가 많다. 특히 배추의 비타민 C와 칼슘은 국으로 끓이거나 김치를 담가도 다른 식품에 비해 영양분 파괴가 적다. 또한 야채나 과일섭취가 부족한 겨울철엔 비타민의 공급원으로서 배춧잎 하나로 1일 비타민C 필요량을 섭취할 수 있을 정도여서 겨울철 감기 예방에 더 없이 좋은 식품이다.

배추의 중요한 영양가엔 칼슘이 있는데 칼슘은 알칼리성으로 밥, 국수, 고기 등의 산성식품을 중화시키는 기능이 있다. 그리고 배추는 열량이 낮을 뿐 아니라 단백질, 지방, 당질의 함량이 낮아서 다이어트 식품으로도 애용된다. 배추에는 식이 섬유가 많아 배추김치를 즐겨 먹으면 변비, 대장암 예방과 치질 치료에 도움이 되지만 다량 섭취시 배변속도가 빨라지므로 설사 증세가 있는 사람은 피해야 한다.

좋은 배추 고르기

김장용 배추를 고를 때는 너무 크지도 작지도 않은 중간 크기가 좋다. 배추를 들어보았을 때 일단 묵직하고 손으로 눌렀을 때 단단한 것이 수분이 많고 싱싱한 배추다. 겉잎의 흰색과 녹색이 선명하게 대비되는 것으로 배추 속 부위가 노르스름한 색을 띠고 줄기 부위를 씹어봤을 때 달고 고소한 맛이 도는 것이 좋다. 또한 겉잎을 많이 떼어낸 흔적이 있으면 병이 들었거나 저장에 문제가 있는 것이니 겉이 조금 시들하더라도 겉잎이 붙어있는 배추가 좋고 겉잎에 검은 반점이 있으면 속까지 그런 경우가 많으니 주의해야 한다.

◎ 배추국 만드는 법

① 배추는 깨끗이 씻어서 적당한 크기로 손으로 찢는다.

② 적당량의 물에 된장과 고추장을 풀고 쇠고기를 먼저 넣고 끓인다.

③ 물이 끓으면 배추를 넣고 다진 마늘을 넣고 한소끔 끓인다.

④ 소금과 다시다로 간을 맞추고 파를 넣고 배추가 적당히 익을 때까지 끓인다.

고구마

제42호 지리적표시 농산물 - 해남 고구마

제44호 지리적표시 농산물

- 여주 고구마(등록취소)

스미는 햇살
속 타는 땅속 숨결에
새 몸으로 맺히는 줄기

꿈을 품은 뜨거운 열매이면서
뿌리 옆구리에서 길을 묻는
내 안에 자라고 있는 알맹이

　재미작가 백선영의 〈보랏빛 고구마〉 일부이다. 여름 한 철을 나야
하는 인고의 과정을 잘 표현하고 있다. 메꽃과의 한해살이 뿌리채소
인 고구마의 원산지는 중앙아메리카이다. 콜럼부스가 미 대륙을 발
견한 후 유럽으로 급속히 전파되었는데, 감자와 함께 주로 하층민들
의 부식거리로 쓰였다. 우리나라에는 조선 영조 39년^{1763년} 때 일본에
통신사로 갔던 조엄이 대마도에서 고코이모로 불리던 씨고구마를 들
여온 것이 시초다. 이처럼 고구마라는 명칭은 쓰시마 지방어의 음이
변화된 것인데, 초기 명칭이었던 감저^{甘藷}는 오늘날 감자^{Potato}로 둔갑

해 버렸다. 하지만 제주도에서는 지금도 고구마를 감저 또는 감자로, 감자는 지실 또는 지슬로 부르고 있다.

고구마 재배의 적정온도는 섭씨 30-35도라서 3월 중순부터 온상에 씨고구마를 묻은 후 5월 상순 싹이 30cm로 자라면 20-30cm 간격으로 옮겨 심어 같은 해 10월 상순부터 수확한다. 초기 재배지는 남해안 일대와 제주도였지만 점점 북상하여 지금은 전국적으로 재배가 이루어지고 있다. 남부권 재배지를 대표하는 해남고구마는 당도가 뛰어난 호박고구마로, 중부권 재배지를 대표하는 여주고구마는 토실토실한 밤고구마로 명성을 얻고 있다. 두 곳 다 황토와 마사토가 적당히 섞여 배수와 통기가 잘 되는 최적의 토질을 자랑한다.

고구마의 성분은 수분 69.4%, 당질 27.7%, 단백질 1.3% 등이며 녹말이 주성분이다. 소화에 도움을 주는 섬유질이 다량 함유되어 있고 베타카로틴, 비타민B1, B2, C, E 등이 많이 포함되어 있어 자주 먹는 것이 좋다. 특유의 단맛 때문에 요리에 자주 쓰인다. 삶은고구마, 고구마죽, 그라탱, 고구마튀김, 고구마샐러드, 고구마밥, 고구마케이크 등 고구마를 식재로 하는 요리는 무궁무진하다.

대표적인 고구마의 효능을 정리해 보면,

첫째, **다이어트 효과.** 고구마는 밥보다 칼로리[100g당 130Kcal]가 적으면서 위에 머무는 시간이 길어 배고픔을 덜 느끼게 한다. 고구마에 풍부한 식물성 섬유가 장의 움직임을 활발히 해 변비를 해소하고 생고구마를 썰 때 나오는 하얀 진액의 수지배당체인 얄라핀^{Jalapin}이 변을 무르게 해 숙변제거 효과도 볼 수 있다. 칼륨의 이뇨작용과 비타민E의 혈행작용까지 가세하여 다이어트 효과를 배가시킨다.

둘째, **암예방 효과.** 대장암의 빈도가 극히 낮은 뉴질랜드 마오리족이 다른 종족에 비해 고구마를 많이 섭취하고, 미국 뉴저지의 남성들이 폐암을 예방하는 식품으로 고구마, 호박, 당근을 선호한다는 보고가 있다. 이는 항암, 항산화 인자로 알려진 베타카로틴$^{비타민A의 전구물질}$과 글루타치온이 풍부하기 때문인데 미국 국립암연구소^{NCI}의 연구결과에 따르면 고구마, 당근, 호박을 섞어 하루 반 컵 정도 먹으면 폐암에 걸릴 확률을 절반으로 줄일 수 있다는 것이다.

셋째, **피로회복 효과.** 고구마에는 피로회복에 도움이 되는 비타민 B1, B2, C와 안티에이징 비타민으로 알려진 비타민E^{토코페롤}가 많이 함유되어 있으며 특히 고구마의 비타민C$^{100g당\ 25mg}$는 조리 과정을 거쳐도 70-80%가 파괴되지 않는 장점을 지니고 있다. 이처럼 몸에 좋은 성분들은 고구마 껍질에 많기 때문에 가능한 한 껍질을 벗기지 않고 잘 씻어서 생으로 먹는 것이 좋다.

알칼리성 식품인 고구마에는 칼륨이 특히 많다. 칼륨 섭취는 나트륨 길항작용을 나타내어 몸 밖으로 배출시킨다. 고구마를 먹게 되면 소금의 주성분인 나트륨의 소비가 많아지므로 고구마를 먹을 때 소금기가 있는 김치를 곁들이면 맛도 좋고 영양의 균형을 잃지 않을 수 있다.

고구마를 많이 먹으면 방귀가 지독해진다는 속설이 있는데 이는 낭설이다. 고구마에 들어있는 아마이드 성분이 세균의 번식을 도와주고 다량의 섬유소가 장내세균들에 의해 분해되면서 가스 발생량은 증가하지만 고약한 냄새를 유발하는 인돌, 황화수소 등은 거의 발생하지 않기 때문이다. 냄새가 지독하다면 고구마와 함께 먹은 다른 음식물을 의심해야 한다.

화성 탐사용 우주식품으로 선정될 정도로 고구마는 뿌리와 줄기, 잎을 모두 먹을 수 있는 전천후식품이다. 영양학적으로 뛰어나며 단시간 내에 수경재배가 가능하고 버릴 게 하나 없기 때문이다. 고구마를 고를 때는 껍질이 얇고 표면에 상처가 없으며 색깔이 선명하고 단단한 것을 고르는 것이 좋다. 수염뿌리가 많은 것은 질긴 경우가 많으므로 유의한다.

끝으로, 〈고구마수프〉 만드는 법을 소개한다.

① 껍질을 벗겨서 8mm 정도로 썬다.

② 물은 조금씩 붓고 너무 무르지 않도록 10분 정도 삶는다.

③ 여기에 당근, 양파, 피망 등 다른 야채를 넣고 함께 삶으면 색다른 맛이 난다.

맛도 좋고 먹기도 좋은 고구마수프에는 90%의 칼륨이 존재하여 나트륨 길항작용을 일으키고. 펙틴이라는 섬유질이 콜레스테롤을 분해하여 고혈압이나 동맥경화가 걱정되는 분들에게 큰 도움을 준다.

고추 · 고춧가루

아버지는 나귀 타고 장에 가시고
할머니는 건너 마을 아저씨 댁에.
고추 먹고 맴~맴, 달래 먹고 맴~맴

할머니가 돌떡 받아 머리에 이고, 아버지가 옷감 떠서 나귀에 싣고 고갯길을 넘어 오실 때까지 지루한 시간을 달랠 수밖에 없었던 시골 아이들의 속 타는 마음을 맵디매운 고추와 달래로 표현한 윤석중의 동요는 언제 들어도 정겹다.

매운 맛을 대표하는 고추의 영어명은 Red pepper이다. 후추인 Pepper와 아무런 상관이 없음에도 이렇게 불리게 된 연유는, 인도로 착각하고 아메리카 대륙을 밟은 콜럼부스 일행이 인도산 후추의 일종이라고 여겼기 때문이다. 이후로 고추속에 속하는 열매는 모두 Pepper로 불리게 되었다. 원산지인 아메리카 대륙에서 1493년 콜럼부스가 스페인으로 처음 고추를 가져갔지만 분실되었고, 브라질에서 재발견한 포르투갈인들에 의해 유럽으로 전파되어 후추 대용 향신료로 확산되었다. '일본을 거처 온 것으로 왜겨자倭芥子라고도 한다'는 이수광의 〈지봉유설1614년〉에 근거하여 우리나라에는 16세기말 일본을 통해 들여온 것으로 추정되며 남만초, 왜초, 번초 등으로 불렸다. 지금의 명칭은 남자의 거시기와 닮아서라는 설과 '고려 후추'를 줄여 부르게 된 것이라는 설이 있다. 그런데 일본 혼슈지방 사람들은 지금도 고추를 高麗胡椒코레구스라 부르며 한반도에서 가져온 것으로 여기고 있어 임진왜란, 정유재란 등 당시의 어수선한 정세 속에 큐슈-한반도-혼슈로 우회 전래되었을 가능성을 점칠 수 있다.

우리나라에서 가장 매운 고추는 단연 청양고추 품종이다. 1983년 중앙종묘의 유일웅 박사에 의해 개발되었으며 경북 청송과 영양 일대에서 3년간 연구 시험재배를 했기 때문에 두 지방의 앞자와 뒷자를 따서 청양고추라 명명하였다. 고추의 매운맛은 캡사이신 성분 때문이며, 1912년 맵기의 판단기준을 처음 마련한 미국 화학자 스코빌의 이름을 따서 Scoville Heat Unit이라는 국제표준단위로 맵기를 평가한다. 청양고추의 매운 정도는 4,000-12,000 스코빌인데, 일명 유령고추로 불리는 인도의 부트 졸로키아Bhut Jolokia는 무려 100만 스코빌이 넘는 기네스 공식기록으로 매운고추 1위를 기록하고 있다. 멕시코의 명물 하바네로^{Habanero}가 50만 스코빌이니 그 맵기를 가히 짐작키도 어렵다. 경찰들이 사용하는 테러진압용 스프레이는 이를 훌쩍 뛰어넘어 530만 스코빌, 일반 최루분사기는 200만 스코빌이라니 매운 맛을 제대로 보려면 데모대에 한 번 앞장 서 보라.

고추는 나라별로 각종 요리에 널리 사용되고 있다. 중국의 쓰촨, 후난 요리는 매운맛을 특징으로 하고 있고, 태국의 똠얌 스프요리 역시 매운맛이 일품이다. 인도, 스리랑카, 방글라데시에서는 고기 요리에 고추를 많이 사용하며, 고추의 원산지인 멕시코, 페루, 볼리비아에서도 매운 고추 소스를 상용한다. 유럽에서는 주로 남부국가인 이탈리아, 그리스, 헝가리 등에서 매운 요리를 쉽게 만날 수 있다. 그러나 우리만큼 고추를 사랑하는 국민도 드물 것이다. 주식거리인 김치의 필수재료이고, 거리에 나서면 불닭이니 불갈비니 하는 온통 매운 음식 일색이다. 외국인들이 처음 한국에 들어와 놀라는 것 중에 하나가 그 매운 고추를 고추장에 찍어 먹는 것이라니 더 할 말이 있겠는가. 이렇게 소비되는 고추가 1인당 하루 5.1g, 연간 2-4kg에 달해 고추 과소비국 반열에 올라있다. 하지만 재배면적 45,000ha에 연간 12만톤에 달하는 고추생산량은 매년 조금씩 줄고 있다. 다른 작물에 비해 노동력이 많이 필요한데 농촌인구가 고령화되는 반면 상대적으로 인건비가 상승하기 때문이다.

화끈하고 저돌적인 우리 국민성이 고추에 비유될 만큼 고추는 작아도 맵다. 그 매운 기운은 알칼로이드의 일종인 캡사이신Capsaicin 성분 때문인데, 개화 2주일부터 생기기 시작하여 3주일 후에 최고치에 달하며 고추씨에 가장 많다. 뇌에서 엔돌핀 생성을 촉진시켜 기분을 좋게 하며 입안과 위를 자극, 체액의 분비를 촉진하여 식욕을 증진시키고 혈액순환을 도와준다. 고추는 영양학적으로 비타민 A, C가 풍부한데, 특히 비타민 C는 사과의 40배, 귤의 2배에 달한다. 더욱이 고추의 비타민 C는 캡사이신 덕분에 쉽게 산화되지 않아 조리하는 동안에도 손실이 적다.

고추의 대표적인 효능을 간략히 기술하면,

1. **다이어트.** 체내 에너지대사를 촉진하는 캡사이신 성분이 체지방을 분해하고 지방을 연소시킨다.

2. **식욕증진.** 캡사이신의 매운맛이 입안과 위를 자극, 소화액 분비를 촉진시켜 식욕을 돋운다.

3. **음식발효.** 고춧가루로 김치를 담그면 캡사이신이 젖산균의 발육을 도와 잘 발효된 젖산발효식품을 탄생시킨다.

4. **피로회복.** 한여름 더위에 지칠 때 먹는 풋고추 한두 개는 풍부한 비타민 등으로 해서 원기회복에 도움을 주지만 과잉 섭취시 위궤양, 간기능 손상 등을 유발하므로 유의.

5. **감기예방.** 점막을 튼튼히 해 주는 비타민A와 항암작용의 베타카로틴, 비타민C 등이 호흡기감염에 대한 저항력과 면역력을 길러준다.

6. **신경통, 요실금 예방.** 캡사이신이 혈액순환을 촉진, 신경통을 예방하고 방광수축을 방지하여 요실금 치료에 도움을 준다.

고추를 고를 때는 끝이 둥글어서 과피가 두껍고 씨가 적으며 꼭지가 단단히 붙어 있는 놈을 골라야 한다. 그래야 고추를 빻아 가루를 내도 양질의 고춧가루가 많이 나온다. 고춧가루는 햇볕에 자연 건조 시키는 태양초 고춧가루가 좋은데 만드는 방법을 간략히 소개하면, ① 갓 따낸 고추를 물로 깨끗하게 씻은 다음, ② 빛이 들어가지 않도록 검정부직포 등으로 덮어 3일 정도 숙성 시킨 후, ③ 1주일 이상 햇빛에 말리면 된다. 참고로 숙성되지 않은 고추를 직접 햇빛에 말리면 빨강고추가 하얗게 색이 변하는 희나리 현상이 나타나 상품가치를 잃게 된다.

고추장

제8호 지리적표시 농산물 - 순창 전통고추장

인가에 요긴한 일 장 담그는 경사로다
소금을 미리 받아 법대로 담그리라
고추장, 두부장도 맛맛으로 갖초 담으소

〈농가월령가^{1861년}〉 중 삼월령의 한 대목이다. 3월에 고추장 담글 것을 권장하고 있다. 선조들은 주재료에 따라 찹쌀고추장, 수수고추장, 보리고추장, 팥고추장 등 다양한 고추장을 개발했다. 역사적으로 고추장이 우리나라에서 식용되기 시작한 것은 16세기말 무렵으로 추정된다. 멕시코 일대가 원산지인 고추는 1493년 콜럼부스에 의해 처음 유럽에 소개되었고 우리나라에는 1614년 광해군 6년 때 일본으로부터 전래되어 왜개자^{倭芥子}라고 불려졌다. 처음에는 생고추나 고추씨를 술안주 등으로 사용하였으나 곧이어 메주와 쌀 등 전분질 원료를 배합시킨 고유의 전통 발효식품으로 발전시켰다.

임진왜란을 겪었던 허균의 저서 〈도문대작〉에 초시=매운 메주란 용어가 나오는데, 이것이 바로 오늘날의 고추장임이 밝혀졌다. 〈증보산림경제유중림: 1766년〉에는 장 담그는 법이 나오고 '콩으로 만든 말장 가루 한 말에 고춧가루 세 홉, 찹쌀가루 한 되를 취하여 좋은 청장으로 침장한 뒤 햇볕에 숙성시킨다.'고 쓰여 있어 그 당시 고추장 제법이 상당히 확립된 것으로 보인다. 영조 때 이표가 쓴 〈수문사설1740년〉에는 '순창고추장 조법'이 소개되어 있다. 즉 전복, 큰새우, 홍합, 생강 등을 첨가하여 타지방과 특이한 방법으로 고추장을 담갔는데 그 맛은 물론 영양학적으로 매우 우수하였다는 것이다.

순창 고추장의 유명세는 그보다 훨씬 이전으로 거슬러 올라간다. 태조 이성계가 어린 시절의 스승인 무학대사가 기거하던 순창의 만일사를 찾아 가던 중 들렀던 어느 농가에서 매운 장을 곁들인 맛있는 점심을 먹고 환궁한 후 그 맛을 잊지 못해 진상하도록 한 데서 비롯되었다는 것이다. 고추가 도입되지 않았던 때라 천초초피나무 열매 껍질로 담근 장이었겠지만 이후 이곳에서 만든 고추장 맛 역시 천하의 일품이어서 임금님께 진상되었다.

이처럼 순창고추장이 유명해진 이유는 순창의 날씨와 연관이 깊다. 순창은 우리나라에서 강수량이 가장 적은 곳이다. 이는 일조량이 최고라는 뜻이다. 풍부한 일조량은 고추장이 발효되는데 필수라서 맛이 깊고 좋아진다. 또한 물에 철분 등 미네랄이 많아 남다른 맛을 낸다. 순창장류연구소가 밝힌 순창고추장이 맛있는 이유로는, 첫째 음력 8월과 9월 사이 메주를 띄워 음력 동짓달 중순과 섣달 중순 사이 발효에 가장 적합한 시기에 담그기 때문이요, 둘째 콩과 멥쌀을 6:4로 혼합하여 고추장 제조에 적합한 메주를 쓰기 때문이요, 셋째 순창지역에서 생산된 고추, 콩, 찹쌀 등 국내산 원료만을 쓰기 때문이요, 넷째 연평균 섭씨 12.4도, 습도 72.8%, 안개일수 77일로 최적의 발효환경을 갖추고 있기 때문이라 한다.

순창이 자랑하는 전통고추장의 종류로는

1. **찹쌀고추장**. 찹쌀은 한의학적으로 그 성질이 따뜻하고 달다. 땀이 많고 설사를 자주 하는 사람, 위장이 약한 사람에게 효과가 그만이다. 볶아서 먹으면 설사를 가라앉히고 떡으로 만들어 먹으면 힘없이 소변을 보는 노인병 증상이 개선된다.

2. **보리고추장**. 보리는 대표적인 알칼리식품이라 산성식품에 많이 노출된 현대인들의 체질을 개선시켜 준다. 섬유질과 단백질 함량이 높아 혈관의 노화방지, 각기병 예방, 위장보호, 성인병 예방 효과가 뛰어나다.

3. **매실고추장**. 풍부한 유기산, 특히 구연산이 다른 과실에 비해 월등히 높다. 새콤달콤하고 개운한 맛이 신세대 취향에 알맞다.

4. **복분자고추장**. 동의보감에 신기가 허하고 고갈된 정력의 남자나 임신되지 않는 여자를 치료한다는 복분자. 색택이 아름답고 특유의 향과 효능을 지닌 고급 전통고추장이다.

우리 고유의 향신료인 고추장이 오늘날 전 세계에 사랑받고 있는 이유는 무엇일까. 고추장에는 얼얼하고 달달하며 짭짤하기까지 한 천의 맛을 지니고 있기 때문이다. 콩 단백질의 분해로 아미노산의 구수한 맛이 나고 전분 분해로 생성된 당분의 단맛도 나고 소금의 짠맛과 고춧가루의 매운 맛도 잘 어우러져 난다. "시어머니 죽고 나면 고추장단지 내 차지" 라는 옛 속담처럼 우리 할머니들은 고추장 단지를 귀하게 여겼다. 전통사회에서 고추장은 음식 맛을 내는데 있어 조미와 향신 두 가지 용도로 사랑받아 온 필수품이었던 것이다.

고추장은 된장이나 간장 못지않게 영양도 풍부하다. 고추장에는 단백질, 지질, 탄수화물 3대 영양소 외에 비타민, 카로틴 등 우리 몸에 유익한 영양성분이 적지 않다. 또한 고추장은 항돌연변이 및 항암효과가 있다. 생리활성화와 항산화물질 등을 함유하고 있는 메주와 찹쌀, 고춧가루 등의 기본원료를 발효시켰기 때문이다. 특히 고추장은 비만효과가 탁월하다. 고추의 캡사이신 성분이 체지방을 감소시킬 뿐만 아니라 숙성된 메주의 성분이 체지방을 태우기 때문이다.

◎ 소고기볶음고추장 만드는 법

▶ 재료 : 다진 쇠고기 100g, 고기 밑간 양념(다진 파 1/2큰술, 다진 생강 1/2작은술, 진간장 1작은술, 참기름 1/2큰술, 다진 마늘 1작은술), 다진 양파 1/4개 정도, 고추장 1/2컵, 참기름 1/2큰술, 식물성 기름 조금, 배즙 희석 물 1/2컵, 설탕약간

▶ 만드는 법
① 우선 쇠고기는 양념을 하고 야채는 잘 손질 해 둔다.

② 배는 껍질을 벗겨 강판에 갈아 즙만 준비한다.

③ 기름을 약간 둘러 불에 달군 팬에 양념한 고기와 다진 양파를 함께 넣어 달달 볶다 고추장과 물, 배즙, 설탕을 넣어 센불에서 볶는다.

④ 끓으면 약한 불로 줄여 저으면서 물기 없이 충분히 볶아 주다가 마지막에 참기름을 넣고 빛깔이 약간 거무스름해 질 때까지 볶아낸다.

깻잎

제76호 지리적표시 농산물 - 금산 깻잎

아내가 담가놓은 시집 한 권
한 장 한 장 넘기며 음미하면
입안에 가득 고이는 향긋한 맛
어쩌다 두세 편 한꺼번에 읽으면
맵거나 짜기 일쑤여서 조심해야 하고
간이 배지 않은 시가 나올 때는
너무 심심해 한 편 더 읽어야 한다...

　이종섶 시인의 '깻잎 시집' 일부이다. 아내의 시집을 찬찬히 들여다
보는 모습이 깻잎을 한 장 한 장 정성껏 무치는 장면과 잘 오버랩된
다. 은근한 맛이 배어나오는 깻잎처럼 향긋한 시심을 지닌 아내를 둔
시인이 부럽다.

　깻잎은 한해살이 꿀풀과인 깨의 잎사귀인데 특별히 임자엽荏子葉이
라 불리는 들깨의 잎을 지칭한다. 동남아시아 지역이 원산지이고 저
지대 인가 근처에서 자생한다. 들깨는 원래 기름을 짜내기 위해 재배
하였는데 자라는 동안에 잎을 채취하여 식용으로 삼은 것이 바로 깻

잎이다. 지금은 잎들깨용 종자를 개발하여 사시사철 깻잎을 먹을 수 있다. 입맛이 없거나 마땅한 반찬이 없을 때 손쉽게 내놓을 수 있는 깻잎은 맛과 향, 영양소가 뛰어나 우리나라 사람들에게 큰 인기다.

하지만 한국과 중국에서만 재배할 뿐 특유의 향 때문에 다른 나라에서는 거의 찾아 볼 수가 없다. 그러다보니 우리나라를 찾는 외국인들에게 깻잎은 기피대상 1호이다. 태국이나 남중국에서 즐겨 먹는 향채코리엔더를 한국 사람들이 잘 못 먹듯, 처음 맛보는 깻잎이 생고역이 될 수 있음을 명심하자. 재일동포의 영향을 받아 깻잎을 밑반찬으로 즐기는 일본인들이 점차 늘어나고 있고, 미국 배우 웨슬리 스나입스도 뭐든 싸 먹을 수 있는 깻잎을 최고의 한국음식으로 꼽고 있어 깻잎 음식 전파에 밝은 전망을 보여주고 있다.

충남 금산군이 최근 지리적표시 농산물 제76호로 깻잎을 등재했다. 이곳 추부면 일대에는 900여 농가가 깻잎재배 작목단지를 형성하고 있으며 전국 생산량의 42%를 점유, 향토 주력산업으로 자리잡아 나가고 있다.

한방 본초에서는 깻잎을 보라색을 띤다하여 자소엽紫蘇葉이라 부르고 위를 보하는 약재로 즐겨 사용한다. 〈본초강목〉의 '나쁜 냄새를 없애고 위를 튼튼하게 한다' 거나 〈동의보감〉의 '속을 고르게 한다'는 기록이 이를 뒷받침한다. 음식 궁합면에서 깻잎은 육류나 생선회를 쌈 싸 먹는 데 잘 어울린다. 방부제 역할을 하는 정유 성분인 페릴 케톤Perill keton, 페릴라 알데하이드 등이 특유의 향과 맛으로 고기의 느끼한 맛을 없애주고 식중독을 예방한다. 또한 고기에 부족한 칼슘, 엽산, 비타민A,C 등이 깻잎에는 풍부하여 콜레스테롤이 혈관에 침착하는 것을 예방함은 물론 완벽한 영양적 균형을 이루기 때문이다. 이때 궁합이 잘 맞는 양파를 함께 섭취하면 위암 예방효과가 배가된다.

한국조리과학지에서 실린 한 논문에 의하면, 깻잎을 채 썰었을 때 통깻잎에 비해 비타민C 함량이 약 40% 소실되었다. 따라서 깻잎의 비타민C를 100% 섭취하기 위해서는 가능한 한 썰지 않고 생으로 먹어야 하고 꼭 썰어야 한다면 먹기 직전에 써는 것이 좋다. 깻잎에는 항산화효과가 있는 보라색의 안토시아닌 색소가 함유되어 있다. 따라서 잎 뒷면 보라색이 진한 것을 선택하는 것이 좋다.

농촌진흥청이 국내산 들깻잎을 분석한 결과, 뇌세포 대사기능을 촉진하여 기억력 감퇴를 예방하고 스트레스를 줄여주는 로즈마린산과 가바 성분이 다량 들어있는 것을 밝혀냈다. 로즈마린산$^{Rosemarinic\ acid}$는 주로 박하, 로즈마리 등 허브식물에 함유되어 항균, 항염증, 항산화, 치매예방 효과가 있고, 가바^{GABA} 성분은 뇌혈류 촉진 및 신경안정 효과가 있는 것으로 보고되고 있다. 실험결과 로즈마린산 성분의 경우 g당 깻잎^{76mg}이 로즈마리^{11mg}보다 무려 7배나 많은 것으로 측정되었고, 가바 성분비교에서는 100g당 잎들깨^{70mg}와 남천들깨^{45mg}로 나타나 쌈배추^{10mg}, 치커리^{30mg}, 상추^{40mg}보다 많은 것으로 측정되었다.

녹황색 야채인 깻잎에는 무기질인 칼슘이 시금치의 5배, 철분은 시금치와 동일 수준이고 비타민A와 C, 식이섬유소, 클로로필 등이 풍부하게 들어있어 암을 예방하는 효과 또한 크다. 녹색색소 클로로필의 구성 성분인 피톨^{phytol}과 오메가3 계열의 불포화지방산인 메틸 ETA라는 물질이 암세포의 성장과 DNA 합성을 억제하기 때문이다. 깻잎의 피톨이 암세포만 추적 제거하는 자연살해^{NK; Natural Killer} 세포의 활성을 높이고 대식세포 기능을 활성화시켜 궁극적으로 인체의 면역기능을 강화시킴으로써 위암 세포의 성장을 97% 억제하는 것이 입증되었다.

이로써 위암 예방에 깻잎을 적극 추천하는 이유가 밝혀진 셈이다. 하지만 소금이나 간장 자체가 위암을 유발하는 중요인자에 해당하므로 깻잎 장아찌보다는 생잎으로 먹는 것이 좋다. 당근과 함께 조리하거나 열처리를 할 경우 녹색채소의 비타민C가 파괴되므로 이것 또한 유의해야 한다. 이보다 더 유의해야 할 점은 깻잎 속의 농약 잔류물이다. 2006년 국립농산물품질관리원이 국내 유통 채소류의 잔류 농약을 검사한 결과, 깻잎 〉 상추 〉 부추 순으로 높았기 때문이다. 가장 좋은 세척방법은 녹차잎 30g을 넣은 물 1리터를 상온에서 30분간 보관 후 깻잎을 5분 정도 담갔다가 흐르는 물에 씻는 것이다. 이렇게 하면 물세척보다 15~20% 더 잔류 농약이 제거된다.

끝으로 깻잎된장장아찌 만드는 법을 소개한다.

① 깻잎은 약간 억센 것을 준비해도 좋으며 꼭지를 약간 남겨 자르고 물에 한 장씩 씻어서 물기를 빼 놓는다.
② 깻잎을 3~5장씩 겹쳐 한 번에 돌돌 말아서 실로 묶는다.
③ 장아찌 담을 그릇에 된장을 먼저 깔고 위에 깻잎을 가지런히 올린다.
④ 된장을 위에 다시 덮고 또 깻잎을 깔고 된장 까는 것을 반복하여 된장에 깻잎이 푹 박히

도록 만들어 실온에 한 달 정도 삭힌다.

⑤ 깻잎에 된장 맛이 배면 꺼내어 된장을 발라내고 그냥 먹기도 하고 여러 장 겹쳐 양념장
에 재웠다 먹기도 한다. 또는 찜통에 살짝 쪄서 먹기도 한다.

▶ Tip : 망에 깻잎을 넣어 된장에 박으면 꺼낼 때 일일이 된장을 훑어야만 하는 번거로움을
피할 수 있다.

녹차

제1호 지리적표시 농산물 - 보성 녹차
제2호 지리적표시 농산물 - 하동 녹차
제50호 지리적표시 농산물 - 제주 녹차

진리가 무엇입니까?
차나 한 잔 마시고 가게(喫茶去)

조주스님의 유명한 선문답이다. 전남 화순군 쌍봉사를 창건했던 철감선사의 스승이었던 스님은 차를 끔찍이도 좋아하셨다 한다. 지금도 6월이면 그를 기리는 다례제가 이곳에서 열린다. 한 잔 차로도 제자를 배려하려 한 고승의 마음이 사랑겹지 않은가.

우리 차의 유래를 살펴보면 '신라 흥덕왕 3년[828년]에 당나라 사신으로 갔던 김대렴공이 차 씨앗을 가져와 지리산 화개 쌍계사와 구례 화엄사 일대에 심었다'는 〈삼국유사〉의 기록과 '가락국 시조 김수로왕의 왕후 허황옥이 인도 아유타국에서 차 씨앗을 가져왔다'는 〈가락국기〉의 기록이 남아있다. 가야 고분에서 차도구가 출토될 정도로 중국, 인도에 이어 우리나라 차의 역사도 오래 되었다.

고려시대 차 축제인 팔관회를 비롯해 지금도 명절 차례 풍습이 남아있을 정도로 조선 중기까지는 차 생활이 활발하였으나 임진왜란을 겪으면서 혼란스런 정치 사회 분위기에 차 문화도 급격히 사라져 버렸다. 오늘날 우리가 마시는 차의 양은 세계 평균의 5분의 1에 불과한 실정이다.

최근 녹차가 몸에 좋다 하여 차 문화를 부흥하려는 다양한 시도가 벌어지고 있고 여러 지방자치단체에서도 녹차를 지역 특산품화 하려는 노력을 기울이고 있다. 이를 반영하듯 우리나라 지리적 표시 농산물 1호가 보성녹차이고 2호가 하동녹차이다. 최근에는 제주녹차까지 50호로 등재하여 총 3곳의 녹차 산지가 각축을 벌이고 있다. 우리나라 차 생산량의 40%를 차지하는 보성은 그야말로 녹차의 메카다. 기후가 온화하고 강우량이 많은 반면 물빠짐이 좋아 일찌감치 주 작물로 집중 재배되었는데, 비슷한 입지조건을 갖춘 하동, 제주 역시 친환경 농법을 통한 질 좋은 녹차 재배에 열을 올리고 있다.

차는 제조과정의 발효^{정확히는 산화라고 해야 함} 정도에 따라 녹차, 홍차, 우롱차 등으로 나뉜다. 새로 돋은 가지에서 따 낸 어린잎을 차 제조용으로 사용하며 대개 5월, 7월, 8월 3차례에 걸쳐 잎을 따는데 5월경에 처음 딴 것이 가장 좋은 차가 된다. 기후대별로 온대인 우리나라에서는 딴 잎을 즉시 덖어 말린 녹차를, 아열대인 중국 남부에서는 반발효차인 우롱차를, 실론 등 열대지역에서는 차잎을 완전 발효시킨 홍차를 즐긴다.

조선후기 때의 초의선사는 〈동다송東茶頌〉 등을 지어 우리 전통의 제다법을 정립하였다. 지리산 화개 일대에 머물며 가마솥으로 덖는 부초차釜炒茶, 증기로 쪄 내는 증차蒸茶 제다법을 집대성하였는데 당나라 다경茶經의 저자 육우가 살아온다 해도 몽산차, 용정차가 동다, 즉 우리 차만 못함을 인정할 것이라고 우리 차의 우수성을 예찬했다.

일반적으로 알려진 녹차의 효능은

1. 아미노산의 일종인 테아닌Theanine이 뇌파를 알파파로 만들어 스트레스와 긴장을 풀어주고 집중력을 높여주며, 녹차 속의 카페인이 각성 작용을 일으켜 머리를 맑게 한다.

2. 다량의 비타민과 미네랄이 체내 효소의 활동을 도와 신진대사를 원활히 한다.

3. 녹차에 풍부한 폴리페놀과 탄닌산이 바이오플라보노이드와 결합하여 생성시키는 다양한 카테킨류의 항산화 성분이 암, 성인병 등을 예방하고 노화방지를 돕는다.

4. 지방을 분해하는 효능이 있어 고혈압, 동맥경화 등 심혈관계 질환을 예방한다.

5. 강한 알칼리성 음료로서 갈증해소에 탁월하고, 불소와 플라보노이드 성분이 구취를 제거하고 충치를 예방한다.

6. 녹차의 풍부한 엽록소와 미량원소가 유소아의 성장 발육을 촉

진시킨다.

 그러나 녹차가 아무리 좋다 해도 지나치면 해로울 수 있다.

 1. 녹차 잎에는 커피콩보다 많은 카페인이 들어있어 자주 너무 많이 마시는 것은 금물. 하지만 한 잔에 들어가는 녹차 잎의 양이 커피보다 훨씬 적고 저온에서 우려낼 경우 카페인이 적게 나오므로 염려할 정도는 아니다.

 2. 녹차는 찬 성질이 있으므로 설사가 잦거나 식욕이 없는 사람, 소화기가 약하거나 잠이 부족한 경우에도 삼가는 것이 좋다.

 3. 녹차의 카페인과 폴리페놀이 임산부에게 필요한 철분과 쉽게 결합해 체내흡수를 방해하니 요주의. 분유에 녹차를 타는 것도 금물.

 4. 식후에 바로 마시면 녹차의 탄닌이 무기질과 결합해 음식의 칼슘 흡수를 방해하므로 식후 30분이 지나고 마시는 것이 좋다.

 하지만 차 한 잔에서 우러나오는 카페인 양은 50mg 이내에 불과하여 성인기준 일일 적정섭취량 400mg에 훨씬 못 미치므로 구더기 무서워 장 못 담글 정도는 아니다. 오히려 최근 국내 대학의 연구 결과에 따르면 항암, 심장병 예방효과를 높이려면 펄펄 끓는 물에 2-3분가량 충분히 우려내야 한다는 주장이다. 일반적인 다도 상식에 따르면 섭씨 70-80도 사이의 식힌 물에서 우려내야 녹차의 맛이 부드러워지고 입안에서 그 맛을 머금을 수 있다는 것인데, 암을 억제하고 세포노화를 막는 카테킨을 최대한 섭취하려면 상식을 깨야 한다는 것이다.

한편 미국 퍼듀대학 연구팀에 의하면 녹차에 레몬주스나 설탕을 넣어 마실 것을 권고한다. 이유인즉 레몬주스의 아스코르빈산과 설탕의 자당이 카테킨의 구조를 안정화시켜 장 흡수를 3배 이상 높여주기 때문이라 한다.

마지막으로 약사가 직접 제주에서 친환경 차밭을 일군 곳이 있어 이를 소개한다. 동굴의 다원으로 유명해진 다희연_{제주시 조천읍 선흘리 600}이란 곳인데 재배 초기부터 지금까지 천연유기농법을 고집해 오고 있다.

당귀

제38호 지리적표시 농산물 - 진부 당귀

비가 내립니다.
편지를 쓰고 있네요.
연못이 아름다운 곳에 앉아
점심을 먹다가 빗소리에
입속 당귀 향기가
슬픈 눈물이 되었어요.(중략)

가을 찬비가 자작나무 잎을 떨구는
빗방울이 세고 있는 지금
당신이 곁에 없으니
가슴속 당귀 향은 커피보다 쓰립니다.

　　강원 횡성 태생의 시인 주복녀가 쓴 '당신께 보낸 편지' 일부이다.
당신에 대한 그리움이 얼마나 깊었으면 커피보다 쓰린 당귀 향이 슬
픈 눈물이 되었을까. 강원 전역과 충북 제천, 경북 봉화 일대가 주산
지인 당귀는 시인의 감성처럼 쓴 맛이 난다.
　　당귀의 원산지는 한국, 중국, 일본이다. 〈대한약전〉에 '당귀의 약
성은 특이한 냄새가 나고 맛은 약간 쓰면서 달다. 껍질이 황갈색 내지

혹갈색을 띠고 안쪽 껍질은 황백색이며 횡단면을 현미경으로 보면 내용물의 분비도 및 대용섬유군이 군데군데 섞여있다.‘ 라고 기술되어 있다. 그러나 이는 중국당귀나 왜당귀에 대한 특징이고 우리나라 당귀, 즉 참당귀는 단맛이 나지 않고 쓴맛만 나며 껍질 색깔도 황백색을 띨 뿐 아니라 현미경적 특징이 나타나지 않는다.

미나리과 여러해살이풀인 당귀는 깊은 산골짜기 숲속의 습기 있는 풀숲에서 잘 자라는데 강원도 평창군 진부면 일대가 일교차가 크고 일조량이 많은 지리적 특성을 바탕으로 국내 생산량 70%를 자랑하는 최대의 당귀 재배단지를 형성하고 있다. 태백산맥 오대산 줄기를 따라 공기 성분이 가장 좋다는 해발 700m 산악지대에 들어서면 약초마을이 나온다. 여기서 재배되는 진부 당귀가 2007년 제38호 지리적 표시상품으로 등록된 것이다. 진부당귀는 최상의 생육조건을 갖춘 덕에 값 싼 중국산에 비해 약효가 뛰어나고 가격도 훨씬 비싸 이곳 농가의 주 소득원이 되고 있다.

당귀는 대개 4월경에 파종하고 8-9월 사이에 자줏빛 꽃을 피워서 높이 1-2m 가량 자라며 10-11월에 수확한다. 재배법은 본밭에 직접 뿌려 재배하는 직파재배와 모판에서 1년 동안 모를 길러 옮겨 심는 육모이식재배로 나뉜다. 보통 육모이식으로 2년간 재배하여 생산하는데, 이렇게 재배한 2년생 육모이식재배 당귀가 직파재배 1년생에 비해 뿌리가 더 크고 생산량도 좋으며 유효성분 함량이 더 높아 최고 품질 한약재로 인정받고 있다.

당귀라는 명칭은 '마땅히當 돌아오기歸를 바란다.' 는 뜻에서 이름 붙여졌다. 이는 중국의 옛 풍습에 부인들이 싸움터에 나가는 남편의 품속에 당귀를 넣어준 것에서 유래하는데 전쟁터에서 기력이 다했을 때 당귀를 먹으면 다시 기운을 차려 돌아 올 수 있다고 믿었기 때문이다. 당귀의 주 효능이 피를 생성해 주는 보혈補血작용과 피를 원활하게 순환시켜 주는 활혈活血작용이니 부인네들의 소망에 부응했음은 두말할 나위도 없다.

대표적인 당귀의 효능을 정리해 보면,

1. **보혈, 정혈, 지혈작용.** 적혈구의 결핍과 혈색소 감소를 예방하고 골수의 조혈기능을 도와 피를 맑게 하고 상처가 났을 때 지혈효과도 있다.

2. **혈액순환 촉진, 고지혈증, 어혈, 수족냉증, 중풍 예방.** 혈압을 떨어뜨리고 혈액의 성분 및 상태를 정상으로 유지시키며 혈중 지질을 제거하고 어혈을 풀어준다.

3. **심장기능강화, 기억력증진, 치매예방, 노화방지.** 뇌세포의 핵분열을 촉진하므로 세포의 생명력이 연장되고 기억세포의 기능이 강화된다.

4. **배란촉진, 안태安胎, 항비타민E결핍 작용.** 남성 고환에 병적인 변화가 생기는 것을 방지하며 여성의 배란을 촉진하고 임산부와 태아의 안전을 돕는다.

5. **월경통, 생리불순, 냉대하, 불임증, 자궁출혈 예방.** 자궁흥분 및

자궁근육 억제작용이 있고 월경통, 자궁출혈 등에 효과적이며 자궁 발육을 돕는다.

6. **변비해소, 피부미용, 이뇨작용.** 장의 연동운동 촉진으로 고질적인 변비를 낫게 한다. 골반강내 장기와 조직에 피가 모이지 않게 하고 이뇨작용이 있어 손발과 얼굴이 붓고 푸석푸석한 데 도움을 준다.

7. **흑모黑毛조성, 탈모방지.** 머리의 나쁜 기운을 아래로 쫓고 머리에 피가 많이 가게 하여 머리털이 빠지거나 희게 되는 것을 막아준다.

당귀차의 경우 약간 데운 것을 하루 3번, 식전 30분에 먹도록 하는데, 장기 과다복용시 피부발진, 가슴통증, 두통, 속쓰림, 설사 등이 나타날 수 있으므로 전문가와 상담 후 복용량과 복용방법을 조절하도록 하고 일반적으로 대추를 같이 넣어 달이면 부작용을 줄일 수 있다.

여성을 위한 약초로 불리는 당귀는 각종 부인병뿐만 아니라 피부미용에도 좋아 특별히 여성들에게 당귀차 마시기를 권한다. 당귀차를 제대로 달이는 법을 소개하면, 우선 잘 말린 2년생 당귀뿌리를 섭씨 50도 정도의 물에 10분 정도 담근 후 그늘에 말려 완전 건조시킨다. 이것을 차관에 넣고 약한 불로 은근히 오랫동안 달이는데 생강을 함께 넣고 달이면 더욱 좋고 증상이 심할수록 진하게 달인다. 인삼과 궁합이 잘 맞으므로 함께 달이면 효과가 배가된다. 건더기는 체로 걸러내고 꿀이나 설탕을 타서 마신다.

당귀의 학명은 Angelica Utils Makino이다. 여기서 속명인 Angelica와 종명인 Utils는 라틴어로 '천사'와 '유용하다'라는 뜻으로서, 풀이하면 '천사가 인류에게 선사하는 유용한 식물'이라는 의미가 된다. 일반적으로 죽은 사람도 살릴 수 있을 만큼 유용해야만 그런 속명을 붙여준다는데 우리가 당귀차를 마신다면 천사의 은총도 함께 받게 되지 않을까.

대파

제61호 지리적표시 농산물 - 진도 대파

검은 머리 파뿌리 되도록
기쁠 때나 슬플 때나
둘 만이 둘 만이
이 세상 끝 날까지 함께 살리라

70, 80년대를 풍미했던 통기타가수 송창식의 노래 후렴 부분이다. 여기서 파뿌리는 백발을 비유한다. 검던 머리가 하얗게 셀 때까지 백년해로하자는 언약은 결혼식장에서 흔히 들을 수 있었던 단골메뉴였다. 만혼에다 이혼을 밥 먹듯 하는 요즈음 세태에도 똑같이 공감될 지 궁금하다. 생김새가 노인의 머리 모양과 흡사하여 붙여진 속담이지만 한방에서는 파의 흰 밑둥 부분을 포함한 뿌리 부분을 총백^{葱白}이라 하여 감기, 소화불량, 설사, 피부궤양, 부스럼, 임산부의 태동불안에 이르기까지 폭넓게 이용하였다. 그러니 파뿌리만 즐겨 먹어도 무병

장수할 가능성이 높다.

영어로 Spring onion으로 표기되는 대파는 백합과의 여러해살이풀로 끝이 뾰족하고 속이 빈 잎 부분과 비늘줄기 부분을 식용하며 중국 서부 지방이 원산지로 알려져 있다. 내한성, 내서성이 강하여 북쪽의 시베리아에서부터 남쪽의 열대지방까지 넓게 분포한다. 우리나라에는 통일신라 후기 이후 중국을 통해 처음 들어 온 것으로 추정되며 주산지는 진도, 남해, 김해 등 남해 연안지역이다.

페르시아 원산인 양파가 일찍이 서양에서 주요 식재료로 자리 잡은 것처럼, 동양에서는 대파와 쪽파가 그 자리를 차지했다. 대파는 생선이나 육류의 냄새를 없애주는 역할로, 가는 쪽파는 파김치의 재료로 많은 사랑을 받아왔다. 골파로도 불리는 쪽파는 김장철인 11-12월에 주로 출하되며, 대파는 보통 여름부터 가을까지 출하되지만 남도의 따뜻한 기후 덕에 진도 대파는 11월부터가 제철이고 이때가 제일 맛있다.

지리적표시제 제61호로 지정된 진도 대파는 한겨울에도 땅이 얼지 않으며 청정 해풍과 풍부한 일조량으로 식이섬유 함량이 많아 대파 특유의 맛과 향이 짙다. 대파 잎을 꺾었을 때 나오는 끈끈한 액체와 단단한 육질 덕분에 수분이 금방 스며들지 않아 국에 넣었을 때 가라앉지 않고 떠 있는 특성을 보이며 신문지에 잘 싸서 섭씨 5도 정도에 보관하면 100일 이상 장기 저장해도 끄떡없다. 고려 때부터 재배되기 시작해 현재 연간 7만톤에 육박하는 생산량을 자랑하듯 겨울철 진도를 찾으면 푸릇한 대파 밭을 만날 수 있다.

진도 대파는 2월 모판을 만드는 것을 시작으로 4월에 모종을 옮겨 심고 검은 비닐을 씌우는 멀칭작업을 한 후 11월까지 잘 자라도록 관리하고 흙을 돋워주어 겨울에 수확한다. 농한기에 더 바빠지는 진도 농가에는 중요한 소득원이 되고, 소비자에게는 한겨울에도 신선한 채소를 제공하니 일거양득의 웰빙식품이 아닐 수 없다. 그 명성에 힘입어 진도 대파는 전국 소비량의 60%를 차지한다.

대파의 성분은 수분이 91%, 단백질이 1.5%, 지질 0.3%, 탄수화물 6.5%, 섬유질 1.0% 등이다. 대부분의 채소가 알칼리성인데 반해 파는 유황 함량이 많아 산성 식품에 속한다. 파의 자극성분은 유황화합물로서 마늘과 유사한 알리신이다. 이는 체내에서 비타민 B1의 이용률을 높여주고 살균작용을 한다. 열을 가하면 단맛이 증가하는데 이는 매운 성분의 프로페닐디설파이드류가 가열에 의해 프로필 메르캅탄으로 분해되기 때문이다. 이 성분은 설탕보다 50배 정도 단맛이 강하다.

중국에서는 생강과 함께 파의 흰 부분^{憘白}을 생약으로 이용해 왔다. 황화아릴에는 항균 및 살균작용이 있으므로 목의 통증을 완화하고 가래를 해소하는데 좋으며 위장의 기능을 돕는 작용을 하여 소화를 촉진하고 더부룩한 위나 식욕부진에도 효과적이다. 또한 파의 향기에는 진정작용이 있어서 흥분되었을 때나 스트레스를 받았을 때도 효과적이다.

이런 파의 효능을 살려 육류나 생선 요리에 곁들이면 비린내를 없애고 이들 식품에 많은 비타민 B1과 파의 알린 성분이 결합하여 비타민 B1의 흡수를 최대로 증진시킨다. 특히 생선에 기생하는 독을 해독시키고 고기를 연하게 하여 맛을 돋우어 주는 효과도 있어 가장 궁합이 잘 맞는 조리법이라 할 수 있겠다. 그러나 파의 향기는 가열시간이 길거나 물에 오래 담가두면 유효성분이 절반으로 줄어들기 때문에 단시간에 조리하는 게 좋다. 모든 음식과 잘 어울리는 파도 해조류와는 영양학적으로 상극이라 같이 조리하지 않도록 유의할 것.

파를 이용한 간단한 민간요법을 몇 가지 살펴보면,

1. 감기 기운이 있을 때 파뿌리를 생강과 함께 다려 먹으면 좋고, 2. 상처가 났을 때 파의 얇은 속껍질을 붙이면 지혈효과가 있고, 3. 불면이나 흥분이 가라앉지 않을 때는 파를 푹 고아 마시든지 생파를 된장에 찍어 먹으면 효과가 있다. 이외에도 몸을 따뜻하게 하고 위장을 보하는 효과가 있어 파김치가 되도록 먹어도 좋다.

우리 속담에 기운 없는 상태를 '파김치가 되었다'고 하는데, 이는 원통형으로 팽팽하던 줄기가 김치를 담근 후 숨이 죽어 축 늘어진 모양새를 빗 댄 말이다. 하지만 파김치가 되면 어떠리. 라면도 파가 송송 들어가지 않으면 맛이 덜하고 파 없는 김치는 감히 상상도 못할 지경이니 말이다.

끝으로 와인 매니아들도 잘 모르는 대파와인을 소개한다. 와인 반병에 깨끗하게 씻은 대파 세 뿌리의 흰 부분을 듬성듬성 썰어 넣고 뚜껑을 밀봉한 뒤 이틀간 보관하면 대파와인이 되는데, 신진대사를 도와 몸을 따뜻하게 해 주는 대파의 효소가 작용하여 감기약으로 활용할 정도로 효과가 좋다. 이틀간의 숙성 과정을 거쳐 대파의 매운 냄새와 맛이 사라지는 대신 와인의 뒷맛이 더욱 깔끔해진다 하니 손님 초대 자리에 한 번 써 먹어 보시라.

딸기

제70호 지리적표시 농산물 - 담양 딸기

병든 노모와 효자가 살고 있었다.
어느 겨울 노모가 죽기 전에 딸기가 먹고 싶다고 하자
아들은 뒷산 딸기밭에서 칠일기도를 올리다 쓰러진다.
아들의 효성에 감복한 산신령이 딸기를 구해 주어
노모는 딸기를 먹고 병이 나아 오래오래 행복하게 살았다.

　강화군에 전해오는 민화 한 대목이다. 호롱불 피우던 시절 한겨울 딸기는 꿈도 꿀 수 없었겠지만 지금은 엄동설한에도 하우스 딸기가 흔하다. 먹는 게 풍족해진 만큼 전설 속의 효자나 산신령도 종적을 감춘건가. 딸기 한 알에 담겨진 은유로도 함박 이야기꽃을 피웠을 옛날이 그립다.

　딸기strawberry는 장미과 딸기속에 속하는 식물 또는 그 열매를 말한다. 잎자루는 길고 비교적 큰 3개의 잎이 달리며 각각은 둥글고 가장자리가 톱니 모양이다. 봄에 몇 개의 꽃자루가 나와 몇 개에서 십 수

개의 흰색 꽃이 달리는데 꽃잎이 5개이고 암술과 수술이 노란색이다. 식용하는 딸기는 씨방이 발달하여 과실이 되는 다른 과실과 달리 꽃턱이 발달한 것으로 씨가 열매 속에 없고 과실의 표면에 깨와 같이 있다. 과실의 모양은 공 모양, 달걀 모양 또는 타원형이며, 대개는 붉은색이지만 드물게 흰색 품종도 있다.

영문명 Strawberry는 주변에 짚^{straw}을 깔아 재배한 데서 붙여진 이름이다. 딸기의 원산지는 남아메리카로 석기시대부터 식용되었고 15세기말 신대륙 발견 이후 남미의 장딸기가 유럽 및 북미로 전해졌다. 18세기 말 네덜란드에서 현대 딸기의 원조가 되는 '프라가리아 아나나사^{Fragaria ananassa}'가 만들어져 일본을 통해 20세기 초 우리나라에도 전해졌다. 야생종 딸기에는 땃딸기 · 흰땃딸기 · 뱀딸기 · 겨울딸기 · 산딸기 · 장딸기 · 줄딸기 등이 있으며 재배딸기는 휴면정도에 따라 한지형 · 난지형 · 중간형으로 나뉘는데 우리나라에 많이 재배되는 종은 보교조생, 행옥 등 중간형이다.

생육에 적합한 온도는 17~20℃이며 건조에 매우 약해서 다소 습한 토양을 좋아한다. 재배양식에는 온실 등을 이용하여 수확시기를 앞당기는 촉성재배^{促成栽培} 외에 반촉성 · 터널조숙 · 노지재배 및 억제재배가 있는데, 반촉성재배와 터널조숙재배, 노지재배가 주를 이룬다. 반촉성재배는 묘를 10월에 정식^{定植 : 온상에서 재배한 모종을 밭에 내어 심는 일}하고 1월 중 · 하순경에 보온하여 4월경에 수확하는 방법이다. 반촉성재배인 경우에는 겨울에는 그대로 추위에 노출시켜 휴면시키고 이른 봄부터 비닐 터널을 씌워 생육을 촉진시킨다. 터널재배는 2월에 설치하여 노지재배보다 약 3주일 빨리 수확하는 방법이다. 일반 재배는 9~10월에 정식하고 5~6월에 수확한다. 수확은 개화한 뒤 35~40일이 지난 다음에 하는 반면 촉성재배는 50~60일이 지난 다음에 실시한다.

12월 상순부터 6월 상순까지 신선한 재배딸기가 출하되지만 역시 4,5월 봄철이 제철이다. 딸기는 100g에 35cal의 열량을 내며 탄수화물 8.3g, 칼슘 17㎎, 인 28㎎, 나트륨 1㎎이 들어 있고 비타민은 카로틴 6㎍, 비타민C 80㎎, 비타민B1과 B2 0.05㎎ 등이 들어 있다.

딸기에 많은 비타민C는 여러 가지 호르몬을 조정하는 부신피질의 기능을 활발하게 하므로 체력 증진에 효과가 있다. 딸기는 과일 중 비타민 C의 함량이 가장 높아 귤보다 1.5배, 사과보다는 10배가 많다. 딸기 6, 7알이면 하루 필요한 비타민 C를 모두 섭취할 수 있다. 항암작용과 시력 회복효과가 있는 안토시아닌과 식이섬유인 펙틴도 많이 포함돼 있어 혈중 콜레스테롤 수치를 크게 낮추는 효과가 있다.

피부 미용에 좋은 비타민 B군도 풍부하게 들어 있어 피부와 모발을 보호해준다. 딸기에는 붉은 과일에 주로 들어 있는 '라이코펜'이 많은데, 이는 면역력을 높이고 혈관을 튼튼하게 해 노화를 방지한다. 콜레스테롤의 산화를 막아 동맥경화와 심장병을 막으며 치매 예방 효과도 있다. 딸기에 설탕을 뿌려 먹는 사람들이 많은데 이는 옳지 않다. 신진대사에 도움을 주는 딸기의 비타민 B가 손실되므로 그냥 먹는 것이 좋다.

딸기를 고를 때는 모양이 예쁘고 과실에 광택에 있는 것, 색깔이 곱고 붉은 기가 꼭지 부위까지 퍼져있는 것, 꼭지가 파릇파릇하고 싱싱한 것이 좋다. 딸기를 정성스럽게 씻으면 거죽이 뭉그러지기 쉽고 세제가 배어들어 맛과 향을 잃게 된다. 이 때문에 딸기는 소쿠리에 담아 흐르는 물에 몇 번만 헹구면 된다. 이렇게 하면 표면이 뭉그러지지 않고 맛과 향이 그대로 잘 보존된다. 30초 이상 물에 담그면 비타민 C가 흘러나오므로 씻을 때는 꼭지를 떼지 말고 재빨리 헹궈낸다.

또 딸기는 일단 물에 닿으면 금방 곰팡이가 생기고 상하게 되니까 조심해야 한다. 딸기를 소금물에 씻으면 소금의 짠맛이 가미되면서 딸기 맛이 더 달게 느껴지고 더불어 살균 효과도 얻을 수 있다. 딸기 보관법은 상하기 쉬운 탓에 가능한 그때그때 구입해 다 먹어치우는 것이 바람직하다. 저장할 때에는 꼭지를 떼지 말고 랩을 씌워 냉장고에 넣어 보관한다. 꼭지를 떼면 거기로 과실 내부의 수분이 증발해 버리기 때문이다.

며칠 지난 딸기를 먹어야 할 때는 설탕을 친 다음 양주를 살짝 뿌리면 새로운 맛을 얻을 수 있다. 딸기에 우유나 크림을 곁들이게 되면 딸기에 풍부한 구연산이 우유의 칼슘 흡수를 돕고 비타민 C는 철분의 흡수를 도와 영양흡수 면에서 좋다. 딸기에 우유를 섞으면 단번에 많은 양을 먹을 수 없어 소화 효소의 활동을 돕는 효과도 있다. 따라서 우유나 딸기를 따로따로 먹는 것보다 섞어 먹으면 소화 흡수율이 훨씬 높아진다. 우유를 원심분리해서 얻어지는 것이 크림인데 지방과 단백질 함량이 많다. 우유 대신 크림을 얹어 먹으면 수분이 적으므로 고영양 농축이 되는 셈이다. 영국인들이 즐기는 크림을 얹은 딸기는 행복한 결혼의 상징으로 여겨질 정도로 아주 좋은 배합이다.

실제 딸기를 이용한 다이어트 식단으로 재미를 본 한 블로거의 레시피를 소개해 보면,

아침에는 생딸기주스, 딸기푸딩, 플레인 요구르트에 썰어 넣은 딸기, 딸기화채 등의 딸기 요리만을 먹고, 점심에는 식전에 딸기를 4~5개 정도 먹는다. 저녁에는 딸기에다 무기질이 많은 미역국으로 영양을 보충한다. 밥은 평소의 반절 정도. 이렇게 먹으면 뱃살이 쏙쏙 빠진다는 것이다. 우선 딸기는 비타민C가 제일 많은 과일이라 피부에도 좋고 칼로리도 매우 낮다. 게다가 딸기를 몇 개만 먹어도 하루의 비타민이 다 보충되며 당분도 사과의 2분의 1 정도밖에 되지 않기 때문이다.

딸기의 꽃말은 존중, 애정, 우정, 우애이다. 북유럽 신화의 여신 프리카에게 바쳤다고 하고 기독교 시대에는 성모 마리아에게 바쳤다고 하는데, 천국의 문을 찾아온 사람이 입이나 손에 딸기즙을 묻히고 있다면 신성한 딸기를 훔쳐 먹은 것으로 간주하여 지옥으로 보냈다고 한다. 설령 지옥에 간다 해도 새콤달콤 딸기의 유혹을 떨치기는 그리 쉬운 일이 아니다.

마늘

종을 뽑아야 마늘뿌리 더 굵어지듯
꽃시절의 골수 뽑아 자식들 먹이고 입히고
공부시켰던 우리들의 어머니, 어머니
여름날 긴 해도 짧던 그 마늘밭이
오늘은 바다가 된다, 주름지고 못 박힌 손
허옇게 센 머리찰을 적시며 출렁이는 바다.

― 시 '남해 마늘밭/배 한봉' 일부 ―

    남해 출신의 시인에게 마늘은 생의 궤적과도 같다. 마늘 농사로 자식들 먹이고 입히고 공부시켰던 어머니의 생애가 고스란히 녹아있기 때문이다. 남해는 고흥, 완도와 함께 조생종인 난지형 마늘의 국내 주 산지다. 만생종인 한지형 육쪽마늘의 주산지는 의성, 서산, 단양 등인 데 둘 다 늦여름에 심어 이듬해 5-6월 사이 수확한다. 첫 수확을 하는 5월 초 남해에선 보물섬 마늘축제가 열린다. 국내 최고의 산지는 경 북 의성으로서 알이 단단하고 즙액이 많으며 저장성이 탁월한 장점 이 있다.

마늘은 기원전 2,500여년 축조된 피라미드 벽면에 노무자를 위한 마늘의 양이 기록되어 있을 정도로 그 역사가 깊다. 원산지가 중앙아시아나 이집트로 추정되는 마늘의 어원은 몽골어 Manggir에서 마닐〉마날〉마늘로 변천된 것으로서 중국을 통해 전래된 것으로 여겨진다. 곰이 마늘과 쑥을 먹고 웅녀가 되었다는 단군신화와 마늘의 재배기록이 남아있는 삼국사기의 기록을 볼 때 이미 통일신라시대 이전부터 널리 이용된 것으로 보인다. 마늘의 3대 생산국은 중국, 인도, 한국 순인데 중국은 세계 생산량의 75%를 차지할 정도로 마늘을 애용하고 있다.

마늘의 효능에 대한 최초의 기록은 로마 학자 플리니우스가 편찬한 〈박물지〉에 처음 등장한다. 뱀의 독을 해독하고 치질, 궤양, 천식 등 무려 61가지 질병에 효험이 있다는 것이다. 중국 의학서 〈본초강목〉에도 정력과 성욕을 증진시키고 피로회복, 기생충 구제에 효과가 있다고 기술하고 있다. 이런 효험 때문인지 세계 각지에서 마늘은 미신화된 경향을 보였는데, 흡혈귀 드라큘라를 공포에 떨게 한다든가 전염병 예방에 도움을 주는 부적으로 사용되는 등 동서양을 막론하고 신비의 영약으로 여겨졌다.

기원전 4세기경 알렉산더 군대는 마늘을 상용한 덕에 연전연승하였으며, 제1차 세계대전 당시 영국군은 상처와 화농치료약으로 마늘을 사용하였다. 우리나라에서도 대원군이 경복궁을 중건할 때 힘들어하는 석공들에게 마늘로 독려하였으며 마라토너 손기정과 서윤복이 마늘을 즐겨 먹어 우리나라가 마라톤강국이 되었다는 일화가 남아있다. 하지만 이와는 반대로 불교에서는 오신체의 하나로 마늘을 먹지 못하게 하고, 도교에서도 수련에 방해가 된다하여 멀리하고 있다.

세계 10대 베스트푸드로 알려진 마늘의 10대 효능을 정리해 보면,

1. **살균, 항균작용.** 마늘의 알리신은 페니실린이나 테라마이신 등 항생약물보다 살균력이 강하다.

2. **강장, 피로회복 효과.** 마늘의 게르마늄이 비타민B1과 결합시 이를 무제한으로 흡수하여 몸이 지치거나 피로하지 않도록 한다.

3. **정력증진, 노화억제.** 알리신이 지질과 결합, 세포를 활성화시키고 혈액순환을 촉진시켜 몸을 따뜻하게 해 준다.

4. **고혈압 개선.** 마늘의 칼륨이 혈중 나트륨을 제거하여 혈압을 정상화시켜 준다.

5. **당뇨 개선.** 알리신이 췌장세포를 자극하여 인슐린의 분비를 촉진한다.

6. **항암작용.** 유기성 게르마늄, 셀레늄이 암을 억제하고 예방한다.

7. **알레르기 억제작용.** 아토피 등 알레르기 반응시 유리되는 베타헥기 소사미니데스 효소의 유리를 억제한다.

8. **정장, 소화작용.** 알리신이 위 점막을 자극, 위액분비를 촉진하고 장을 튼튼하게 만든다.

9. **해독작용.** 시스테인, 메티오닌 성분이 강력한 해독작용을 나타내고 알리인, 알리신 등 성분과 그 유도체가 중금속과 유해세균을 제거한다.

10. **신경안정, 진정효과.** 알리신이 인체 신경세포의 흥분을 진정, 안정화시키고 스트레스 및 불면증을 해소한다.

우리 몸은 끊임없이 신진대사 과정을 밟고 있다. 대사과정에 있는 '당 중간 대사물'은 단백 아미노산과 결합하면 '당화 단백질'을, 지질과 결합하면 '당화 지질'을, 유전자 핵산과 결합하면 '당화 핵산'을 형성한다. 이러한 당화 최종산물을 총칭하여 AGE^{Advanced Glycation Endproduct}라고 부르는데, 악성적인 활성화 물질로 돌변해 주위 조작과 결합하면서 인체조직을 파괴함으로써 백내장, 실명, 당뇨병성 발기부전 등 심각한 증상의 원인이 되고 있다. 그런데 마늘에는 'S-A-시스테인'이라는 AGE 저해물질이 있어 이를 예방한다. 이 성분은 강력한 항산화제이기도 하고 콜레스테롤 저하와 항암, 항균 작용에도 관여한다.

명약과도 같은 마늘에게도 취약점은 있다. 바로 역겨운 냄새가 주범. 이 때문에 많은 서양인들이 생마늘을 꺼린다. 불쾌감을 줄이는 가장 손쉬운 방법은 간 마늘을 식초에 한 달 이상 담가두고 익혀먹거나 분말로 먹는 방법이다. 약효를 생각하여 생으로 먹으려면 녹차 잎을 입안에 넣고 씹은 뒤 양치질을 하는 게 효과적이다. 녹차의 후라보노라이드가 마늘의 냄새를 흡수하기 때문이다. 마늘, 양파의 냄새를 없애는 또 다른 방법으로 파슬리 잎사귀를 함께 먹으면 씻은 듯이 냄새가 사라진다.

망개떡

제74호 지리적표시 농산물 - 의령 망개떡

찹쌀떠~억,
망개떠~억

부산에서 중고교를 다녔던 1970년대 때 어둠이 진 골목길에 울려 퍼지던 떡장수 아저씨의 외침이 아직도 귀에 쟁쟁하다. 먹을 것이 워낙 귀했던 시절이라 한입거리도 안 되는 떡을 요리조리 아껴먹던 기억도 생생하다. 떡을 싼 잎사귀가 왜 그리도 커 보이던지… 과대포장이라며 원망했던 그 때 그 떡이 바로 망개떡이다.

망개는 청미래덩굴의 경상도 방언이다. 황해도와 경상도에서는 '망개나무'라 하고, 호남지방에서는 '명감나무' 또는 '맹감나무'라 부른다. 1억년 전으로 추정되는 화석식물이 발견되어 화제가 되기도 한 청미래덩굴은 밀나물속 백합과 식물의 뿌리줄기이다. 우리나라 황해도 이남의 산기슭 양지, 산비탈, 야산 및 수풀가 반음지에 자생한다. 뿌리는 굵고 꾸불꾸불 옆으로 뻗으며 줄기에 갈고리 같은 가시가 있다. 주로 늦가을이나 초겨울에 뿌리를 파서 노두蘆頭와 수염뿌리를 제거하고 흙모래를 씻어 버린 후 채로 햇볕에 말리거나 썰어서 햇볕에 말린다.

꽃은 7~8월에 피고 열매는 9~10월에 빨갛게 익는다. 가을에 빨갛게 익은 열매를 따서 입안에 넣으면 달콤새콤한 맛이 금방 침을 돌게 해 갈증을 해소하는 효과가 있다. 적색과 백색의 뿌리는 두 가지 모두 약용하는데〈본초강목〉에서는 백색이 더 낫다고 기록하고 있다. 맛은 달고 싱거우며 성질은 평하고 독이 없다. 간, 위, 비장에 들어간다. 해독하고 습을 제거하며 관절을 이롭게 한다. 매독, 근골 경련 동통, 각기, 정창, 옹종, 나력을 치료한다. 하루 20~40그램을 물로 달여서 복용한다. 외용시에는 가루 내어 붙인다. 뿌리줄기에는 사포닌, 탄닌, 수지 성분이 함유되어 있다.

청미래덩굴 뿌리는 옛날 중국에서도 식량이 부족할 때 허기를 면케 했다는 전설이 있다. 옛날 우나라가 망하자 산으로 피신한 선비들이 청미래덩굴 뿌리를 캐서 먹었는데 요깃거리로 넉넉했다 하여 우여량禹餘糧이라고 하고 신선이 남겨놓은 양식이라 하여 선유량仙遺糧이라고도 했다. 일본에서는 5월 단오 때 청미래덩굴 잎을 아래위로 두장 싸서 떡을 만들어 먹는 민속이 있는데 우리나라의 영향을 받은 증거로 받아들여진다.

한방에서는 이 뿌리를 '토복령土茯苓'이라 부르고 중국에서는 부인 몰래 못된 짓을 하다 매독에 걸려 죽게 된 남편을 부인이 너무 미워 산에다 버렸는데, 풀숲을 헤매다 청미래덩굴 뿌리를 캐먹고 병이 완쾌되어 돌아왔다 하여 '산귀래山歸來'라 부른다. 〈본초강목〉에도 '요사이 여자를 좋아하는 사람이 늘어나 매독 같은 성병이 많이 유행하고 있는데 약을 조금 써 고친 후에도 이 병이 재발할 때는 토복령을 치료제로 쓰라'고 적고 있다. 한방에서는 지금도 매독 치료제로 쓴다.

청미래덩굴은 민간약으로도 널리 쓰이는데 근경根莖을 엷게 쓸어 말려 두었다가 감기나 신경통에 약한 불에 다려서 식전에 복용하고 땀을 내면 거뜬히 낫는다고 하며 매독에도 이렇게 하여 마시고 땀을 내면 오줌으로 그 독이 빠져 나가서 낫는다는 것이다. 또 줄기로 젓가락을 만들어 사용하면 몸에 좋다고 여겼고 열매는 검게 태워서 참기름에 개어서 종기나 태독에 바르면 깨끗이 낫는다고 했다. 잎은 차 대용뿐 아니라 담배 대용으로 피우면 좋다고 하였고 봄에 어린순은 나물로도 즐겨 먹었다.

망개떡은 망개잎에 떡을 싸서 쪄내기 때문에 붙여진 이름이다. 망개나무는 덩굴성 소관목인 청미래덩굴의 경상도 방언으로서 전국 산야에 지천으로 널려 있다. 그 중에서도 경남 의령군의 자굴산 일대는 망개나무로 산을 뒤덮을 기세여서 그 잎을 이용한 망개떡이 일찌감치 이 고장 식품으로 자리 잡았다.

유래를 살펴보면 멀리 가야시대로 거슬러 올라간다. 힘이 약했던 가야는 강국인 백제에 처녀를 시집보내는 정략혼인을 장려했는데 이때 이바지음식의 하나로 신랑집에 망개떡을 보냈다고 전해온다. 임진왜란, 일제시대 때는 산속으로 피신 다닐 때 끼니 대신 떡을 만들어 망개잎에 싸서 흙먼지가 묻지 않게 하거나 오랫동안 보존하도록 한 것이 시초.

망개떡은 청미래덩굴 잎의 향이 떡에 베어들면서 상큼한 사과 맛이 나고, 이것이 천연방부제 역할을 하여 여름에도 잘 상하지 않는다는 특징이 있다. 망개잎은 7-8월에 채취한 것을 배춧잎 절이듯이 소금에 절여 두었다가 필요할 때마다 꺼내 쓴다. 만드는 법은 토속음식답게 순박하다. 먼저 찹쌀가루를 찜통이나 시루에 충분히 쪄낸 후 절구에서 차지게 될 때까지 찧는다. 절구에 친 떡을 도마 위에 놓고 방망이로 얇게 밀어 준 후 설탕, 꿀, 계핏가루를 첨가한 거피 팥소를 넣고 반달이나 사각모양으로 빚어준다. 이렇게 만들어진 떡을 두 장의 망개잎 사이에 넣어 김이 충분히 오른 찜통에 넣고 찐다. 이렇게 하면 쫀득한 떡피와 고소한 팥소, 그리고 그윽한 망개잎의 향이 그만인 망개떡이 탄생된다.

의령의 망개떡은 여름철 맛과 겨울철 맛이 다르다. 여름에는 생잎에서 베어나는 특유의 상큼한 사과향 맛이 나는데, 겨울에는 단맛이 어우러진 짭짤하고 시원한 맛이 난다. 옛날에는 망개잎을 채취하는 여름 제철이나 잠시 맛보았을 뿐 겨울에는 잎을 구할 수가 없어 먹을 수 없었으나 지금은 망개잎을 염장(塩藏)하여 저장하므로 사시사철 맛볼 수 있다.

단맛을 내세운 서양과자들의 등장과 짧은 보관일수 탓에 망개떡 장수가 사라진지 오래다. 의령군은 추억을 되살리는 향토음식으로 망개떡을 제74호 지리적표시 상품으로 등록하여 '자연한잎 의령망개떡' 홍보에 열을 올리고 있다. 군내 농업기술센터의 도움을 받아 떡피에 올리고당을 첨가하여 더욱 쫄깃하고 말랑말랑한 상태를 유지하고 진공상태에서 이산화탄소를 주입해 떡의 부패를 5일 이상 지연시키는 등 전국 단위 판매를 가능케 하고 있다. 더욱이 대전-통영간 고속도로가 개통되면서 전국 어디든 일일 배송이 가능해진 점도 큰 보탬이 되고 있다.

"우린 정말 순수하게 만들어요. 소금 약간하고 설탕만 넣고 다른 첨가물은 일절 안 써요. 유화제를 첨가해서 잘 안 굳게 할 수도 있지만, 드시는 분들 건강 생각해서 안 넣어요. 어렵지만 고집으로 버텨나가죠." 자굴산망개떡을 만드는 전연수씨의 말이다.

먹을 것이 넉넉해진 오늘날 청미래덩굴은 빨간 열매가 꽃꽂이 장식으로 이용될 뿐 잠시 잊혀진 식물이 되었다. 부활을 꿈꾸는 의령망개떡으로 입 안 가득 순수한 자연과 고향의 향수를 느껴보기 바란다.

매실

제36호 지리적표시 농산물 - 광양 매실

백설이 잦아진 골에 구름이 머흐레라.
반가운 매화는 어느 곳에 피었는고.
석양에 홀로 서서 갈 곳 몰라 하노라.

목은 이색의 시조이다. 고려말의 어지러운 정치상황 속에서도 희망을 잃지 않으려는 의지가 엿보인다. 매화는 사군자의 하나로 많은 문사들의 사랑을 받아왔다. 매화를 유난히 사랑했던 퇴계 이황은 평생 매화 화분을 곁에 두고 돌아가실 때조차 '매화분에 물을 주라'고 당부하셨다 한다. 매화는 험한 세상에 피어나는 희망의 징표였던 것이다.

이러한 매화의 열매가 매실이다. 둥근 모양으로 5월 말에서 6월 중순 사이 초록색으로 익는다. 장미과에 속하는 매화나무의 원산지는 중국 사천성, 호북성 일대이다. BC 1000여 년 전부터 약용으로 쓰였으며 우리나라에는 삼국시대 때 정원수로 들어와 고려 초기부터 약재로 쓰이기 시작했다.

주요 산지는 전남 광양과 경북 영천, 경남 하동 등지인데, 전국 매실 생산량의 28%를 차지하는 광양이 으뜸이다. 2010년 현재 광양매실생산자단체영농조합법인에 소속된 재배농가수는 1,500여 곳에 이르고 재배면적은 4천 헥타르에 이른다. 개화시기가 빠르고 과육이 단단하여 국내 매실 생산을 선도하고 있는 광양 매실은 최근 건강과실로 호평받으면서 그 수요가 매년 큰 폭으로 증가하는 추세다.

매실은 수확시기와 가공법에 따라 여러 종류로 나뉜다. 6월 중순과 7월 초순 사이 연한 녹색의 단단한 과육 상태로 따는 청매靑梅. 7월 중순경에 따는 노란 색의 완숙 매실인 황매黃梅. 청매의 껍질 및 씨를 벗긴 뒤 짚불 연기에 그을려 말린 오매烏梅. 청매를 증기로 찐 뒤 술 담그는데 주로 사용하는 금매金梅. 청매를 묽은 소금물에 하룻밤 절인 뒤 햇볕에 말린 백매白梅 등이다.

이 중에서도 까마귀처럼 까맣다고 해서 이름 붙여진 오매는 조선시대 단오날 임금님이 대신들에게 내리는 '제호탕'의 주원료로 쓰였다. 동국세시기에 '이 탕을 마시면 갈증이 풀리고 속이 시원하며 정신이 상쾌해진다.'고 기록되어 있을 만큼, 가래를 삭이고 구토, 갈증, 이질, 폐결핵 등을 치료하며 숙취해소에 효과가 탁월한 한약재로 많은 사랑을 받았다.

매실은 6월 중순경에 따는 것이 최상이다. 하순 이후에는 익는 정도가 하루가 다르게 빨라지면서 고유의 향이 새나간다. 그렇다고 너무 일찍 따면 덜 익은 씨에 청산靑酸이라는 독 성분이 들어있게 된다. 매실주를 담글 때 매실을 곧 건져내는 것도 이 독 때문이다. 하지만 청산은 완숙시키거나 가공하면 크게 줄어든다.

매실은 신맛이 매우 강해 과일 가운데 거의 유일하게 생으로 먹지 않는다. 한방에서는 매실을 날로 먹으면 치아와 뼈를 상하게 할 수 있다 하고 위산과다로 속 쓰려 하는 사람에게도 금기시 한다.

매실의 열량은 100g당 29kcal로 여느 과일보다 낮으며, 열매 중 과육이 약 80%인데 수분이 85%, 당질이 10% 정도를 차지하고 있다. 비타민, 유기산구연산, 사과산, 호박산, 주석산이 풍부하고 칼슘, 인, 칼륨 등의 무기질과 카로틴도 들어있다. 그 중에서도 구연산시트르산은 당질의 대사를 촉진하고 피로를 풀어주며 위장의 작용을 활발하게 하고 식욕을 돋우는 작용을 한다.

대표적인 알칼리 식품으로서 피로회복에 좋고 체질개선 효과가 있다. 특히 해독작용이 뛰어나 배탈이나 식중독을 치료하는데 도움이 되며 신맛은 위액을 분비하고 소화기관을 정상화하여 소화불량과 위장장애를 없애준다. 변비와 피부미용에도 효과가 있으며 높은 산도로 인해 강력한 살균작용을 보인다. 최근에는 벤잘데하이드Benzaldehyde 유도체의 생성으로 인해 항암작용도 있는 것으로 밝혀지고 있다.

일본인들의 우메보시일본식 매실절임 사랑은 대단하다. 도시락, 주먹밥 등에 넣어 먹고 생선회를 먹을 때도 고추냉이 대신 우메보시를 즐겨 먹는다. 매실이 더위로 잃어버리기 쉬운 입맛을 살리고 각종 식중독 균을 죽이므로 여름철 식단에 없어서는 안 될 음식이라는 인식에서다. 우리나라에서도 술을 담그거나 쨈, 주스, 농축액, 간장, 식초, 정과, 차로 만들거나 반찬으로 장아찌를 담그기도 하는 등 식생활 깊숙이 전파되어 있다. 잠깐 새콤달콤 알싸한 맛의 매실장아찌 담그는 법을 소개한다.

간장으로 매실장아찌 담그는 법

① 잘 익은 통매실을 깨끗이 씻어 소금물에 담가 하룻밤 정도 절인다
② 절인매실을 건져 표면이 쪼글쪼글해질 때까지 햇볕에 말린다
③ 말린매실을 끓여 식힌 조선간장에 푹 잠기도록 담근다
④ 1주일 후 간장을 따라내어 다시 한 번 끓여 식힌 후 붓는다
⑤ 3-4개월이 지나면 맛있는 매실 간장 장아찌가 된다.

모시

제25호 지리적표시 농산물 - 한산 모시

세모시 옥색치마 금박물린 저 댕기가
창공을 차고나가 구름 속에 나부낀다.
제비도 놀란 양 나래 쉬고 보더라.

　작곡가 금난새의 아버지인 금수현이 곡을 붙인 〈그네〉의 가사 일
절이다. 중학교 음악 교과서에 실렸던 이 노래 속 세모시 옥색치마는
당시 까까중 머슴애들의 로망이었다. 금박물린 댕기까지 치장한 처
녀가 그네를 타는 모습에 제비도 놀라서 쳐다볼 지경이었으니 그 아
리따움이야 오죽했으랴.

　세모시는 여름 한복의 옷감으로 사용되는 올이 썩 가는 고운 모시
를 일컫는다. 모시의 가늘고 굵기는 새#라는 단위로 정해지는데 세모
시는 10새 이상이다. 모시 80올이 1새이고 10올이 1모이니 80모에 해

당하는 10새가 얼마나 가늘고 고울지 짐작이 갈 것이다. 에어컨 선풍기도 없었던 시절 우리 선조들은 여름철 더위를 이겨내기 위해 모시옷을 입었다. 모시는 땀이 잘 배지 않고 통기성이 뛰어나 누구나 선호하던 여름의복인데, 충남 서천의 한산이 최고의 명산지이다. 일제 초기만 하더라도 전국의 보부상들이 저산팔읍^{苧産八邑}, 즉 모시풀이 잘 자랐던 서천군의 한산, 서천, 비인, 보령의 남포, 주포, 부여의 임천, 홍산, 청양의 정산 등 8곳의 장에서 큰 경제권을 형성하였다. 해방 후에도 수요가 꾸준히 늘어나 정부에서는 저포증산 5개년 계획을 세워 모시 재배를 장려하기도 했다. 그러나 60년대 말 이후 합성섬유 산업의 발달로 수익성이 떨어지자 재배면적도 격감했다.

기록에 의하면 삼국시대 백제 땅이었던 서천군 한산면 건지산 기슭에서 재배된 야생 모시풀을 원료로 하는 옷감이 처음으로 개발되어 통일신라 경문왕(AD 861-875) 때에는 저포가 해외로 수출되었고, 고려 때부터 조선시대에 이르기까지 임금님 진상품으로 그 명성을 떨쳤다. 문헌자료에 처음 나타나는 〈삼국사기〉 신라편에서는 삼십승저삼단^{三十升苧衫段}을 당나라에 보낸 기록이 있고, 〈계림유사〉에 저왈저모^{苧曰苧毛}, 저왈모시배^{苧曰毛施背}란 기록이 있는 것으로 보아 일찍이 고려시대에도 저마 섬유를 모시로 불렀음을 알 수 있다. 외국에 알려진 최초의 기록으로는 고려 인종 원년에 사신으로 왔던 송나라 서긍이 '백옥처럼 희고 맑아 결백을 상징하고 윗사람이 입어도 의젓함이 나타나며 백저포로는 상복을 삼기도 한다.'고 모시를 칭송한 기록이 남아

있다.

모시^{苧, Adenophora remotiflora miquel}는 원산지가 동남아시아이며 주로 열대 지방에서부터 온대 북부지방에 걸쳐 분포하는 쐐기풀과의 여러해살이풀로서, 줄기의 질긴 껍질은 옷감 재료로 사용하며 뿌리는 이뇨제나 통경제 등 약용으로, 달걀모양의 잎은 음식의 재료로 이용한다. 모시는 생육조건이 까다로워 기온이 높고 습기가 많은 곳이 적지인데, 섭씨 20-24도의 기온과 연간 1,000mm 이상의 강우량은 되어야 한다. 재배법은 모시풀 뿌리를 옮겨 심은 후 번식시키고 뿌리 쪽 줄기가 황갈색을 띠면서 키가 2m 정도 되면 수확한다. 1년에 3회 수확하는데 첫 수확은 5월말에서 6월초, 두 번째 수확은 8월초에서 하순사이, 마지막 수확은 10월초에서 하순사이이다.

우리나라 대표적인 여름 직물인 삼베^{대마}와 모시^{저마}는 모두 줄기^{인피} 섬유이기 때문에 질감이 깔깔하고 차가우며 통풍이 잘 된다. 하지만 한반도의 기후와 토양 등 생육조건이 적합했던 삼베가 전국적으로 재배되어 서민용 옷감으로 발전된 데 반해, 모시는 생육조건이 까다로워 충청도 연안과 전라 남부 지역에서만 재배되어 주로 상류층 집안에서 사용되었다.

한산면 지현리에 위치한 한산모시관^{www.hansanmosi.kr}을 찾으면 한산 세모시의 우수성을 한 눈에 볼 수 있는데, 제작과정은 재배와 수확, 태모시만들기, 모시째기, 모시삼기, 모시굿만들기, 모시날기, 모시매기, 모시짜기, 모시표백의 9과정을 나뉜다. 수확한 모시의 줄기 중 가장 바깥층을 벗겨낸 속껍질인피를 물에 네다섯 번 적셔 햇볕에 말리면 바탕색이 깨끗한 모시원료 태모시가 된다. 모시째기는 태모시를 쪼개는 과정이다. 모시삼기는 모시째기가 끝난 저마섬유를 한 뭉치 '쩐지'라는 버팀목에 걸어놓고 한 올씩 빼어 양쪽 끝을 무릎 위에 맞이어 손바닥으로 비벼 연결시키는 과정이다. 실의 굵기에 따라 한 폭에 몇 올이 들어갈지 결정하는 모시날기와 풀먹이기 과정인 모시매기를 거친 후 베틀을 이용해 모시를 짠다. 마지막으로 물에 적신 다음 햇볕에 여러 번 말리면 하얀 모시가 탄생한다.

모시는 습도가 모자라면 끊어지기 쉬우므로 통풍이 안 되는 움집에서 짜야 했고 바람이 불거나 비오는 날에는 작업을 할 수 없었다. 전통 수제방식의 기법을 보호하고 전승하고자 정부는 한산모시를 무형문화재와 지리적표시제 등록상품으로 지정하였다.

하절기가 되면 작은 옥수수 알갱이들을 한데 모아놓은 듯한 형상의 꽃을 피운다. 모시잎떡에 꽃을 함께 첨가하면 더 짙은 향을 느낄 수 있다. 모시잎에는 단백질과 지방, 섬유질 외에도 칼슘, 망간, 아연, 구리, 철, 마그네슘, 칼륨 등 각종 미네랄이 풍부한데 한국식품연구원이 그 함량을 분석한 결과 칼슘의 경우 100g당 3,041.1mg으로 우유보다 무려 48배나 많은 것으로 조사되었다. 과거 모시 재배농가에선 어린잎으로 나물을 해 먹고 모시개떡으로 간식을 삼았으며 모시잎을 넣은 송편과 떡을 쪄 먹었다고 한다. 그래서인지 이곳 농가에서는 허리가 굽거나 무릎이 아픈 사람을 찾아 볼 수 없었다고 한다. 이처럼 칼슘의 함량이 많은 모시잎차를 꾸준히 마실 경우 기본적으로 골다공증에 효과가 있고 천연 식이섬유가 많이 들어있어 변비, 다이어트에도 효능이 있다. 모시잎차에는 카페인 성분이 전혀 없을뿐더러 잎차 특유의 떫은맛도 없다. 그러니 구수하고 감미로운 뒷맛의 모시잎차를 녹차처럼 다관에 적당량 넣고 80도 정도의 뜨거운 물에 여러 번 우려 자주 마시고 여름철에는 냉장고에 넣어 냉차로 즐겨도 좋겠다. 모시잎차를 덖다보면 뒷면에 하얗게 곰팡이가 앉은 것처럼 보이는데 이건 곰팡이가 아니라 모시잎의 천연섬유질이므로 안심해도 된다. 최근의 연구에서는 항산화작용을 하는 후라보노이드 성분과 모세혈관을 튼튼하게 하는 루틴 성분 등이 폐암, 간암 등 암세포의 성장을 억제하고 치매, 고지혈증, 동맥경화, 고혈압, 중풍, 노화 등의 예방에도 도움을 주는 것으로 밝혀졌다.

7-9월 하절기 전라도 향토음식인 모시잎떡 만드는 법을 소개한다.

① 모시잎은 깨끗이 손질하여 끓는 물에 소금을 넣고 파랗게 데친다
② 쌀가루에 소금을 넣고 잘 섞은 뒤 모시잎을 한데 넣어 빻고 채에 내린다
③ 흰깨와 땅콩으로 각각 소를 만들어 둔다
④ 끓는 물로 충분히 반죽하여 잘 치댄 후 일정한 크기로 반죽을 자른다
⑤ 반죽을 동글동글하게 만들어 홈을 내고 소를 넣어 꼭꼭 쥐어 둥글게 만든 뒤 갸름하게 모양을 낸 다음 젓가락으로 깊게 홈을 내어 잎사귀 모양을 만들어 준다
⑥ 젖은 면보를 깔고 반죽을 얹힌 뒤 찜기에서 15분 찌고 5분 뜸들이기를 한다
⑦ 찬물에 행군 뒤 참기름을 바르면 모시잎떡 완성.

예로부터 세모시 고쟁이는 여자의 화냥기로 인식되었다. 하반신 내의인 고쟁이를 세모시로 만들어 입을 경우 속살이 살짝 드러나 남성의 눈을 홀리는데 제 격이었던지라 실제로 왕실의 후궁들이 세모시로 만든 잠옷을 즐겨 입었고 기방에 수청 드는 기생에게는 세모시 한 필을 주는 것이 관례였다고 한다. 그러고 보니 모시에서는 여인의 향기가 배어나는 듯하다.

무화과

제43호 지리적표시 농산물 - 영암 무화과

한 평생
열매만을 위해
잎만 무성히 키우다
번지 잃은 초가와 함께
허물어져 내리는
무화과여

황인산의 〈무화과〉 연작시에는 '꽃 벌 나비 없어 무화과라 했나'고
반문한다. 무화과無花果는 꽃이 없는 과실이라는 뜻인데 정말 꽃 없이
도 열매를 맺을 수 있을까? 천만의 말씀이다. 하늘을 봐야 별을 딴다
는 만고의 진리는 식물계에도 똑같이 적용된다. 꽃이 필 때 수많은 작
은 꽃들이 주머니 속으로 들어가 버리고 꼭대기만 조금 열려 사람들
이 꽃이 피는 것을 제대로 보지 못한 채 어느 날 열매가 익기 때문에
붙여진 이름이다.

미국과 이스라엘 학자들에 따르면 인류가 처음으로 재배한 작물이 무화과라고 한다. 1만 1500여 년 전에 원생인류가 재배한 흔적이 보이고, 아담과 이브가 금단의 과일을 따 먹은 뒤 처음으로 자신들의 치부를 가렸던 나뭇잎에서부터 무려 60회 정도 기록되어 성경에서 가장 많이 인용되는 식물로 장구한 재배 역사를 자랑한다.

우리나라에는 조선 중종 때 1521-67년간 간행된 〈식물본초〉에 꽃 없는 과일로 소개되고 있어 이 무렵 처음 들여 온 것으로 추정된다. 한편 18세기 무렵 청나라 사신을 따라 열하, 즉 중국 하북성에 갔던 연암 박지원이 이 이상한 나무를 보고 '잎은 동백 같고 열매는 탱자 비슷하다. 이름을 물은즉 무화과라 한다.'고 열하일기에 적고 있으며, 동의보감에는 '맛이 달고 음식을 잘 먹게 하며 설사를 멎게 한다.'고 소개하고 있다.

지중해 연안 소아시아터키 지방이 원산지로 뽕나무과에 속하며 고온건조한 아열대성 기후에서 잘 자라 그리스, 스페인, 터키, 이란, 미국이 주 생산국이다. 우리나라에서는 최남단인 전남 영암군에서 전국 수확량의 70%가 재배되고 있다. 1970년대 초 현 박준영 전남도지사의 친형인 고 박부길 씨가 처음 소득 작목으로 식재한 것이 계기가 되었다. 그 뒤 '꽃을 품은 영암무화과'라는 브랜드로 이름을 날리며 제철인 8-10월을 시작으로 연간 약 3000톤 이상을 출하하고 있다.

무화과의 약성은 흔히 3항抗 3협協으로 요약된다.

3항은 항산화/항균/항염증 효과이다. 최근 원광대 식품영양학과 조사에 따르면, 무화과는 항암작용이 있는 벤즈알데히드 및 비타민 류로 해서 몇몇 과일의 항산화 능력 비교에서 가장 높고 키위, 오렌지, 토마토, 딸기의 순이었다. 또한 무화과는 농약을 전혀 치지 않고도 키운다고 할 정도로 독특한 향과 유즙 때문에 벌레나 해충이 감히 접근을 못한다. 무화과 가루를 염증 부위에 뿌리거나 들이키면 염증 해소가 빨라 관절염, 인후통, 기침 환자 등에도 추천된다.

3협은 소화촉진/변비탈출/심혈관질환예방을 돕는다는 것이다. 육식을 할 경우 무화과로 고기를 재어서 먹거나 후식으로 무화과를 먹으면 소화가 잘 된다. 단백분해효소인 휘신Ficin이 있어서 고기가 연해지고 소화를 촉진하기 때문이다. 변비는 건강과실로 이름난 푸룬말린서양자두보다 2배나 많은 섬유소100g 당 말린 것은 4g가 해결해 준다. 또한 적포도주보다 폴리페놀 함량이 많고 바나나보다 80% 가량 칼륨이 더 많아 혈관벽에 쌓인 유해산소를 제거하고 혈압을 조절해 주는 능력이 탁월하다.

이처럼 무화과는 독특한 맛과 향으로 인기가 높을 뿐만 아니라 폴리페놀, 벤즈알데히드, 쿠마린 등 몸에 좋은 각종 화합물이 다양하게 들어있어 감히 과일의 귀족으로 불린다. 무화과는 임금님 수라상에도 올랐는데 수라상 일품요리는 대개 약효를 가진 식품으로 채워졌다. 무화과와 채소를 섞어 만들어진 만두요리에 '무화과 꽃주머니'라는 예쁜 이름이 붙여진 것이다.

무화과는 유효성분인 당단백질과 식이섬유소 등이 비교적 안정적이라서 말려 먹는 경우에도 효과가 별반 떨어지지 않는다. 다만 안토시아닌 등 폴리페놀 성분은 산화에 약하고 금속성분이 닿으면 쉽게 변색하기 때문에 쨈이나 주스로 만들어 먹을 경우 유리병에 보관하는 것이 좋다. 생과인 경우 껍질이 약하고 쉽게 물러지므로 냉장고에 보관하여 3-4일 내 먹도록 한다. 많이 먹어도 부작용은 없지만 하루 섭취량은 폴리페놀 1000mg 정도를 섭취하게 되는 3-4개가 적당하다.

옛날 클레오파트라와 로마 검투사들이 즐겨 먹었다는 무화과. 이 시대의 선남선녀로 살아가려는 당신들에게 권한다.

미나리

제69호 지리적표시 농산물 - 청도 한재미나리

임금과 백성 사이 하늘과 땅이로다.
나의 슬픈 일을 다 아시려 하시거늘
우린들 살진 미나리를 혼자 어찌 먹으리.

　　송강 정철의 〈훈민가訓民歌〉 한 소절이다. 사람의 여러 도리를 노래
한 중에 임금에 대한 연모의 정을 살찐 미나리로 비유했다. 실제 미나
리는 임금들의 단골 질환이었던 통풍 치료에 효과가 뛰어나 '왕에게
바치는 약'으로 진상되었다. 통풍 발병의 주요 원인은 혈중 요산 수치
를 높이는 퓨린인데, 미나리에는 퓨린 성분이 거의 없는데다 풍부한
칼륨과 칼슘이 소변을 알칼리화 하여 몸 안에 축적된 요산을 배출해
주기 때문이다.

　　미나리는 축축한 땅이나 물속에서 자라는 산형과 미나리속의 여러

해살이풀이다. 우리나라를 비롯하여 중국, 대만, 일본, 자바, 인도 및 아시아 대륙 전체에 걸쳐 널리 분포하며 세계적으로 40여종이 있는데 우리나라에는 1종만이 자생한다. 키는 30-60cm 정도 자라고 잎은 어긋나며 깃꼴겹잎이고 개개 잎은 알 모양에 톱니가 있다. 여름철 복산형 꽃차례에 희고 작은 꽃이 핀다. 잎과 줄기에 독특한 향이 나며 찌개에 넣거나 삶거나 데쳐서 나물로 먹는다. 8-9월 무렵에 10cm 정도로 밑동을 자른 미나리 줄기를 무논에 뿌려 11월쯤 1차 베어낸 뒤 12월에 비닐을 씌워 다시 키워서 50cm 정도 자라는 1월부터 수확에 들어가고 3-5월 제철을 맞는다. 이렇게 미나리 재배를 위해 물을 댄 논을 미나리꽝이라 부른다.

한재미나리가 지리적표시 농산물로 등록되었다. 한재는 경북 청도읍 남산과 화악산 사이의 '큰 고개'에서 붙여진 지명 이름으로, 밀양강으로 합쳐져 낙동강으로 흐르는 맑은 계곡물과 일교차가 크고 일조량이 풍부하여 천혜의 조건을 갖추고 있다. 1960년대 중반 각 가정에서 먹을 푸성귀 거리로 시작한 것이 80년대 들어 본격 재배가 이루어져 2010년 현재 120여 농가에서 연간 1천톤 이상을 생산하고 있으며 1994년 국내 최초로 무농약 재배인증을 받아 청정 미나리로 이름을 날리고 있다. 제철인 봄날 주말이면 차 댈 곳이 없을 정도로 사람들이 붐비는데, 가져 온 삼겹살을 구워 갓 걷어 올린 신선한 미나리를 돌돌 말아 먹는다. 그야말로 봄내음을 만끽하는 이곳만의 특별식이다. 이를 위해 미나리밭 옆에는 불과 불판이 제공되는 비닐하우스가 진풍경을 이룬다.

재배 역사는 〈고려사〉에 근전芹田: 미나리밭이라는 말이 나오는 것으로 보아 고려시대 때부터 식용되었을 것으로 추정된다. 〈동의보감〉이나 〈본초습유〉에 따르면 '수근水芹, 즉 미나리는 성질이 평하고 맛이 달다. 머리를 맑게 하며 대장과 소장을 원활하게 해 주는 등 신진대사를 촉진한다. 또한 술을 마신 뒤 열독을 내려주고 류머티스에 유효하며 여성의 월경과다, 냉증대하에 좋다'고 기술하고 있다.

영양성분을 살펴보면 수분 94.9%, 단백질 2.1g, 칼슘 32mg, 인 18mg, 철 4.1mg, 비타민A 2331IU, B1 0.34mg, B2 0.07mg 등이다. 미나리는 피를 맑게 해 주는 정유 성분으로 인해 맛과 향이 독특하기도 하지만 비타민 A, C 및 칼륨, 칼슘, 철분 등 무기질이 풍부한 알칼리성 식품이다. 또한 미나리는 혈압을 내리는 효능이 인정되어 고혈압 환자들이 즐겨 찾는 식품이다. 변비를 해소하고 해독작용이 있으며 간염이나 위염에 효과적이라는 결과도 보고되고 있다. 함유 성분을 분석해 본 결과 단백질, 지방, 기타 무기질과 함께 플라보노이드라 불리는 식물성 색소물질인 퀘르세틴과 캠프페롤 등이 함유되어 있다. 퀘르세틴은 대표적인 항산화물질로 유방암, 난소암, 방광암, 대장암, 위암, 폐암에 항암효과를 보이며 항염증에도 유효한 물질로 알려져 있다. 캠프페롤은 단백질의 인산화를 감소시켜 암세포 증식을 억제한다. 미나리를 끓는 소금물에 살짝 데쳤을 때 퀘르세틴과 캠프페롤이 60% 증가하는 것으로 나타나 맛뿐만 아니라 건강을 생각한다면 복국이나 각종 탕에 첨가할 때 살짝 데쳐 먹도록 하는 것이 좋다.

예로부터 미나리는 오종황병^{五種黃病}에 효험이 있는 것으로 알려져 남자들이 즐겼다. 주달^{酒疸}, 여로달^{女勞疸}, 곡달^{穀疸}, 황한^{黃汗}, 황달^{黃疸}이 그 것인데, 술을 많이 먹거나 여색을 밝혀 몸이 허해지고 간이 상해 누런 땀을 흘리며 눈동자와 피부가 누렇게 되는 경우 미나리가 최고라는 거다. 미나리의 독특한 향도 약리효과가 있다. 향의 정유 성분이 피를 맑게 해 주는 성질이 있다. 철분이 함유되어 빈혈에 좋고 섬유질이 많아 변비에도 효험이 있다. 반면 칼로리는 거의 없어 다이어트 식품 으로도 그만이다.

복국에는 미나리가 반드시 들어가는데 몇몇 사람들은 미나리가 복어의 독을 해독해 주는 것으로 알고 있지만 사실인즉 복어의 강한 독을 없애지는 못하고 복어에 부족한 단백질, 비타민C, 칼륨 등을 보충하고 담백한 맛의 조화를 나타내는 데 일조한다. 복어의 독만큼은 못하지만 미나리에도 독이 있다. 여름 미나리에는 치쿠톡신이라는 독소가 있어 구토, 현기증, 경련 등을 일으킬 수 있으므로 조심하는 것이 좋다. 중국 사람들은 입춘에 가장 즐겨 먹고 음력 5월 5일을 넘기면 미나리 먹기를 삼간다. 이때부터는 줄기가 억세져 맛도 떨어지기 때문. 미나리꽝을 기억하는 시골 출신들은 거머리에 대한 몹쓸 추억들을 간직하고 있다. 행여나 미나리 다발에 거머리가 달라붙어있지 않을까 우려한다면 미나리 씻는 물에 놋쇠숟가락 하나 올려두라. 구리성분을 싫어하는 거머리를 쉽게 제거할 수 있으니까.

요리연구가 김경분 씨의 도움말로 미나리튀김과 미나리생채를 만들어 보자.

◎ 미나리 튀김

▶ 재료 : 미나리 200g, 붉은고추 2개, 새우(조갯살) 50g, 달걀 1개, 튀김가루 1컵, 식용유

▶ 만드는 법

① 미나리는 뿌리를 자르고 잎을 떼어낸 후 깨끗이 씻어 4㎝ 정도 길이로 썬다.

② 붉은 고추는 반 갈라 씨를 털어내고 2㎝ 길이로 채 썬다.

③ 새우는 껍질을 벗기고 등에서 내장을 없앤 다음 엷은 소금물에 씻어 건진다.

④ 넓은 그릇에 미나리와 붉은 고추, 새우를 넣고 달걀을 풀어 넣은 다음 튀김가루를 넣어 튀김옷을 입힌다.

⑤ 160℃ 되는 식용유에 ④의 재료를 나무젓가락으로 조금씩 떼어 넣으면서 튀긴다.

⑥ 소쿠리나 접시에 냅킨을 깔고 ⑤의 미나리튀김을 담아낸다. 식성에 따라 초간장을 곁들인다.

◎ 미나리 생채

▶ 재료 : 미나리 반 단, 붉은 고추 1개, 식초 3큰술, 설탕 1큰술, 소금 1작은술

▶ 만드는 법

① 미나리는 깨끗이 씻어 5~6㎝길이로 썬다. 향이 싫을 경우 살짝 데쳐도 된다.

② 식초에 설탕 소금을 넣어 끓인 뒤 식혀 ①에 붓는다.

③ 10분간 잰 후 붉은 고추를 채 썰어 위에 뿌린다.

배

제55호 지리적표시 농산물 - 서생간절곶 배
제81호 지리적표시 농산물 - 나주 배
제87호 지리적표시 농산물 - 안성 배
제92호 지리적표시 농산물 - 천안 배

홍동백서(紅東白西)
조율이시(棗栗梨柿)

　붉은색 과일은 동쪽에, 하얀색 과일은 서쪽에, 더 상세하게 서쪽부터 대추, 밤, 배, 감의 순으로 과일을 놓아야 한다는 차례상 차리는 법이다. 지방에 따라 감과 배의 순서는 뒤바뀌는 법도 있다지만 차례상에 빠트려서는 안 되는 필수 과실들이다. 씨가 한 톨인 대추는 임금을, 밤톨이 3개인 밤은 3정승을, 씨가 6개인 감은 6조판서를, 씨가 8개인 배는 8도관찰사를 상징하여 국가 안위와 자손 번성을 기원하는 뜻이 담겨있다는 사실도 알아두자.

장미과에 속하는 배의 원산지는 중국 서부, 남서부로 알려져 있다. 우리나라의 배 재배는 삼한시대와 신라의 문헌에 기록이 있고, 배 재배를 장려했다는 고려시대의 기록에서 보듯 그 역사가 매우 깊다. 2천여 년 전 신라 유리왕 때로 거슬러 올라가는 추석명절 차례상에 터줏대감으로 자리 잡을 만큼 배는 귀한 과일로 대접받았다. 허균의 〈도문대작〉에 5품종이 나오고, 완판본 〈춘향전〉에도 청실배라는 이름이 실린 것으로 보아 일반인에게 널리 재배되고 품종 분화도 활발했던 모양이다.

1920년대 조사에서 무려 33품종에 달하는 재래종과 교배종이 기재되어 있는데 우수품종으로 황실배, 청실배, 함흥배, 봉화배, 청당로배, 봉의면배, 운두면배, 합실배 등이 거론되어 있다. 이 중 청실배는 경기도 구리 묵동리에서 재배되었는데 감미가 높고 맛이 뛰어나 구한말까지 왕실에 진상되었다. 그 뒤 일본인들이 자신들의 품종인 장십량과 만삼길을 이 일대 중랑천변을 따라 심었고 뒤이어 개량품종인 신고배로 바뀌어져 지금까지 묵동의 순 우리말인 먹골배의 명성으로 이어지고 있다. 지금은 신고배를 필두로 장십량, 만삼길 3종이 총 재배의 90%를 차지하고 있다.

2009년 울주군 서생간절곶 배가 국내 최초로 지리적표시 배로 등록되었다. 서생의 간절곶은 동북아에서 가장 먼저 해가 뜨는 곳이다. 풍부한 일조량과 동해 청정 해양성 기후 등 천혜의 조건으로 인해, 품질기준의 중요 척도인 과당의 함량이 5.56%로 나주, 안성, 천안 등 다른 지역보다 매우 높은 편이다. 이 곳 배는 2006년 제1회 전국 Top Fruit 품평회에서 당당히 대상을 차지하며 새로운 배 명산지로 떠오르고 있다.

국내산 배는 일본배나 서양배에 비해 열량은 절반 정도로 낮은 반면 수분 함량이 10% 정도 많고 칼륨 등 각종 무기질이 많아 아삭하고 시원하면서도 영양면에서 더 뛰어나다. 20여 년 전 유럽 출장 때 남부 독일에서 맛 본 돌배를 떠올리면 우리나라 배가 얼마나 맛있는지 실감이 난다. 배를 먹을 때의 까슬까슬한 느낌은 오돌토돌한 석세포가 있기 때문이다. 이 석세포는 리그닌과 펜토산 성분의 세포가 막이 두꺼워지면서 생기는 것으로 잘 소화되지 않는 성질이 있어 변비에 도움을 준다. 배를 잘라 놓으면 과육이 갈색으로 변하는데 이는 배 속의 폴리페놀이 산화되어 갈색의 착색물질을 만들어 낸 것이다. 이러한 갈변현상을 손쉽게 방지하려면 1% 전후의 소금물에 담가 효소의 작용을 억제시키면 된다.

배의 당분은 대부분 과당이다. 사과와는 달리 0.1%에 불과한 유기산으로 인해 신맛이 거의 없다. 그러다보니 사과처럼 잼이 잘 만들어지지 않는다. 하지만 효소가 많은 편이어서 소화를 돕는 작용을 한다. 불고기나 육회 등에 배즙을 섞으면 고기가 한결 연해지고 소화도 잘된다. 또한 배는 강알칼리성 식품이므로 고기류나 곡물 등 산성식품을 섭취할 때 함께 먹으면 체액을 중성으로 유지시켜 건강에도 좋다.

대표적인 배의 효능을 소개하면,

1. **가래기침**. 배즙과 무즙을 각각 100㎖ 혼합한 뒤 생강즙 30㎖을 타서 한꺼번에 마시면 가래기침에 직방이다. 기침이 심할 때는 배 1개를 우유나 양젖에 섞어서 달여 마시면 된다.

2. **해열**. 고열로 음식을 제대로 먹지 못할 때 시원하게 먹을 수 있고 배 속의 비타민 B와 C가 해열효과를 나타낸다. 배는 냉하나 소화에 효과가 있고 대소변을 잘 나오게 해 몸의 열을 내리게 만든다.

3. **숙취**. 배가 간장 활동을 촉진시켜 알코올 성분을 해독하게 하므로 주독과 갈증이 풀어진다.

4. **배변**. 배를 많이 먹으면 지라가 냉해져서 설사가 난다. 이때에는 껍질째 먹어 껍질 부위의 효소와 탄닌 성분을 함께 섭취하면 설사를 줄일 수 있다. 수유기 어머니나 허약체질은 너무 많이 먹지 않도록 유의.

5. **연육**軟肉. 고기를 부드럽게 하는 연육 효소가 있으므로 채로 썰어서 고기와 하루 정도 재웠다가 먹으면 고기가 연해지고 소화가 잘 된다.

6. **종기**. 종기의 뿌리를 빼낼 때는 생 배를 썰어서 환부에 바르면 뿌리가 빠진다.

'까마귀 날자 배 떨어진다.'는 오비이락烏飛梨落의 속담은 배 밭의 까마귀가 날자 우연히 배가 떨어진데서 연유하는 말로 아무런 상관도 없는데 공교롭게 동시에 일어난 일로 그 일과 관계된 것처럼 혐의를 받게 됨을 비유한다. 온통 배 밭 같은 세상살이, 항상 조신하라는 교훈, 배를 먹을 때마다 명심, 또 명심하자.

백련차

제33호 지리적표시 농산물 - 무안 백련차

고이 올린 백련차 위에는 미소가 어리고
깨달음의 기쁨과 만남의 즐거움 있으니
향 머금은 낙숫물 소리조차 정겹구나.

　　작자 미상의 이 시는 아마도 어느 산사의 스님이 백련차 한 잔을 앞
에 놓고 읊조린 것이지 싶다. 연잎으로 만든 차나 밥은 사찰음식에서
유래한다. 청결, 유연, 여법如法 등 불교에서 말하는 삼덕三德, 즉 음식이
청결하고 부드럽고 법도에 맞아야 하는데 연잎은 이 모두를 충족시킨
다. 백련차는 사찰에서 스님들이 즐기는 향차의 일종으로 녹차에 연
꽃을 가미한 것이다. 새벽이슬을 머금고 피어나는 백련의 꽃봉오리를
채집해서 미리 준비해 둔 녹차와 함께 차로 타 먹는 것인데, 마음을 진
정시키고 편안하게 하여 도를 닦는데 도움을 주기 때문이다.

문헌에 나타나는 백련차에 대한 기록은 청나라 건륭 때 심복이라는 사람이 쓴 〈부생육기浮生六記〉에서 찾아 볼 수 있다. 말단관리였던 저자에게 매일 아침마다 특이한 향의 고급차를 내놓던 아내에 대한 향수를 절절이 표현한 자서전인데, 수십 번 우려 봐도 그 향을 따를 수가 없어 몰래 그 비법을 캐 보니, 저녁 무렵 연못에 핀 백련 꽃송이가 오므리기 전에 차를 담은 비단주머니를 그 속에 넣어 밤새 별빛과 달빛 이슬을 맞게 했다가 아침 일찍 꽃봉오리가 다시 입을 벌릴 때 그것을 꺼내 차를 달이지 않는가. 비단주머니 속의 차에 수련향을 촉촉이 머금게 한 아내의 지혜와 정성을 잊지 못하고 노래한 일종의 연서戀書이다. 중국의 대문호 임어당은 중국문학사상 가장 사랑스런 여인이자 뛰어난 재인으로 그의 아내 운芸을 꼽고 있다.

동양 최대인 10만 여평의 백련 자생지를 보유한 전남 무안군은 2007년 지리적표시제 제33호로 백련차를 등록했다. 백련차를 만드는 방법은 크게 향차와 잎차로 나뉘는데, 백련향차는 싱싱한 백련꽃 봉오리를 살짝 벌려 그 사이에 녹차를 약 30g 넣고 오므린 후 지퍼백이나 타파통에 밀봉하여 하루 정도 상온에 두었다가 냉동고에 10일 정도 보관하면 생차용 향차가 된다. 덖음차인 경우에는 냉동고에 넣지 않고 시원한 곳에 1주일 정도 두었다가 꽃과 녹차를 분리하여 가마솥에 덖으면 된다.

백련잎차는 부드러운 어린 연잎을 따서 잘게 썬 후 가마솥이나 두꺼운 프라이팬에 5-6회 정도 덖고 비비기를 반복하여 완전 건조시킨다. 대략 30-40분에 걸치는 마무리 작업이 끝나면 밀봉하여 건냉한 곳에 둔다. 이 일대의 100% 자연산 백련잎으로 법제한 백련차는 침출 잎차와 가루차 두 종류로 나뉜다.

백련차는 '심장, 신장, 비장, 위장을 보하며 오장의 기운 부족과 속이 상한 것을 낫게 하고 12경맥의 기혈을 크게 보하여 신장의 기능을 활성화시켜 머리칼을 검게 하고 늙지 않게 한다. 청혈, 조혈, 지혈, 해독 작용을 한다.'고 옛 문헌에 명시되어 있다.

이러한 백련차의 효능을 정리해 보면,

1. **해독작용.** 백련잎의 탄닌이 독성분인 알칼로이드 성분과 결합하여 체내 흡수를 막고 몸밖으로 배출시키는 작용을 한다. 담배의 니코틴 성분도 알칼로이드의 일종으로 백련차를 마시면 니코틴, 타르와 결합하여 체외로 배출시키는 것이다. 유해성 중금속도 마찬가지.

2. **지혈작용.** 탄닌이 수렴작용을 하여 상처를 빨리 아물게 하고 피를 멎게 한다. 위와 장의 점막을 보호하고 그 활동을 촉진시켜 설사를 멈추게 한다.

3. **조혈작용.** 피를 맑게 하고 적혈구를 증식시킨다. 엽록소는 그 구조가 인체의 적혈구와 흡사한데 연잎차로 섭취된 엽록소가 바로 적혈구로 변하게 된다. 따라서 조혈이 되고 상처가 빨리 아물게 된다.

4. **정균작용.** 세균을 죽이지는 못하지만 번식을 억제하는 정균 효과가 있다.

5. **장유동 촉진작용.** 장의 활동을 촉진하여 변비가 진행되는 것을 막아준다.

6. 간기능 증진작용. 술 담배 등으로 간기능이 손상된 사람에게 효과가 있다.

7. **이뇨작용.** 백련차는 신장의 혈관을 확장시켜 배설작용을 촉진한다. 이러한 작용으로 몸 속의 노폐물이나 유독성분을 몸 밖으로 배출시키는 것이다.

최근 우석대학교 식품생명과학부 오석홍 교수는 백련잎차에 많이 들어있는 것으로 확인된 흥분억제 신경전달 아미노산의 일종인 GABA가 혈압을 낮추고 뇌세포 대사를 촉진하여 높은 항산화 효과를 갖는다고 밝혔다. 또한 순천대 한의학연구소장 박종철 교수는 연잎에 생리활성물질인 플라보노이드 화합물이 다량 함유되어 있는 것을 발견, 이를 'NM-253'으로 명명했다. 이 물질은 유해산소를 60% 가량 제거하고 후천성면역결핍증[AIDS] 바이러스인 HIV의 활동을 돕는 효소인 프로테아제[Protease]의 생성을 40% 가량 억제하는 효과가 있다고 밝혀, 앞으로 연잎차에 대한 연구개발이 보건산업에도 큰 영향을 끼칠 것으로 기대된다.

무안군은 동의과학대학팀과 공동으로 백련차를 이용한 연맥주와 연와인을 세계 최초로 개발, 2007년 백련축제 때 처음 소개하였는데 맛이 깔끔하고 뒤끝이 깨끗하여 특별히 여성과 술을 처음 대하는 고객들로부터 큰 호응을 얻었다. 연잎향에 반하고 그 맛에 취하고 성인병 예방효과까지 있는 두 제품의 행보에 관심 있는 분들은 백련이 절정을 이루는 8월이 돌아오면 무안행 버스에 몸을 실어보시라.

복분자 · 복분자주

제3호 지리적표시 농산물 - 고창 복분자주
제35호 지리적표시 농산물 - 고창 복분자

잎새 뒤에 숨어 숨어 익은 산딸기
지나가던 나그네가 보았습니다.
딸까 말까 망설이다 그냥 갑니다.

잎새 뒤에 몰래 몰래 익은 산딸기
귀엽고도 탐스러운 그 산딸기를
차마 차마 못따가고 그냥 갑니다.

　　동요작가 강소천에게 산딸기는 망설임의 대상이다. 그러나 옛날 어느 마을에 갓 결혼한 한 신랑은 산속에서 길을 잃자 설익은 산딸기로 아무 거리낌 없이 허기를 채웠다 한다. 그런데 다음날 아침 뒷간에 가서 용변을 보는데 '쫘아'하는 세찬 오줌 소리와 함께 아뿔싸 항아리가 뒤집어져 버리는 게 아닌가. 덕택에 부인에게 사랑받는 남편이 되었다는 옛날이야기다. 이때부터 산딸기는 '뒤집어질 복覆' 자에 '항아리 분盆' 자가 합쳐져 복분자로 불리게 되었다.

　　이와 같이 복분자는 식용이나 약용으로 쓰이는 산딸기 열매인데,

장미과에 속하는 여러해살이 관목인 산딸기속은 전 세계에 수백 종이 있으며 우리나라에는 천도(두메)딸기, 진들딸기, 멍석딸기, 산딸기, 멍덕딸기 등이 복분자로 쓰인다.

2-3미터 까지 자라며 줄기는 비스듬히 휘어지고 끝이 땅에 닿으면 뿌리를 내린다. 가시가 있는 검붉은 줄기는 흰 가루로 덮여있으며 잎자루에도 가시가 있다. 그러다보니 봄철 산행 때면 등산객의 소매에 생채기를 내기도 하지만, 가지 끝의 산방꽃차례에 소담스레 분홍색 꽃을 피워 보는 이를 즐겁게 한다. 딸기 열매는 붉은 색으로 익었다가 점차 검은 색으로 변한다. 개화기는 5-6월이고 결실기는 7-8월이다.

매년 6월 하순 때면 전북 고창에선 복분자 축제가 열린다. 황해도 이남 어느 산야에서든 쉽게 볼 수 있는 나무딸기지만 고창 복분자는 일찌감치 지리적특산품 제3호로 지정받을 정도로 그 명성이 자자하다. 지리적으로 접안지역이라 해풍을 충분히 맞는데다 무기질이 풍부한 황토 땅에서 자라기 때문에 유효성분이 뛰어나다. 이렇게 자란 복분자는 단맛과 신맛이 적당히 어우러져 맛이 좋으며 색깔과 향이 독특하여 술을 빚어 마시게 되면 그 맛에 녹아나지 않을 주당이 없을 정도다.

이곳 관내에서도 아산면 성기마을에 오면 고창 제일의 복분자 밭을 볼 수 있다. 6월부터 검붉은 열매들이 지천에 열리기 시작하는데 수건을 둘러 쓴 아낙네들의 손길이 절로 바빠진다. 사람 키만큼이나 훌쩍 올라 온 가시투성이의 나무에서 복분자 열매를 따는 일은 언제나 조신스럽고 정성스러워야 하기 때문이다. 그런데 왜 하필이면 마을 이름이 성기(?)일꼬. 참말로 거시기를 드러내놓고 요강을 엎어치기 하려는 건지 참 거시기하다.

고창은 명실 공히 전국 최대의 복분자 생산지로서 선운산 일대의 심원면, 아산면, 부안면 등 3개면에 산재한 4천여 재배농가가 연간 1,500톤 이상을 수확하여 군내 양조장에서 전통과실주로 가공하거나 급랭시킨 생과를 포장해 시장에 내놓는다. 수확기가 다른 지역에 비해 빠른 것은 전체 생산량의 70% 정도를 비가림 하우스로 재배하기 때문이다.

복분자에는 포도당, 과당, 펙틴 등의 탄수화물과 레몬산, 사과산, 개미산, 살리실산 등 유기산, 비타민 B, C 외에 카로틴, 폴리페놀, 안토시아닌 등의 유효성분이 풍부하다. 〈본초강목〉 등 옛 문헌에서 밝혀진 복분자의 효능은 발한해열약과 강정강장약으로 소개되고 있다. 즉 감기, 열성질병, 폐렴, 기침에 좋고 머리가 어지럽고 눈앞이 흐릴 때도 쓴다는 것이다. 일반적으로 알려진 복분자의 주요 효능으로는 1. 노폐물 배출, 2. 노화 방지, 3. 시력강화, 피로회복, 4.불임 해소, 5. 호흡기, 천식 예방, 6. 신장 방광기능 강화 등을 꼽을 수 있다. 먹는 방법은 하루 6-12g을 물로 달이거나 술로 담가 마시거나. 졸여서 약엿처럼 만들거나 환이나 가루로 만들어 먹는다.

끝으로 복분자술 담그는 법을 소개한다.

▶ 준비물 : 복분자10kg, 설탕2kg 소주1.8L 15병정도

▶ 만드는 법

① 항아리(또는 일반용기)에 복분자 10kg와 설탕 2kg을 넣고 잘 버무린다.

② 항아리를 공기가 들어가지 않도록 비닐로 밀봉시켜 3~4일간 서늘한 곳에 보관한다.

③ 3~4일 후 항아리 뚜껑을 열고 소주 1.8 리터 15병을 붓는다.

④ 소주를 넣은 후에 항아리 입구를 비닐로 밀봉시켜서 서늘한 곳에 보관한다.

⑤ 90일간 밀봉시켜 숙성시킨다.

⑥ 찌꺼기를 걸러내고 서늘한 곳에 보관하면서 맛본다.

센 놈은 센 놈끼리 만나야 제격이다. 그런 면에서 복분자술은 풍천
장어와 가장 잘 어울린다. 고창 복분자 축제에 가면 풍천장어 잡기대
회, 요강 멀리 던지기대회 등 힘을 과시하는 다양한 행사가 열린다.
힘깨나 쓰는 양반은 6월 하순 고창을 찾아가 보기 바란다.

복숭아

제63호 지리적표시 농산물
- 원주치악산 복숭아

한 해 실농(失農)하고서야 솎는 일이
버리는 일이 아니라 과정이란 걸 알았네.
삶도, 사랑도 첫 마음 잘 솎아야
좋은 열매 얻는다는 걸 뒤늦게 알았네.
나무는 제 살점 떼어 내는 일이니 아파하겠지만
굵게 잘 자라라고
부모님 같은 손길로 열매를 솎는 오월 아침
세상살이 내 마음 솎는 일이
더 어렵다는 걸 알았네.

경남 창녕 우포늪 일대에서 복숭아 농사를 짓는 생명시인 배한봉의 〈복숭아를 솎으며〉라는 시 일부이다. 요즈음 귀농하려는 사람들이 적지 않다. 자연에의 회귀라는 낭만적인 감상보다는 농사짓기가 생업이 되는 현실에선 농촌생활이 호사가 될 순 없다. 실농을 하고서야 복숭아 솎기가 삶의 한 과정이라고 깨닫는데 그리 오랜 시간이 걸리지 않았으리라.

복숭아는 장미과 벚나무과에 속하는 복사나무의 열매이다. 원산지는 중국인데 실크로드를 통해 동서양으로 전파되었다. 우리나라에선 사과, 귤, 감, 포도 다음으로 많이 기르는 5대 과실나무 중 하나이다. 우리나라 최초의 번역시집인 〈두시언해[1481년]〉에 복성화를 비롯, 〈언해두창집요〉에 복쇼와, 〈벽온방〉에 복숑아로 표현되어 있어 봉선화 〉 봉숭아 〉 복숭아로 변천된 것으로 추정된다. 여기서 '복'은 붉다는 뜻이거나 복福을 나타내는 말이며 '숭아'는 仙花[신선의 꽃]를 지칭할 가능성이 높다.

무릉도원武陵桃源이란 말에서 알 수 있듯 복숭아는 신선이 먹는 음식으로 알려져 있다. 중국 신화에 등장하는 전설 속 곤륜산에 살고 있는 신선 서왕모가 기르는 천도복숭아는 3천년에 한 번 꽃을 피우고 열매를 맺는다고 한다. 전한시대 인물인 동방삭은 이 신령스런 과실 3개를 훔쳐 먹고 삼천갑자[18만년]를 살았다니 최장수 기록이 아닐 수 없다. 복숭아 무늬는 다남多男, 다복多福, 다수多壽를 이르는 삼다三多 무늬 중 하나이다. 삼다를 지칭하는 식물무늬는 복숭아, 석류, 황금감 3가지 열매에서 따온 것인데 인생의 최대 행복을 상징한다. 또한 복숭아는 제사상에 올리지 못하는 대표적 음식 중 하나이다. 우리 선조들은 불로장생의 의미를 지닌 복숭아가 귀신을 내쫓는 축귀逐鬼 영력이 있다고 믿었기 때문이다.

오래 전부터 한반도에서 재배된 복숭아의 주요 산지는 영덕, 청도, 경산, 김해, 음성 등지인데, 2010년 3월 강원도 원주치악산 복숭아가 국내 최초로 지리적 표시제로 등록했다. 1900년대에 본격 재배를 시작하여 현재 국내 생산량의 3% 정도에 불과하지만 해발 500미터 치악산 기슭의 준 고랭지에서 친환경농법으로 재배되는 치악산복숭아는 지난 1996년 전국 복숭아품평회에서 대상을 수상할 정도로 고품질을 인정받고 있다. 물 빠짐이 좋으며 성숙기 때인 6-8월에 일교차가 크고 일조량이 많아 국내 최고의 당도를 자랑하기 때문이다.

복숭아의 품종은 크게 3가지로 나뉜다. 첫째, 껍질과 과육 모두 새하얀 백도는 과육이 물렁물렁하고 껍질이 쉽게 잘 까진다. 단맛이 강해 1개약270g당 91kcal의 열량을 지니고 8월초부터 중순경까지 주로 출하된다. 둘째, 백도보다 겉이 붉고 과육이 노란 황도복숭아는 200g개당 칼로리가 52kcal로 백도보다 낮지만 암 예방 효과가 있다는 베타카로틴이 10배 이상 높으며 통상 9월부터 출하된다. 셋째, 털이 없는 천도복숭아는 크기가 작고 당도172g 개당 45kcal가 낮으며 신맛이 많은 특성이 있다. 보통 7월 하순부터 9월 사이 출하된다.

다량의 단백질과 아미노산을 함유한 복숭아의 기능성 성분으로는 폴리페놀류항산화작용, 악취제거작용, 혈중 콜레스테롤 저하작용, 혈압강하작용, 발암방지작용, 항균작용, 아마그달린기침해소, 신경안정작용, 캡페롤이뇨작용, 베타카로틴발암방지, 신장병예방, 솔비톨변비예방, 장내 유해균억제, 비타민&미네랄 흡수촉진작용, 비타민C항종양, 해독, 발암억제, 항피로, 항히스타민, 면역증강, 창상치유 외 등이 있다. 이러한 유효 성분들의 작용에 의해 복숭아의 일반적 효능은 다음과 같이 소개되고 있다.

  1. 피부 미용. 여름과일의 대표주자인 자두보다 10배나 많은 필수 아미노산이 피부노화를 방지하고 피부결속력을 강화시킨다.

2. **변비 해소.** 각종 비타민과 펙틴 등이 약해진 위의 기능을 원활하게 하고 이뇨를 도와 변비에 효과적이다.

3. **니코틴 제거.** 2006년 연세치대 연구팀에 의하면 흡연자에게 복숭아를 먹인 결과 니코틴분해가 활발해져 니코틴 대사물이 늘어났다고 판명되었다.

4. **노화 및 암 예방.** 사과보다 좀 더 많은 비타민 C와 황도에 특히 많은 베타카로틴 등은 항산화능력이 뛰어나다.

복숭아는 아무리 먹어도 탈이 나지 않는다며 병문안 갈 때 많이 사 가는 과일이다. 그러나 너무 많이 먹으면 유기산이 소화를 방해할 수 있으므로 유의해야 한다. 복숭아는 잔털이 있어 일반적으로 깎아 먹는다. 잔털은 열매 스스로가 방수기능을 나타내어 물에 불지 않고 부패를 막으려는 자구책의 산물이다. 수용성 식이섬유인 펙틴 성분이 껍질에 많이 몰려있어서 장운동을 활발히 하고 혈중 콜레스테롤과 중성지방을 낮춘다. 그러니 잘 씻어서 껍질째 먹는 게 좋다. 하지만 복숭아 알레르기가 염려된다면 깎아 먹어야 한다. 복숭아 알레르기는 과피의 털에 있는 단백질에 의해 주로 유발되고 드물게 과육이 원인이 되기도 한다. 갈수록 발현율이 현저히 떨어져 알레르기 유발 5대 식품에서 빠졌고 가공할 경우에는 증상이 나타나지 않는 경우도 있어 개인의 특이체질을 점검해 볼 필요가 있겠다.

복숭아는 쉽게 물러지므로 보관이 쉽지 않아 통조림으로 많이 이용된다. 문제는 온도를 높여 살균처리를 하고 당 시럽을 충진 하다 보니 비타민 등의 파괴가 많고 칼로리가 두 배 정도 높아진다. 또한 복숭아의 과피 부분은 수산화나트륨을 이용한 알칼리 박피법을 이용하므로 유해 위험성이 지적되고 있다. 그래서 최근엔 뜨거운 물로 껍질을 벗기는 열수 박피법으로 대체되는 추세이다.

저장성이 좋지 않은 복숭아는 섭씨 5도 이하에서 3일 이상 저장하면 저온장해가 나타난다. 저온장해란 저온상태에서 과즙이 적어지고 조직감이 나빠지는 것을 뜻하는데 특히 백도가 심하다. 복숭아는 섭씨 10도 내외의 서늘한 곳에서 보관하다가 먹기 몇 시간 전에 냉장고에 잠시 넣었다가 꺼내 먹는 게 최상이다.

끝으로 잘못 쓰이고 있는 '복숭아뼈'라는 어휘를 바로 잡고자 한다. 표준어인 '복사뼈^{발목 부근에 안팎으로 둥글게 나온 뼈}'의 잘못된 표현인데, 전자국어사전에도 올라와 있을 정도로 많이 사용되고 있다. 이번 기회에 전라도 사투리 '복송씨' 도 바로 잡았으면 좋겠다.

사과

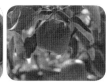

제1의 사과는 아담과 이브의 사과,
제2의 사과는 빌헬름 텔의 사과,
제3의 사과는 아이작 뉴턴의 사과,
제4의 사과는 과실주의 사과,
제5의 사과는 나눔과 이타(利他)의 사과.

사과에 대한 주영돈씨의 견해다. 원죄 사과에서부터 신뢰와 진리, 쾌락의 상징적 코드를 거쳐, 우연히 친구와 사과를 쪼개 먹으면서 깨달은 제5의 사과는 인류 역사의 원동력이라고 설파했다. 사과나무의 원산지는 발칸반도 및 서아시아 일대로 알려져 있다. BC 20세기경의 스위스 토굴에서 탄화된 사과가 발굴된 것으로 봐서 서양사과는 4천 년 재배역사를 가진 것으로 추정된다. 그리스, 로마 시대를 거치면서 이탈리아, 프랑스 일대에 퍼진 사과가 선악과를 대표하게 된 것은 아마도 가장 맛있게 생긴 과일이었기 때문일 것이다.

우리나라 최초의 기록은 고려 의종 때 〈계림유사〉에서 재래종 사과를 임금으로 기술한데서 찾아 볼 수 있다. 이 임금이 오늘날 능금의 어원이며, 능금 외에도 내자^{柰子}라고 하는 토종사과도 있었지만 오늘날의 외래종 사과와는 품종이 달랐다. 현재의 서양사과 종인 M.domestica는 1600년대 중반 인조의 셋째 아들인 인평대군이 중국에서 가져왔다는 〈남강만록〉의 기록이 있지만 아쉽게도 재배에는 성공하지 못했다. 병자호란이 끝난 18세기 무렵 '효종의 사위인 정재륜이 청나라에 사신으로 갔다가 사과나무를 들여온 뒤부터 널리 퍼지게 되었다'는 연암 박지원의 〈열하일기〉 기록으로 보아 한반도에서 개량종 사과를 먹기 시작한 것은 그리 오랜 일이 아니다. 그 후 1899년 대구 경북 지방에 선교사로 왔던 우드브릿지 존슨이 그의 사택에 심은 72그루의 사과나무와 1901년 윤병수씨가 외국 선교사를 통해 입수한 국광, 홍옥 등의 묘목이 원산 일대에서 재식에 성공한 것이 근대 사과원 경영의 효시가 되었다.

1906년 구한말 뚝섬에 12ha 규모의 원예시범장이 설치되고 우리나라 기후, 풍토에 사과 재배가 매우 유망하다는 인식이 확산되면서 급속도로 번져나가 지금은 낙엽과수 중 가장 널리 재배되고 있는데, 현재 우리나라 과수재배면적의 25%, 전체 과실량의 30% 정도를 차지하는 사과는 65% 정도가 경상북도에서 재배되고 있다. 남, 북반구의 위도 30-60도 사이에 물빠짐이 좋은 완만한 고개나 비탈진 언덕 일대가 재배의 최적지인데 이 곳 환경이 그런 조건을 충족시키고 있기 때문이다. 이 중 청송과 영주가 경북을 대표하는 지리적표시제 농산품으로 등록되어 있고 기타 등록지역으로는 충주, 밀양얼음골, 무주가 있다.

'매일 사과 한 개를 먹으면 의사는 빵을 구걸하게 된다.'는 서양속 담과 '하루 한 개의 사과는 성인병을 내쫓는다.'는 일본속담에서 느 낄 수 있듯 사과는 대표적인 영양과일이다. 특별히 아침에 먹는 사과 는 심신을 상쾌하게 할 뿐만 아니라 위의 활동과 위액분비를 촉진시 켜 소화흡수를 돕는 등 하루의 에너지원이 된다. 하지만 찬 성질과 다 량의 섬유질이 장을 자극하고 배변과 위액분비를 촉진시키기 때문에 밤에 먹으면 속이 쓰리거나 뱃속이 불편할 수 있다. 그런 연유로 '아 침에 먹으면 금, 밤에 먹으면 독'이라는 말이 나왔지 싶다.

사과는 수분이 86-87%를 차지하며 주성분은 탄수화물이고 단백질 과 지방은 적은 대신 비타민A, 비타민C와 칼륨, 칼슘 등 무기질의 함 량이 높은 알칼리성 식품이다. 사과의 약리 효과를 살펴보면,

1. **동맥경화 예방**. 고혈압과 혈중 지방 증가가 주원인인 동맥경화 는 콜레스테롤과 중성지방의 양을 정상적으로 유지하는 것이 매우 중요하다. 사과에 풍부한 식물섬유는 혈관에 쌓인 유해 콜레스테롤 을 배출하여 동맥경화를 예방해 준다.

2. **고혈압 예방**. 100g당 칼륨 100mg 이상을 함유하고 있는 사과는 체내 나트륨 성분을 체외로 배출시켜 혈압의 상승을 막아준다. 사과 의 주산지인 일본 아오모리현 사람들이 높은 식염섭취량에도 불구하 고 전국 평균보다 낮은 혈압을 유지하는 비결이 바로 사과 덕분.

3. **당뇨병 예방.** 식물섬유가 풍부한 사과 한 개의 칼로리는 대략 100kcal 정도. 점성을 띠는 수용성 식물섬유가 음식물이 위내에서 머무르는 시간과 소장에서의 영양흡수를 지연시켜 혈당치의 상승도 자연스레 억제시키므로 칼로리 섭취를 제한받는 당뇨환자에게 일석이조의 효과를 준다.

4. **변비해소, 대장암 예방.** 식물섬유 섭취량이 적으면 대장 내 내용물이 적어 직장벽이 자극을 받지 못해 내용물이 쌓이게 되는데, 이는 변비의 발생 원인이 된다. 또한 발암성 물질이 대장을 통과하는 시간이 길어질 경우 대장 점막과의 접촉시간이 길어진 만큼 대장암이 발생할 위험이 높아진다. 사과의 식물섬유는 유해물질을 흡수 배출하고 대장암을 예방하는데 큰 도움을 준다.

5. **피로회복, 다이어트 효과.** 사과에는 유기산이 0.5% 정도 함유되어 있어 몸 안에 쌓인 피로물질을 제거해 주는 역할을 한다. 비타민C는 피로회복, 해독작용, 면역강화 및 피부미용에 도움을 준다. 2-3일간 사과만 먹는 사과 다이어트를 하게 되면 손쉽게 노폐물이 배설되고 체중이 감량되어 건강하고 날씬한 몸매를 유지하게 해 준다.

이처럼 사과의 식물섬유에는 콜레스테롤과 혈당치를 낮추어주는 펙틴 성분과 대변적용을 도와주는 셀룰로즈, 리그닌 등 유익한 섬유소가 풍부하다. 이러한 식물섬유를 효과적으로 섭취하는 방법은 사과를 껍질째 먹는 것이다. 왜냐하면 과육과 과피 사이에 식물섬유가 30% 이상 몰려 있기 때문이다. 사과를 깎으면 갈색으로 변하는데 이

것은 사과 속 클로로겐산 폴리페놀산이 공기 중의 산소와 결합하여 산화되기 때문에 생기는 갈변현상이다. 이를 방지하기 위해서는 소금물이나 설탕물에 담가두면 된다. 이래저래 사과는 껍질째 먹는 것이 최상이다. 앞으로는 친환경 농법으로 재배된 사과를 잘 골라 반드시 껍질째 먹도록 하자.

삼베

제22호 지리적표시 농산물 - 안동포(등록취소)

제45호 지리적표시 농산물 - 보성 삼베

눈 내리는 아침
할머니는 손수 지어놓으신 수의로 갈아입으셨다.
수의는 1978년 7월 15일자 신문지에 싸여 있었다.
수의를 지어놓고도 이십 년을 더 사신 할머니는
백 살이 가까운 어느 겨울날이 되어서야
연둣빛을 군데군데 넣어 만든 그 수의를
벽장 속에 숨겨둔 날개옷처럼 차려 입으신 것이다(중략)

　　나희덕의 시 〈삼베 두 조각〉 전반부이다. 수의를 만들다 남은 삼베 두 조각으로 버선 대신 발을 감싸 드린 후반부까지 마저 읽다보면 돌아가신 할머니에 대한 애틋함이 묻어나온다. 삼^{Cannabis savita}과의 한해살이풀로서 온대와 열대 지방에서 자라는 삼의 껍질 안쪽 부분인 인피섬유로 만들어지는 삼베는 인류가 최초로 직조한 옷감으로 구석기 시대부터 세계 각지에서 애용되었으며 우리나라에서도 고조선 때부터 의복이나 침구 재료로 사용되어 왔다. 원래 삼베는 두루마기나 홑저고리 등 서민층 남자들의 여름옷감으로 주로 사용되던 것이 죄를 지었거나 상을 당했을 때 입는 수의囚衣 또는 상복喪服으로 발전하였다. 이는 신라 경순왕의 아들 마의태자가 나라를 빼앗긴 설움을 가누지 못하고 삼베 누더기를 걸친 채 개골산金剛山에 파묻혀 버리자, 이때부터 우리 조상들은 망자에 대한 애도의 뜻을 전하는 상제喪祭 때마다 삼베옷을 입는 풍습을 갖게 되었다.

수의壽衣로 삼베가 쓰이게 된 역사는 그리 오래지 않다. 일제시대 수의壽衣라는 용어의 탄생과 함께 간소화된 것인데, 일제가 수탈을 목적으로 장례예법 자체를 송두리째 바꿔놓은 것이다. 하지만 삼베 수의로 매장한 결과, 항균 기능을 갖는 삼베의 고유한 특성 때문에 시신의 뼈가 땅 속에서도 썩지 않고 건조되어 누런 황골黃骨로 발견되었다. 황골은 풍수지리에서 최상의 발복發福이 된다 하여 가문이 번창하고 가족이 장수한다고 믿었다.

경북 안동 지방에서 나는 삼베를 지칭하는 안동포는 제22호 지리적 표시제 등록상품이다. 기후와 토질이 원료인 대마의 재배에 적합하고 이곳 여인네들의 길쌈 솜씨가 뛰어나 신라 시대에는 화랑도의 옷감으로, 조선 시대 때는 궁중 진상품으로 명성을 날리기도 했다. 문헌상으로는 19세기 초 발간된 서유구의 〈임원경제지〉에 처음으로 언급되고, 1911년 일본인들이 발간한 〈조선산업지〉에는 안동이 대마의 주산지로 소개되고 있다. 안동포는 섬유질이 우수한 생냉이겉껍질을 제거한 속껍질을 생으로 길쌈하여 짜냄에 천연염료인 치자열매로 염색을 하여 올이 가늘고 고우며 빛깔이 붉고 누렇다. 원단의 품질 면에서 일반 삼베인 익냉이겉껍질 채로 물에 불린 상태로 화학처리하고 익혀 짠 것나 무삼여러 번 물속에 담가 올이 굵게 짜

낸 것에 비할 바가 못 된다. 올의 굵기를 나타내는 단위인 새^{升·되 승}로 비교해 보면 1폭당 생냉이가 10-11새, 익냉이가 7새, 무삼이 5새 정도이다. 여기서 1새는 삼베가닥 80올에 해당하는데 올수가 많으면 그만큼 옷감의 결이 고와진다.

안동포의 제작 과정은 대략 8과정으로 나뉜다. 1. 정선종 대마를 4월 초순에 파종한다. 2. 7월에 수확하는데 줄기 밑둥의 잎이 떨어지고 줄기가 황색을 띨 때가 적기. 3. 수확한 삼베를 물에 불려 껍질을 벗겨 말린다. 4. 말린 삼 껍질을 물로 적셔서 손과 삼톱으로 째고 훑어내려 가닥(실)을 만든다. 이 과정의 바래기와 삼째기가 안동포의 섬세함을 좌우한다. 5. 삼베를 짤 틀에 새로 만든 실을 잇는다. 6. 굵은 실과 가는 실을 결정한 다음 물레에 올려 날실 타래를 만든다. 7. 날실에 된장을 섞어 발라 좁쌀풀을 먹인다. 이래야 끈기가 오래 간다. 8. 틀의 실이 팽팽하도록 잡아당긴 후 베틀을 이용하여 직물을 짠다.

안동포 제조과정은 백여 번의 세세한 손질이 가는 힘든 과정이다. 장마철에 베를 찌고 말리고 째고 매고 삼고 실을 뽑아내는 과정은 막노동보다 고되고 여름 열기보다 뜨겁다. 이렇듯 손이 많이 가는 탓에 길이 22미터 15새 1필^{40자} 안동포는 가격이 1천만원을 넘는다.

전국 생산량의 25%, 유통량 50%를 차지하는 대마의 집산지인 전남 보성도 제45호 지리적 표시 등록을 마쳤다. 10여 년 전만 하더라도 1,000가구에 이르던 삼베 짜던 집들이 지금은 70가구 정도로 줄었다 하니 값싼 중국산의 공세 앞에 장인정신도 무색해지나 보다. 최근 보성군은 정통 보성포의 명맥을 잇고자 각종 대마관련 문화산업을 장려하고 종자개발 및 상품개발에 주력하고 있다하니 머잖아 옛 명성을 되찾게 될 것이다.

일반적으로 마 직물은 대마Hemp; 삼베, 아마Linen, 저마Ramie; 모시, 황마Jute 등으로 나뉜다. 이 중 삼베는 자연섬유 중 섬유질이 가장 길고 강도가 일반 면사에 비해 10배 정도 강하여 직물 이외에 로프, 그물, 모기장 등 다용도로 이용된다. 하지만 삼의 줄기와 잎에는 테트라히드로카나비눌THC이라는 마취성 물질이 함유되어 있어 대마초 마리화나로 악용되는 폐단이 있어 우리 정부는 1976년 대마관리법을 통해 재배 및 취급을 엄격히 규제하고 있다. 그러나 미국을 중심으로 삼베에 대한 활용도를 높이고자 하는 연구가 활발히 진행되고 있다.

1. **직물로서의 삼베.** 목화는 세계 경작지의 4% 정도에서 재배되고 있지만 거기에 뿌려지는 살충제의 양은 전체의 50%를 차지할 정도다. 반면 삼베는 재배에서 직물이 나오기까지 살충제나 화학적인 처리 없이 만들어져 "Green fabric"으로 불린다. 전통 방식의 거칠고 딱딱한 직물도 최근 방적기술의 발달로 면처럼 부드러운 직물로 탈바꿈하고 있다.

2. **종이 펄프로서의 삼.** 목재 펄프로 종이 1톤을 생산하는 데는 20년 수령의 나무 12그루가 필요하다. 고작 100일 정도 경작하는 삼 펄프를 활용한다면 1 에이커 당 목재펄프보다 4배 정도의 생산효율을 가져 올 수 있다. 삼 펄프 종이는 7-8번의 재활용이 가능해 3-4번에 불

137

과한 목재 펄프보다 재활용면에서도 매우 효율적이다.

3. **화장품 원료로서의 삼.** 마약 성분인 THC는 줄기나 씨앗에는 거의 없고 잎이나 꽃잎에만 극소량약 0.03% 함유되어 있다. 삼 씨앗으로 만들어지는 오일에는 달맞이꽃보다 4배가 많은 감마리놀렌산GLA과 오메가 지방산이 함유되어 있어 노화방지와 건성피부에 탁월한 효과가 있다.

4. **산업재로서의 삼.** 삼은 자연섬유 중 최고의 섬유질을 갖고 있다. 삼은 내피70%뿐만 아니라 표피40%에도 Cellulose 성분을 함유하고 있어 가볍고 내구성 있는 산업재 원료, 예를 들어 썩는 플라스틱 소재로 활용되고 있다.

5. **의약품으로서의 삼.** 대마초는 매우 위험스럽고 유해하다. 그러나 대마초는 진통환자, 구토나 구역질환자, 불면증환자, 녹내장환자, 암환자, 식욕저하환자, AIDS환자 등에 효능이 있어 의사의 엄격한 처방에 의해 이를 부분적으로 허용하는 추세다. 암환자나 AIDS환자의 경우 심한 구토 증세로 받는 고통이 이만저만한 게 아니다. 이때 대마초는 구토 증세를 저하시킴으로써 식욕을 왕성하게 해 주어 생명 연장에 큰 도움을 준다.

미국 개척 초기의 성조기가 삼베로 만들어졌고 미국 독립선언문이 삼 종이에 기초되었다는 사실은 당시 삼의 쓰임새가 얼마나 대단했던가를 대변한다. 흙으로 나서 흙으로 돌아가는 자연의 순리 앞에 가장 충실한 동반자가 되어주는 삼베옷이 망자의 옷으로 입히는 것은 아이러니가 아닐 수 없다.

석류

제94호 지리적표시 농산물 - 고흥 석류

다스려도 다스려도 못 여밀 가슴 속을
알알 익은 고독, 기어이 터지는 추청(秋晴)
한 자락 가던 구름도 추녀 끝에 머문다.

〈비가 오고 바람이 붑니다〉라는 시조집으로 잘 알려진 이호우 시인의 여동생 이영도^{1916~1976년}의 〈석류〉라는 시조이다. 오누이가 모두 정갈한 시어詩語를 잘 구사하였는데, 다스리지 못할 가슴 속 감정들을 알알 익은 고독과 기어이 터지고 마는 맑게 갠 가을 날씨로 이입移入시킨 시작 솜씨가 대단하지 않은가.

석류나무石榴, Punica granatum는 석류나무과에 속하는 낙엽성 소교목이다. 3-5m 정도 높이로 자라며 원줄기에서 갈라져 나온 가지가 많고 잎은 마주나는데 잎자루가 짧다. 꽃에는 양성화와 자성雌性; 동식물의 암컷다운 성질이 퇴화된 수꽃이 있다. 꽃받침은 통 모양이고 다육多肉; 줄기나 잎 또는 식물체 전체가 두껍게 살이 찌고 수분을 많이 가짐질이며 5-7개로 갈라진다. 꽃잎은 5장이고 주홍색을 기본으로 하며 그 밖에 흰색, 붉은색에 흰색의 어루러기가 진 것, 등황색 등이 있다. 열매는 꽃턱이 발달한 것으로 거의 공 모양이고 끝에 꽃받침열편裂片이 있다. 열매껍질은 두껍고 속에는 얇은 격막으로 칸막이가 된 6개의 자실이 있고 다수의 종자가 격막을 따라 배열되어 있다. 익은 과실의 열매껍질은 황백색 또는 자홍색이며 불규칙하게 벌어지고 속에는 즙이 많은 흰색 · 담홍색 또는 분홍색의 종자가 들어 있다.

만개한 석류꽃뿐만 아니라 열매가 익어서 터지는 모양도 아름답기 때문에 관상용으로도 재배한다. 추위에 약하여 중부지방에서는 제대로 생장이 안 되며, 전라북도 · 경상북도 이하의 지방에서만 야생 월동越冬이 가능하다. 토심이 깊고 배수가 잘되며 비옥한 양지에서 잘 자라고 결실이 잘된다. 국내에선 비교적 이런 재배조건을 잘 갖춘 전남 고흥군이 '고흥석류'를 2014년 2월 지리적표시 제94호로 등록시켰다. 석류 생산농가 총 346호에 재배면적 130ha, 생산량 515톤에 달하여 명실 공히 전국 최고의 생산량61.9%을 자랑하고 있다.

석류는 안석류, 산석류, 감석류로도 불린다. 원산지는 이란 북부, 인도 북서부, 아프가니스탄, 히말라야, 발칸 지방으로 여겨지며 고대 히브리인들의 옷 술에 문양이 새겨지고 이집트 피라미드 벽화나 솔로몬 성전에서도 발견되고 있으며 성서에 30회나 언급될 정도로 매우 친근한 열매이다. 중국에는 한나라 무제 장건이 실크로드를 개척하고 귀국할 때 들여왔다고 전한다. 당시 중국은 페르시아를 안석국^安石國이라 불렀는데 이 나라에서 자라는 나무라는 뜻으로 석류石榴라 이름 지었다. 삼국시대 신라 역사에 석류가 등장할 정도로 인도-중국을 거쳐 일찍이 우리나라에도 알려졌지만 정작 한반도에서의 생산 재배는 조선초기쯤으로 추정된다.

중국에서 연밥과 석류는 다산, 복이 있는 아들을 뜻하여 결혼식의 의식상에 차려놓기도 하고 신혼의 축하선물로 전해주기도 하는 풍습이 있다. 석류는 열매껍질 속에 많은 종자가 들어 있기 때문에 예로부터 다산과 자손번영의 상징이었다. 혼례복인 활옷이나 원삼의 문양에는 포도 문양과 석류 문양 · 동자 문양이 많이 보이는데, 이것은 포도 · 석류가 열매를 많이 맺는 것처럼 자손, 특히 아들을 많이 낳으리라는 기복적 뜻이 담긴 것이다.

석류의 열매는 페르시아 시대 때부터 염료로서 사용되었다. 식물이 잘 자라지 못하는 중동지역에서 염료를 얻기가 힘들었으므로 다양한 색상의 석류꽃과 고운 빛깔의 열매 속 종자는 염료로서 안성맞춤이어서 조공으로 바칠 품목에 들어있을 정도로 인기를 끌었다. 그리고 석류로 면 옷을 염색하면 화학반응에 의해 삼베처럼 조직이 바뀌어서 바람이 잘 통하게 되는 특성도 보인다. 석류는 고대 솔로몬 왕 때부터 음료수와 빙과를 만드는데 이용되었을 뿐만 아니라 석류의 꽃과 덜 익은 열매의 껍질은 이처럼 붉은색 염료의 원료로 사용되어 왔다. 꽃은 붉은색, 가지색, 노란색, 흰색 등 여러 가지로 피고 탐스럽고 둥근 모양의 열매가 벌어져서 그 속에 씨앗을 감싼 육질이 번쩍이는, 가지런히 배열된 정육면체의 생김새를 보노라면 알알이 루비 보석이 박힌 듯해서 찬탄이 절로 나온다.

석류의 열매는 지름 6~8cm에 둥근 모양이며 단단하고 노르스름한 껍질이 감싸고 있는데 속에는 많은 종자가 들어 있다. 먹을 수 있는 부분이 20% 정도이며 과육은 새콤달콤한 맛이 나고 껍질은 약으로 사용한다. 종류는 단맛이 강한 감甘과와 신맛이 강한 산酸과로 나뉜다. 주요 성분은 당질포도당·과당이 약 40%를 차지하며 유기산으로는 새콤한 맛을 내는 시트르산이 약 1.5% 들어 있다. 수용성 비타민B1·B2·나이아신도 들어 있으나 양은 적은 편이다. 껍질에는 떫은맛이 나는 탄닌, 종자에는 갱년기 장애에 좋은 천연식물성 에스트로겐이 들어 있다. 과즙은 빛깔이 고와 과일주를 담그거나 농축과즙을 만들어 음료나 과자를 만드는 데 쓰며, 올리브유와 섞어 변비에 좋은 오일을 만들기도 한다. 1속 2종의 식물이 아열대 지역에 자라며 우리나라에는 1속 1종의 식물이 있다. 줄기껍질과 뿌리껍질에는 알칼로이드, 탄닌질이 들어 있다.

흔히 석류는 '여인을 위한 만찬'으로 소개된다. 여성 호르몬인 에스트로겐이 풍부하기 때문이다. 모 일간지에 실린 석류 기사를 몇 구절 옮겨보면

"석류는 진작부터 양귀비와 클레오파트라가 즐겨 먹었다거나 '갱

년기 여성에게 제2의 삶을 준다'는 입소문이 퍼지면서 농축액 형태로 많이 판매되고 있다. 석류가 주목을 받게 된 것은 원산지인 페르시아 만 주위의 중년여성들이 다른 지역의 여성들보다 젊음을 오래 유지 하며 갱년기 장애도 거의 겪지 않는 것이 밝혀지면서부터다. 석류는 씨앗 1kg당 17mg의 에스트로겐 성분을 함유하고 있어 각종 부인병에 효과가 있으며, 콜라겐 결합조직의 양을 늘려서 피부미용에도 좋고 주름을 개선하는 효과가 있다고 한다.

뿐만 아니라 고혈압과 동맥경화 예방에 좋으며, 목이 쉬거나 부었 을 때 특효가 있어 한방에서는 석류껍질을 말려서 편도선염 약재로 쓰고 있을 만큼 쓰임새가 다양하다. 석류를 먹을 때 새콤한 과즙만 빨 아먹고 씨를 뱉어내는 사람들이 많은데, 석류는 씨에 영양분이 더 많 으므로 전부 먹는 것이 낫다."

신문 기사에 소개된 석류의 효능을 좀 더 자세히 정리해 보면

1. **갱년기 증상 완화**. 여성을 더 여성답게 해주는 여성호르몬-에스 트로겐. 인체에서 분비되는 에스트로겐과 가장 유사한 천연 에스트 로겐 전구물질이 석류에 풍부히 함유되어 있어서 이것을 섭취하면 체내에서 필요로 하는 여성호르몬으로 전환되어 갱년기 증상을 완화 시켜 준다. 화학성분의 호르몬요법은 유방암 외의 여러 가지 암을 유 발할 수 있다는 연구결과가 나와 몸에 좋은 영향만을 주지는 않는다. 천연 호르몬이 풍부한 석류나 가공식품을 섭취하면 호르몬의 균형과 다양한 호전효과를 볼 수 있다.

2. **피부미용**. 석류에는 콜라겐의 합성을 돕고 피부를 희게 하는 작

용이 있는 에라그산이나 비타민C가 들어 있어 피부를 젊게 유지하게 한다. 당나라 때의 절세가인 양귀비도 젊음과 아름다움을 유지하기 위해 석류를 매일 반쪽 씩 먹었다고 한다. 석류에는 수용성 당질이 전체의 절반에 가까운 40% 이상을 차지하여 이른바 속효성 에너지원이 됨은 물론 포도당의 분해를 촉진하는 구연산, 에너지대사를 활발하게 하는 데 필요한 비타민^{비타민B1,B2,나이아신}, 미네랄 등을 골고루 함유하고 있어 여성의 아름다움을 지켜준다.

3. **혈액정화**. 석류를 섭취하게 되면 피를 깨끗하게 하며 신선한 혈액을 체내에서 생성함으로써 자연 치유력을 높여 면역력을 강화시킨다. 혈액이 깨끗해지고 해독기능과 배설기능이 원활하게 이루어지면 체내에 침투한 공해물질이나 독소들이 밖으로 배출되기 때문에 체질 개선이 진행되며 몸은 강해져서 스태미너가 증강된다.

4. **심혈관계 질환 예방(심장병, 고혈압, 동맥경화 등)**. 40~55세 여성을 대상으로 한 연구에서 폐경이 된 여성은 폐경이 되지 않은 여성에 비해 관상동맥질환을 포함한 심혈관질환으로 인한 사망의 빈도가 매우 높은 것으로 나타났다. 석류의 섭취를 통해 심혈관질환으로 인한 사망률을 낮출 수 있다는 연구 결과가 나왔다.

5. **골다공증 예방 / 치아 건강**. 폐경기에 즈음하여 혈중 여성호르몬인 에스트라디올의 농도가 감소하면 골 소실이 가속화 되는데, 총 골량은 폐경 후 매년 2~3%씩 급속히 감소하여 수년이 지나면 정상에 비해 표준편차의 1~2배 이하로 떨어지게 된다. 에스트로겐을 투여하면 먼저 골 흡수 표지물이 감소하고 그 후 골 생성 표지물질의 감소가

일어나 골 교체와 골 표면의 골 재형성 단위[remodeling site]를 감소시켜 1차적으로 골 흡수보다 골 형성이 증가하게 되는 시기가 있는데, 이 기간 동안 골 흡수가 일어나고 있는 흡수공[lacunae]이 채워지고 골밀도가 증가하게 된다. 즉 에스트로겐 투여에 의해 골 교체의 억제가 일어남으로서 골량이 증가하게 되는 것이다. 또한 호르몬 대체요법의 이점으로 구강의 건강을 들고 있는데 연구에 의하면 치아손실이나 무치의 위험도를 각각 24%와 49%까지 감소시키며 의치 사용률도 19%까지 감소시킨다고 한다. 이는 에스트로겐이 뼈뿐만 아니라 치주조직의 교원질과 혈관 조직의 개선 효과에도 관여하는 것으로 설명할 수 있다.

6. **관절통, 근육통에 효과.** 폐경에 의하여 에스트로겐 결핍 현상이 생기면 피부와 뼈, 인대 등에서도 교원질이 소실되어 관절통 및 근육통을 호소하는 여성들이 늘어난다. 특히 우리나라 폐경 여성이 가장 많이 호소하는 증상이기도 하다. 통증 부위는 체중부하 관절보다는 손목, 발목, 어깨 등에서 흔하게 나타난다. 이러한 증상들은 호르몬 대체요법에 의해 효과적으로 경감된다. 관절염의 빈도도 비사용자에 비해 낮은 것으로 보고되고 있다.

그런데 조심해야 할 점은 석류를 지나치게 많이 먹으면 폐와 치아에 손상을 주거나 가래가 많이 생길 수 있다. 또한 석류뿌리껍질 끓인 물은 위 점막을 손상할 수 있으므로 위염환자는 안 먹는 것이 좋다고 한다.

끝으로 석류차 만드는 법을 소개한다.

① 석류는 껍질째 깨끗이 씻어서 물기를 빼고 반으로 나누어 놓는다.

② 껍질 안쪽에 있는 석류 과육을 손으로 알알이 뜯어 그릇에 담는다.

③ 석류 껍질은 큼직하게 뜯는다.

④ 석류 껍질과 과육을 설탕에 재어서 실온에 잠시 둔다.

⑤ 석류차를 담을 유리병은 끓는 물에 소독하여 물기를 뺀다.

⑥ 설탕에 재어둔 석류를 유리병에 담고 밀봉하여 냉장 보관한다.

⑦ 주전자에 사람 수대로 물을 1컵씩 붓고 과육을 1큰술씩 넣어 주홍빛이 될 때까지 은근히 끓인다.

석류차는 열매와 꽃을 이용하기도 하고 열매껍질과 뿌리껍질을 사용하기도 하는데, 열매와 꽃을 이용해서 끓인 차는 알칼로이드와 탄닌산이 들어 있어 자극성이 있으므로 하루에 2~3회씩만 마시도록 한다. 열매나 뿌리껍질은 그늘에서 잘 말려두었다가 은근한 불에 한참 동안 끓여서 마신다.

수박

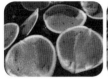

제46호 지리적표시 농산물 - 함안 수박
제73호 지리적표시 농산물 - 고령 수박

"저게 뭐니?"
"원두막"
"여기 참외 맛있니?"
"그럼 참외 맛도 좋지만 수박 맛은 더 좋다"
"하나 먹어 봤으면.

　황순원의 대표 단편소설인 〈소나기〉의 한 대목이다. 시골 소년과 서울서 온 윤 초시네 중손녀가 나누는 대화인데, 소년처럼 참외보다 수박을 좋아하는 이들이 많은 게 사실이다. 원두막에 옹기종기 모여 앉아 개울물에 담가둔 수박을 썩둑썩둑 잘라먹던 달디 단 수박 맛, 시골 출신이라면 그 맛을 평생 잊지 못할 것이다.

　수박은 남아프리카가 원산지인 한해살이 덩굴식물이다. 사막의 오아시스로 불릴 정도로 갈증해소 효과가 좋아 사막 사람들에게 음료 대용식물로 사랑받았고 실크로드를 따라 중국에 전해져 '서역의 박'

이라는 의미로 서과^{西瓜}로 불리게 되었다. 우리나라에는 조선시대 〈연산군일기^{1450년}〉에 수박의 재배법이 기술되어 있고 고려 때 거란족으로부터 종자를 받아 처음 심었다는 〈동의보감〉의 기록이 남아있다.

열대식물인 수박은 적정 발아온도가 섭씨 25-30도, 토양은 통기성과 물 빠짐이 좋으며 토양산도는 pH 5.0-6.8이 적당하다. 우리나라 최대 산지인 경남 함안은 이 모두를 충족시키는 입지조건으로 명성을 얻고 있으며 최근에는 경북 고령 수박도 지리적표시 등록을 받았다.

재배 역사가 오랜 수박은 원래 씨를 먹기 위해 재배되었다. 지금도 아프리카, 중국에서는 수박씨로 짠 기름을 식용하고 있고, 중국인들은 콜레스테롤이 많은 돼지요리를 먹을 때면 말린 수박씨를 소금과 함께 볶아 먹기도 한다.

흔히들 수박은 맛만 있지 영양은 별로인 식품이라고 생각한다. 수박 열매는 91-94%가 물이고 탄수화물이 5-8%라서 단물통 정도로 치부할만 하지만 결코 그렇지만은 않다. 여기서 퀴즈 하나. 수박과 사과 중 어느 쪽이 비타민C가 많을까. 이구동성으로 신맛이 감도는 사과를 꼽을 것이다. 그러나 정답은 수박이다. 놀랍게도 수박에는 사과의 두 배에 달하는 비타민C가 들어있다. 비타민A의 전구물질인 베타카로틴 역시 과일 중 수박이 으뜸이다. 미네랄을 살펴보면 마그네슘, 셀레늄 등은 복숭아보다 많고 칼슘, 아연, 인, 철 등도 다른 과일에 뒤지지 않는다.

'갈증 해소약'으로도 불리는 수박은 대표적인 이뇨 식품이다. 수박에는 오줌의 주성분인 요소^{尿素}의 생성을 돕는 시트룰린^{Citrulline}이라는 아미노산이 많이 들어 있기 때문이다. 따라서 신장기능이 약하거나 소변량이 적고 몸이 자주 붓는 사람에게 수박은 매우 유효적절한 식품이다.

빼놓을 수 없는 수박의 자랑은 라이코펜이 풍부하다는 데 있다. 라이코펜은 대표적인 항산화제로서 토마토를 언급할 때면 빠트리지 않는 웰빙 성분인데, 수박에 더 많은 양이 들어있다니 놀랍지 않은가.

이처럼 호화진용을 이루고 있음에도 수박이 베스트푸드에 들지 못하는 이유는 무엇일까? 이유는 바로 높은 당지수^{Glycemic Index} 때문이다. 당지수 70 이상이면 고당지수식품으로 분류되는데 수박의 당지수는 72에 달한다. 고당지수식품은 혈당치를 급상승시키고 비만의 원인이 되므로 주의를 요한다.

당지수 분야의 권위자 호주 시드니대학 제니 밀러 교수는 "당지수는 좋은 식품과 나쁜 식품을 구분 짓는 중요한 지표임에 틀림없다. 그러나 일부 식품은 당지수로만 영양평가를 내릴 수 없다. 비록 당지수는 높더라도 당부하지수^{Glycemic Load}가 낮으면 좋은 식품으로 보아야 하기 때문이다. 식품에 함유된 탄수화물의 양을 나타내는 당부하지수는 10 이하면 좋은 식품으로 간주하는데, 수박은 고작 4인 반면 수박과 동일한 당지수를 가진 베이글 빵은 25"라며 수박은 당지수가 높더라도 당분을 포함한 탄수화물이 무척 적어 현실적으로 혈당치에 별 영향을 끼치지 않는다는 것이다. 지금껏 높은 당지수를 염려하여 수박을 멀리한 사람들에게 희소식이 아닐 수 없다.

　수박을 즐길 수 있는 몇 가지 팁. 수박의 유효성분인 라이코펜은 보통 식품의 세포벽 안쪽에 단단히 달라붙어 있다. 토마토를 살짝 익혀 라이코펜을 우러나게 먹는 것도 이 때문. 수박은 익혀먹는 대신 플레인 요구르트를 얹어 먹도록 하자. 라이코펜은 기름에 잘 녹아 유제품의 도움을 받으면 우리 몸에서 더 잘 흡수된다. 수박의 달콤한 맛과 요구르트의 담백한 맛이 기막히게 조화를 이루어 맛도 만점, 영양도 만점이 되는 셈이다.

　수박은 재배과정에서 일교차가 클수록 붉은 색이 짙어진다. 과육이 노란 수박은 라이코펜의 양이 적으므로 기왕이면 붉은색으로 잘 익은 수박을 고르는 것이 좋고, 수박에는 수분 이외에 과당도 적지 않은데 저온일 때 단맛이 증가하므로 섭씨 2도 이하로 차게 해서 먹는 게 좋다.

　수박의 흰 살 부분은 따로 모아서 노각처럼 무쳐 먹어도 좋고 물에 달여 보리차 대신 마시면 갈증을 호소하는 당뇨환자에게 좋은 음료가 된다.

　알고 보면 버릴 게 하나 없는 수박. 더 이상 물로 보지 않고 수박을 여름 과일의 왕으로 임명하노라.

시금치

제96호 지리적표시 농산물 - 포항 시금치

"뽀빠이, 도와줘요~!"

　우리나라에 TV가 보급되기 시작하던 60~70년대에 가장 인기 있었던 애니메이션은 단연 〈뽀빠이〉였다. 여자 친구 올리브가 이렇게 외칠 때마다 시금치를 먹고 달려가 악당들을 물리치는 힘센돌이 사나이 뽀빠이. 1929년 미국에서 발간된 만화 〈골무극장〉에서 조연으로 처음 등장했던 뽀빠이는 이후 애니메이션 〈베티 붑의 대나무 섬〉에 등장하며 인기를 얻었다. 그 후 1933년 〈뱃사람 뽀빠이〉라는 독립 애니메이션 시리즈를 통해 주인공으로 거듭났고 세계 각국의 TV를 통

151

해 동심을 사로잡았다.

이 만화영화를 보았던 우리 세대들은 하나같이 '시금치=정력'을 떠올린다. 시금치 통조림을 먹기만 하면 힘이 불끈 솟는 뽀빠이의 모습이 연상되어서이다. 이는 시금치에 철분이 많다고 알려진 이유인데, 재미난 에피소드가 전해온다. 1870년 독일의 과학자 울프E. von Wolf가 기고한 출판 자료에서 여비서가 시금치 100g당 철분 3.6mg을 소수점을 빠트린 채 무려 36mg으로 잘못 타이핑치는 바람에 벌어진 해프닝이었는데, 1930년대에 정정되기까지 잘못된 이 수치를 미국의 시금치 통조림 회사가 발 빠르게 상업적으로 우려먹은 게 〈뽀빠이〉 시금치 신화의 단초가 되었다. 참고로 시금치의 철분 함량은 배추나 브로콜리, 렌틸콩이나 말린 콩에도 못 미친다.

이런 영향 탓인지 미국인들은 지금도 시금치를 베스트 푸드의 반열에 올리길 주저하지 않는다. 2015년 초 미국 질병관리본부CDC가 발표한 '채소 베스트 푸드 5'에 시금치를 포함시켰으며, 인터넷 매체인 「허핑턴포스트」도 함께 먹으면 좋은 음식 중 하나로 시금치와 레몬을 꼽았다. 시금치, 케일, 근대 등 식물에 있는 철분은 비타민C와 함께 먹으면 더 흡수가 잘 되고, 레몬주스나 약간의 딸기, 피망을 더하면 식물성 철분이 생선이나 고기에 있는 형태로 변하여 인체의 면역력을 향상시키고 기운을 북돋아주는 데 큰 도움을 준다.

시금치는 명아주과에 속하는 1,2년생 풀이다. 아르메니아로부터 이란에 걸친 지역이 원산지인데 페르시아, 아라비아, 지중해 연안 여러 나라를 거쳐 유럽으로 퍼졌고 중국에는 3세기경 이란으로부터 전해졌으며, 우리나라에는 1577년^{선조 10}에 최세진에 의해서 편찬된 〈훈몽자회^{訓蒙字會}〉에 처음 등장하는 것으로 보아 조선 초기 중국에서 전래된 것으로 여겨진다. 시금치는 내한성이 강하여 한반도 전역에서 재배되고 있으며 경기 · 경남 · 전남 등지가 주산지이다.

시금치 이름의 어원은 이우철의 〈한국 식물명의 유래〉에서 찾아볼 수 있다. 시금치의 붉은 뿌리를 상징하여 적근^{赤根}/적근채^{赤根菜}를 어원으로 중국발음^{치근치}을 본떠 시근채〉시근취〉시금치로 변화하였다고 설명하고 있다. 한자명은 원산지 페르시아에서 전래된 채소라는 뜻으로 '파릉채^{菠薐菜}' 또는 '파채^{菠菜}'라 하고 빨간색 뿌리채소라는 뜻으로 '홍근채^{紅根菜}'라고도 한다. 학명은 Spinacia oleracea L.이다. 속명 '스피나치아'는 라틴어에서 '종자에 가시^{spina}가 있다'는 뜻에서 비롯되었으며, 종소명 '올레라시아'에는 '식용으로 쓰이는 채소'라는 뜻이 담겨 있다.

시금치의 재배 형태는 봄가꾸기 · 여름가꾸기 · 가을가꾸기의 세 가지가 있다. 봄가꾸기는 4~5월에 씨를 뿌려 5~6월에 수확하는 것으로 대표적인 품종으로는 노벨이 있다. 여름가꾸기는 6~8월에 씨를 뿌려 8~10월에 수확하는 형태로 재래종이 재배되나 온도가 25℃ 이상 되면 자라지 않으므로 고랭지에서만 재배된다. 가을가꾸기는 9~10

월에 씨를 뿌려 10~11월에 수확하는 것으로 주로 우성시금치가 재배된다. 파종은 줄뿌림을 주로 하며 산성토양을 싫어하므로 시비량을 10a당 질소 20kg, 칼륨 15kg, 인산 12kg 정도로 맞춘다. 키가 10㎝쯤 자라면 복잡한 곳을 솎아 포기 사이의 간격이 3~5㎝ 되도록 유지한다. 시금치가 자라다말거나 잎 끝이 누렇게 변화할 때는 석회를 뿌려 토양을 중성화시켜야 한다. 수확은 재배시기에 따라 다르나 파종 뒤 50~60일에 20cm 이상 잎이 자라는 때가 적기이다.

시금치는 대표적인 장일長日 식물로 낮의 길이가 길어짐에 따라 성장이 빨라진다. 토양 산도는 pH 6.6~7.5가 알맞고 산성토양에서는 생육 장애가 심하다. 시금치는 종자의 형태에 따라 각이 있는 유각종과 각이 없는 무각종으로 구분된다. 유각종은 종자에 2~3개의 돌기가 있고 잎은 가늘고 길며 내한성이 강하여 가을 재배에 알맞다. 무각종은 유각종의 돌연변이로 생겨 난 것으로서 잎이 넓고 옆면은 오글거려 파도 형상을 나타내며 주로 봄 재배에 이용된다. 또한 이 두 종의 잡종도 재배된다.

'포항초'로 잘 알려진 경북의 포항시금치가 2014년 12월 국내 처음으로 지리적표시 등록을 마쳤다. 포항시금치는 이 지역의 토착 재래종으로 1950년대에 이미 수도권 지역으로 대량 출하되면서 전국적으로 명성을 쌓게 되었다. 포항은 겨울철에도 기온이 온난한 해양성 기후의 영향으로 시금치 재배에 적격하다. 이곳의 생산농가는 544곳,

재배면적은 356ha, 생산량 4,915톤 수준이지만 연소득은 133억원으로 전국 시금치 소득액의 30% 수준이다. 연중 불어오는 해풍의 영향으로 뿌리 부분의 적색과 잎 부분의 녹색이 진하고 당도와 비타민C는 물론 수분과 식이섬유 함량이 높아서 비싼 값을 치르더라도 포항초를 찾는 이들이 꾸준하기 때문이다.

영양가가 높은 시금치에는 유기산으로 수산蓚酸, oxalic acid, 사과산, 구연산, 아이오딘옥소 및 비타민C가 채소 중에서 제일 많이 들어 있다. 또한 비타민B1, 비타민B2, 나이아신, 엽산, 사포닌 외에 당질, 단백질, 지방, 섬유질, 칼슘, 철 등의 영양소도 골고루 들어 있다. 성분을 살펴보면 단백질 2.6%, 지방 0.7%, 탄수화물 4.2%, 섬유질 0.7%이며, 철분이 100g에 3.5~4.2mg, 비타민A가 5,000~8,000I.U., 비타민C가 30~60mg 들어있다. 시금치는 채취하여 하루만 지나도 절반 이상의 영양분이 감소되는 약점이 있다. 시금치 성분 중 비타민C는 열에 약하기 때문에 살짝 데쳐서 나물로 먹는 것이 가장 좋다.

시금치가 약용藥用으로 문헌에 처음 기재된 것은 713년에 발간된 〈식료본초食療本草〉에서다. "시금치는 오장에 이롭고 술로 인한 독을 풀어준다"라 하였다. 한편 〈본초강목本草綱目〉에는 "시금치는 혈맥을 통하게 하고 속이 막힌 것을 열어 준다"고 기술되어 있다.

1927년에 발간된 『미국의학Journal of the American Medical Association』 지에 따르면, 시금치는 '채소의 왕'으로 불리며 빈혈, 소화불량, 쇠약, 정력

감퇴, 심장 장애, 신장 장애 등의 치료에 이용되었다고 한다. 시금치는 카로티노이드를 많이 함유한 식품 중의 하나로서 폐암 예방에 도움이 된다. 아울러 시금치에는 위장을 활발히 하고 정화하는 약리 작용이 있으므로 위장장애, 변비, 냉증, 거친 피부 등에 유효하다. 뿌리에는 조혈 성분인 구리, 망간, 단백질 등의 영양소가 풍부하므로 생즙을 낼 때에는 뿌리까지 이용하는 것이 효과적이다. 생즙은 치아 건강과 골격 형성에도 유익하다.

시금치는 다양한 비타민을 골고루 함유하고 있을 뿐만 아니라 보혈강장 효과가 있는 식품으로서 성장기 어린이는 물론 임산부에게 좋은 알칼리성 식품이다. 아울러 시금치는 요산尿酸을 분리하여 배설시키므로 류머티즘이나 통풍에 유효한 식품이다. 또한 시금치는 식물성 섬유질이 풍부하고 장의 운동을 활발하게 해주는 작용이 있어 변비에 효과적이다. 장腸의 열을 내려주는 약효도 있어 치질에 먹으면 좋다. 철, 엽산 등은 빈혈의 예방과 치료에 도움이 된다. 최근 국립보건연구원과 고려대 안산병원은 노인 1,215명을 조사한 결과 혈중 호모시스테인 농도가 높으면 치매 전단계인 '경도 인지장애'에 걸릴 위험이 증가한다고 발표했다. 체내 부산물인 호모시스테인 농도를 낮추려면 엽산과 비타민B_{12}를 많이 섭취하는 것이 좋은데 엽산은 시금치, 아스파라거스 등에 많고, 비타민 B_{12}는 굴과 소의 간 등에 많다.

한편 시금치에는 수산이 다량 함유되어 있어서 오랜 기간 많이 먹으면 신장이나 방광에 결석^{結石}이 생길 우려가 있다. 수산이 체내의 칼슘과 결합하면서 수산칼슘으로 변화하여 신장과 요도 등에 결석을 가져오게 만드는 것이다. 그러나 하루에 500g 이상을 먹지 않으면 괜찮으므로 우리가 평소 먹는 분량으로는 전혀 걱정을 안 해도 된다. 가정에서 손쉽게 활용할 수 있는 식이요법으로는 시금치와 깻잎을 살짝 데쳐 먹으면 빈혈에 좋고, 시금칫국을 먹으면 주독^{酒毒}이 풀린다.

일찍이 돌아가신 내 어머니는 아버지가 약주를 드신 다음 날이면 으레 시금칫국을 끓여주셨다. 남해가 고향인 김법수 시인도 〈시금치〉라는 시를 통해 모정^{母情}을 되살린다. 그의 시를 소개하며 시금치 이야기를 끝맺고자 한다.

냉장고에 봉지 채 넣어 둔, 어머니가 가져온
시금치가 시들었다 TV에서 본 대로
식초 몇 방울 떨어뜨려 잎을 살려 낸다
겨우내 시금치 묶어서 만든, 재수생 손자 대학등록금을
몸에 지니고 와, 시금치와 함께 내어놓는
오른손 엄지가 닭발처럼 휘었다
뼈가 부러져 닭발이 되어 버린 어머니
엄지손가락을 나는 알지 못했다
슬며시 시선을 돌린 창 밖에는 한여름 단단하던,
폭설을 온 몸으로 받아들인 낙엽송이

팽팽하게 붉어진 얼굴로 아슬아슬 흔들리고 있다

해풍에서 자라 단맛이 좋은 어머니의 시금치,

나물로 무치지 못하고 나는 그저

시든 이파리만 자꾸 살려내고 있다

쌀

제12호 지리적표시 농산물 - 이천 쌀
제13호 지리적표시 농산물 - 철원 쌀
제32호 지리적표시 농산물 - 여주 쌀
제79호 지리적표시 농산물 - 김포 쌀
제97호 지리적표시 농산물 - 군산 쌀
제98호 지리적표시 농산물 - 안성 쌀

밥상 앞에
무릎을 끓지 말 것
눈물로 만든 밥보다
모래로 만든 밥을 먼저 먹을 것

무엇보다도
전시된 밥은 먹지 말 것
먹더라도 혼자 먹을 것
아니면 차라리 굶을 것
굶어서 가벼워질 것

시인 정호승의 '밥 먹는 법' 일부이다. 모래로 만든 밥이나 전시된 밥을 먹을 바에야 차라리 굶으라는 질타는 밥상 앞에 앉는 우리에게 시사하는 바가 크다. 밥그릇 안에 담긴 작은 밥알에서 엄마의 숨결과 사람과 땅 냄새를 느낀다면 세상도 한결 풍요로워질 것이다.

우리가 매일 먹는 밥의 주재료는 쌀이다. 쌀은 벼의 씨앗에서 껍질을 벗겨 낸 곡물이다. 벼와 쌀의 어원은 고대 인도어인 '브리히'와 '사리'에서 기원한다. 씨種의 옛말과 알粒의 옛말이 합쳐진 '씨알'의 줄임

말이라는 설도 있다. 충청이남 지역에서 사용되는 나락이란 말은 급료를 벼로 준 신라의 봉록, 즉 '라록'에서 변천된 것으로 여겨진다. 우리나라의 벼 재배역사는 경기 고양, 김포 일대의 B.C 2,300년경 신석기 토층에서 자포니카 볍씨가 잇달아 발굴됨으로써 4,300년 이전부터 시작된 것으로 추정된다. 참고로 중국 양자강 유역의 하모도 유적지에서 발굴된 7천년 된 탄화미가 가장 오랜 것으로 알려져 있다.

벼는 식물분류상 Orysa벼속 중에서 Sativa종에 속한다. 벼속에는 20-30종의 야생종이 있지만 재배종은 아시아에 기원을 둔 O.savita와 아프리카 원산인 O.glaberrima 2종뿐이다. 일반적으로 벼는 O.savita 한 종만을 지칭하는데, 크게 대륙지역의 인도형Indica, 온대지역의 일본형Japonica, 열대지역의 자바형Javanica 3가지 품종으로 나뉜다. 이들 품종을 구별하는 방법은 벼알의 모양이 약간 납작하고 길면 인디카, 폭이 넓고 두터우면 자바니카, 짧고 둥글면 자포니카종으로 보면 된다.

밀, 옥수수에 이어 세계 3대 곡물로 꼽히는 쌀의 세계 생산량은 6억 톤을 능가한다. 총 생산량의 5-6%만이 교역될 정도로 자국 소비 경향이 강한데, 최대 생산 국가는 중국31%, 인도20%, 인도네시아9% 순이고, 최대 수출국은 태국26%, 베트남15%, 미국11% 순이다. 우리나라의 쌀 재배면적은 총 90만 ha 정도로 전남, 충남, 전북 등 전국적으로 골고루 재배되고 있지만 20년 전에 비하면 약 25% 이상 재배면적이 줄어들었다. 이는 2005년 이후 쌀 한 가마니도 안 되는 연간 75kg 이하로 떨어진 1인당 쌀 소비량과 무관치 않다. 지금은 비록 쌀이 남아돈다 하지만 식량과 자원이 무기화되는 추세를 감안해 볼 때 간과해서는 안 될 문제임에 틀림없다.

우리나라 쌀의 유명산지는 대개 중부 내륙 지방에 몰려있다. 이천에 이어 철원, 여주 세 곳이 쌀을 지리적표시 상품으로 등록했다. 왕실 진상미로 유명했던 이천 임금님표 쌀이나 여주 대왕님표 쌀의 아성에 비무장지대 청정지역을 내세우는 철원 오대쌀이 도전장을 내밀고 있는 양상이다. 이름이야 어떻든 세 곳 다 흙과 모래가 잘 배합된 사양질 토양에 지하수, 관개수 등 물이 풍부하며 내륙 북단에 치우쳐 있어 태풍이나 벼멸구로부터의 피해가 적다는 공통점을 지니고 있다. 이에 질세라 김포, 군산, 안성 등 쌀 명산지들이 차례로 가세하여 벼 재배의 주권국다운 면모를 과시하고 있다.

예로부터 우리 조상들은 밥을 상약上藥, 치료약을 중, 하약中,下藥으로 여겼다. 허준의 〈동의보감〉에도 '밥의 성질은 화평하고 달며 위장을 편안하게 하고 살을 오르게 한다. 뱃속을 따뜻하게 하고 설사를 그치게 하며 기운을 북돋워주고 마음을 안정시킨다.'고 기술하고 있다. 곧 밥이 보약이라는 것이다. 사실 쌀은 지구력 증진에 좋은 탄수화물과 힘의 원천인 단백질 외에 철분과 칼륨 등 무기질이 고루 분포된 완전식품이다. 쌀눈에 많이 들어있는 가바GABA; Gamma-amino butyric acid라는 물질은 혈액 내 중성지방을 줄이고 간 기능을 향상시킨다. 이외에도 노화를 방지하는 비타민 E와 옥타코사놀, 독소를 배출하는 비타민 B와 나이신 등 다양한 물질이 함유되어 있다.

1. **고혈압을 내리는 가바**^{GABA}. 현미 100g당 8mg, 백미에는 5mg 정도 들어있다. 쌀눈에 풍부한 가바는 중성지방을 줄이고 간 기능을 높여줘 고혈압을 개선시키고 신경을 안정시킨다. 일본 신주대학 연구팀에 따르면 섭씨 40도 물에서 4시간 불린 쌀 100g당 가바 함량이 300mg 이상 증가한 것을 발견했다. 쌀의 배아가 발아과정에 들어가면서 가바가 크게 증가한 것이다. 가바는 현재 뇌혈류 개선 의약품으로 연구되고 있다.

2. **대장암을 예방하는 IP6**. 현미의 식이섬유에 많은 이 물질은 대장암 예방에 중요한 작용을 한다. IP6는 세포의 생장에 빼놓을 수 없는 물질로 암 예방은 물론 지방간이나 동맥경화 예방에 탁월한 효과가 있다. 미국 메릴랜드대 연구팀에 따르면 쥐 실험에서 대장암의 암세포수가 크게 줄어들었다는 것이다. 쌀겨에 주로 있는 IP6는 현미에 2.2%가 들어있고 도정을 할수록 함유량이 떨어진다.

3. **쌀은 다이어트 식품**. 쌀밥의 100g당 칼로리는 145kcal로 260kcal인 빵의 절반 정도에 불과하다. 쌀 100g당 지방함량은 밀가루의 1/4에 불과하고 73%가 불포화지방산이라 비만과 거리가 멀다. 또한 쌀밥은 혈당을 급격히 상승시켜 비만세포에 지방을 축적시키는 빵, 국수와는 달리 식후 혈액 내 인슐린 수치를 서서히 증가시킨다. 문제는 밥과 함께 먹는 동물성 반찬이나 찌개, 식후에 먹는 간식 등에 있다. 다이어트를 위해 탄수화물 섭취량을 줄이려면 밥보다 빵, 케이크, 국수 등 밀가루 음식을 덜 먹어야 한다. 일본의 스즈키 소노코는 '하루 세끼 밥을 규칙적으로 먹을 경우 체내 포도당이 일정하게 유지

되어 살이 찌지 않는다.'며 먹으면서 살 빼는 법을 지도하고 있다.

옛말에 '속이 쓰리면 찰떡을 먹으라.'는 말이 있다. 찹쌀에 많은 프롤라민 성분이 위궤양을 치료하는 효과가 있기 때문이다. 찹쌀을 먹으면 프롤라민 성분이 위 점막을 보호하는 점액물질을 50% 정도 더 분비하게 하고 위 점막의 항산화 기능도 30% 정도 개선시킨다. 단 찹쌀에 열을 가하면 효능이 떨어지므로 생 찹쌀가루를 물에 타서 수시로 마시는 게 좋다.

최근 농촌진흥청 부설연구소가 아침밥과 수능 성적간 관계를 조사한 결과, 매일 아침밥을 먹은 학생의 수능성적이 평균 294점인데 반해 3-4일은 281.1점, 이틀 이하는 275점으로 나타났다. 또한 쥐 실험에서 쌀 중심의 식단과 밀 중심의 식단을 비교한 결과, 성장 효율, 단백질 이용효율, 콜레스테롤 저하효과 등 모든 면에서 쌀 중심의 식단 쪽이 높은 것으로 조사되었다.

그럼에도 불구하고 쌀 소비가 줄고 있다. 미국과 일본에선 건강식으로 쌀 소비가 느는 반면 우리나라에선 서양 대체식과 각종 패스트푸드에 밀려 나고 있다. 장자는 다스림의 최고 상태로 함포고복含哺鼓腹을 꼽았다. 젖을 물고 기뻐하는 아이들과 배불리 먹어 배를 두드리는 어른들을 말함이다. 배불리 먹는다는 현대적 의미는 더 이상 양의 문제가 아니다. 허기진 영혼을 풍족하고 따뜻하게 해 줄 밥 한 그릇, 쌀밥의 의미를 재조명해 보자.

약쑥 · 쑥

제16호 지리적표시 농산물 - 강화 약쑥
제85호 지리적표시 농산물 - 거문도 쑥

곰과 호랑이는 사람이 되게 해 달라고 빌었다.
환웅은 이들에게 쑥 한 줌과 마늘 스무 개를 주고
이걸로 백일 동안 동굴 속 생활을 연명하면 사람이 될 것이라 일렀다.
끝까지 잘 견뎌낸 곰은 웅녀가 되었고 환웅과 결혼하여 아이를 낳았으니
그가 바로 고조선의 시조인 단군왕검이다.

단군신화에서 보듯 쑥은 예로부터 영약으로 알려져 왔다. 매년 단
군시조에게 제사를 올리는 강화 마니산 참성단 앝은 산자락이 약쑥
의 자생지라는 점이 신화의 의미를 되새긴다고나 할까. 강화약쑥은
햇볕이 잘 드는 바닷가 쪽에 많이 서식하며 잎의 생김새가 마치 사자
발 처럼 생겼다 해서 사자발쑥 또는 싸주아리로도 불린다.

약쑥은 쌍떡잎식물 초롱꽃목 국화과의 여러해살이풀인 쑥의 별칭
이다. 한방에서 뜸을 뜨는 데 필요한 뜸쑥을 만드는 쑥과 약으로 쓰
는 쑥을 뜻한다. 쑥의 잎을 말려서 비비면 딱딱한 부분이 떨어지고 솜

같은 부분만 남는데 이것을 뭉쳐 뜸쑥을 만들고 뜸쑥을 살에 대고 불을 붙여 뜸을 뜬다. 한방에서 쑥의 잎은 애엽艾葉이라는 약재로 쓰는데, 지혈 작용을 하고 세균의 발육을 억제하며 진해 · 거담 작용을 하고 여성의 생리통 · 생리불순 · 대하에 효과가 있으며 습진과 피부가려움증에 약물을 달인 물로 환부를 세척하면 좋다.

강화 약쑥은 일반 쑥과는 달리 봄에 나오는 새싹부터 쓴맛이 나고 자랄수록 특유의 박하 향을 발산한다. 보통 외줄기로 60-90cm 정도 자라기 때문에 밀식密植을 하며 번식속도가 느린데 반해서 인진쑥은 키가 작고 줄기가 가늘며 포기번식으로 간격을 넓게 심기 때문에 재배모습이 사뭇 다르다. 5월 단오에 거두어서 바람이 잘 통하는 음지에서 3년 이상 숙성시킨 것을 최고로 치는데 엑기스, 환, 뜸 등의 원료로 쓰인다.

강화 약쑥이 좋은 이유는 토양이 오염이 안 된 양질의 화강암계 성질을 가지고 있고 풍부한 일조량과 염기가 적당히 섞인 해풍이 약쑥의 효능을 높이는데다 잡초나 잡쑥이 섞이지 않도록 품종관리를 철저히 하기 때문이다.

지리적표시제 농산물 제16호로 등록된 강화 약쑥은 독특한 맛과 향을 자랑하며 일반 쑥보다 유파틸린이라는 성분이 많아 위장병에 탁월한 효과가 있는 것으로 알려져 있다. 이외에도 암세포 및 고지혈증 억제작용, 간장 보호와 당뇨 예방 효과도 큰 것으로 밝혀져 성인병, 냉증, 월경불순, 요통, 노화방지, 피부미용, 생리통, 두통 등에 두루 약용으로 쓰이고 있다. 강화에서는 옛날부터 감기, 변비, 설사를 예방하는 방법으로 약쑥을 달여서 보리차처럼 음용했다고 하는데, 가을에 이곳을 찾으면 길 양쪽으로 강화 약쑥을 베어다가 말리는 모습을 흔히 볼 수 있다.

강화 약쑥을 이용하는 방법은 아래와 같이 다양하다.

1. 생즙. 쑥잎 5-10장 정도를 물에 씻어 믹서에 간 생즙을 하루 2번 1회 20ml씩 마신다. 이때 쓴맛이나 풋내를 없애려면 생강이나 사과를 함께 넣어 갈거나 꿀을 넣어 마시면 된다.

2. 쑥차. 말린 쑥 10g^{어른 손 한 주먹}을 얇게 썬 생강 2-3조각과 함께 물 700ml이 담긴 주전자에 20분 정도 가열한 후 물이 반 정도로 줄 때까지 약한 불로 달인다. 이때 철제주전자는 쑥이 탄닌 성분과 반응하여 악영향을 미칠 수 있으므로 피한다. 1회 100ml씩 하루 3회 정도 마신다.

3. 쑥술. 잎을 이용할 때에는 믹서에 갈려진 말린 쑥 가제자루를 통째로 25도수의 소주 1되^{1.8리터}에 1/3-1/4 정도가 되도록 넣어 2개월 정도 숙성시키면 된다. 뿌리를 이용할 때에는 꽃이 피기 전의 약쑥 뿌리 300g을 2,3일 정도 말렸다가 청주 1되에 담가 6개월간 그늘진 곳에 보관한 뒤 뿌리를 건져내면 술의 빛깔이 바뀌고 쑥의 향기를 느낄 수 있다. 매일 저녁 20ml 정도를 마시는 것이 좋다.

4. 베개, 방석 및 이불. 말린 쑥을 베개나 방석에 채워 납작해질 때까지 사용한다. 대개 쑥은 1년에 한 번씩 바꿔주는 것이 적당하다.

5. **뜸쑥**. 말린 쑥잎을 가루로 만들어 체로 쳐서 푸른 찌꺼기는 버리고 부드럽게 된 섬유만을 이용한다.

6. **가공품**. 떡, 죽, 튀김, 미숫가루, 국수, 장아찌, 음료, 빵, 엿 등 식품에 사용하거나 비누, 미용팩, 화장품 등 미용제품으로 만들어 쓴다.

최근 강화군은 강화 약쑥으로 개발한 사료에 대해 3건의 특허를 획득했다. 중앙대와 공동 연구 결과, 약쑥 사료를 먹인 한우는 불포화지방산이 높은 육질로 변모되어 고기 내 콜레스테롤치가 낮고 맛도 뛰어나 한 두 등급씩 높은 판정을 받았다는 것이다. 강화군 농업기술센터는 이러한 웰빙 한우를 강화 특산품으로 육성하기 위해 강화 약쑥 우량종묘 100만 본을 보급, 2000년 10ha이던 쑥 재배 면적을 5배 이상 늘리는 계획을 추진 중이다. 이외에도 정부지원금을 받아 쑥 홍삼, 쑥 마늘, 약쑥 청국장, 약쑥 된장, 약쑥 고추장 등을 선보이고 있다.

우리 속담에 '7년 된 병을 3년 묵은 쑥이 고친다.'는 말이 있듯 쑥은 오래된 것일수록 더 좋으며 마늘, 당근과 더불어 성인병을 예방하는 3대 식품으로 알려져 있다. 쑥 중에서도 약쑥의 대명사로 불리는 강화 약쑥으로 여러분의 건강을 챙기시기 바란다.

2012년 7월 전남 거문도 쑥이 지리적표시 상품으로 등록되었다. 여수시 삼산면, 남면, 화정면 일대에서 수확되는 거문도 쑥은 화강암계 암석이 많아 품질이 좋고 육지로부터 117km 떨어진 섬에서 해풍을 맞고 자라므로 강인한 생명력과 진한 향을 자랑하는 식용 참쑥이다. 남쪽 먼 바다에 위치한 지리적 특성으로 육지보다 수확이 40일 가량 빠르고 풍부한 일조량과 해풍, 해무에서 내뿜는 각종 미네랄을 듬뿍 받아 고유의 향을 발산한다. 수산업이 불가능한 고령자들이 하나둘 소일거리로 시작한 것이 지금은 연간 10억원의 소득을 올리는 주요작목으로 발전하였다. 산관학연사업단까지 나서 쑥차, 쑥카스테라, 냉동쑥 등 다양한 제품개발과 포장재 지원사업을 벌이고 있어 6월 이전에 거문도를 찾는다면 바다 냄새보다 진한 쑥향기를 맡게 될 것이다.

양파

제30호 지리적표시 농산물 - 창녕 양파
제31호 지리적표시 농산물 - 무안 양파

"양파, 만만하고 흔한 야채지만 잘 골라야 하고, 만질 때도 마음을 딴 데다 두지 않고 살살 다루어야지 그렇지 않으면 뭔가 망친 기분이 들고, 눈물이 날 수도 있다. 그뿐인가, 잠시 방치하면 어느새 줄기가 자라나 아예 못 먹게 된다."

― <양파이야기^{최윤정 지음}> 일부 ―

만만한 양파라지만 잘 못 다루면 눈물도 나고 못 먹어 버리기 일쑤다. 양파가 속살을 드러내는 과정처럼, 인생이란 사소한 데서 기죽거나 실쭉할 일이 아니라는 작가의 말에 십분 공감이 간다. "벗겨도 먹어도 깊은 그 맛, 양파링~~" N사의 CM송처럼 몸에 좋은 양파는 조미 소재로 오랫동안 인기를 누려 왔다.

기원전 5,000년 이전부터 재배되기 시작했던 양파는 백합과 파속에 속하며 학명은 Allium cepa L.이다. 속명인 All은 켈트어의 '태운다'는 뜻으로 눈을 강하게 자극하는 양파향을 의미하고 종명인 cep는 '머리' 모양의 생김새를 의미한다. 고대 이집트에서는 피라미드를 쌓을 때 배급되었던 스태미너 식품으로 장례 제물이나 미이라에 함께 봉분될 정도로 신성시 여겼으며, 기원전 6세기경 인도 의학서에는 이뇨제, 소화제, 눈 또는 관절 영양제로 소개되고 있다.

양파는 중세 들어 유럽에 널리 전파되었는데 남부 유럽에서는 단맛이 강한 양파로, 동부유럽에서는 매운 맛이 강한 양파로 분화되었다. 우리나라에는 한창 뒤늦은 20세기 초 개화기에 미국과 일본으로부터 처음 들여왔는데 '서양에서 들어온 파'라는 뜻으로 양파로 불리게 되었다. 생산량 16%를 차지하며 국내 최고의 산지로 발돋움한 전남 무안 지역에는 조선조 말엽 일본 유학생인 정순담이 갖고 들어와 보급한 것이 시초였고, 지금은 경남 창녕도 양파 산지로 유명세를 떨치고 있다. 특별히 무안 양파는 전체 면적의 70%를 차지하는 양질의 황토 토양에다 병충해를 막아주는 해풍과 염기가 풍부해 무공해 농산물을 자랑한다.

중국에서 양파는 발한, 이뇨, 최면, 건위, 강장 효과가 인정되어 거의 끼니마다 식탁에 오르는 일용식품이 되었고, 우리나라 〈동의보감〉에도 감기, 변비, 피로, 불면증, 동맥경화 예방, 혈액순환, 해열작용, 변비 예방, 성기능 강화, 간장기능 강화 등에 효과가 있다고 소개되고 있다. 최근 양파는 각종 성인병 예방에 특효가 있어 '밭에서 나는 불로초'라고 불린다. 특히 단맛보다는 매운맛의 양파가 약리효과가 뛰어난 것으로 밝혀졌다.

양파의 약리효과를 간단히 살펴보면,

1. **살균작용**. 미국 초대 대통령이었던 조지 워싱턴은 감기에 걸릴 때마다 양파를 구워 먹었다고 한다. 파스퇴르는 19세기 중반 양파의 항균작용을 처음으로 규명했고 러시아 과학자들은 생양파를 3-8분간 씹기만 해도 입속이 무균상태로 된다 하였다. 최근에는 위염을 일으키는 헬리코박터 파이로리 균의 성장을 억제하는 것으로 밝혀졌다.

2. **혈액순환 효과**. 혈관 내벽에 콜레스테롤이 침착되고 혈전이 형성되면 혈관이 막히면서 혈압이 높아지고 심근경색, 뇌졸중 등 순환기 계통의 질병이 야기된다. 그런데 Allium속 식물 중 양파는 대표적으로 퀘르세틴Quercetin 성분이 다량 함유되어 세포의 산화적 손상과 지방의 산패를 막고 이를 통해 고혈압을 예방하는 항산화작용이 강하다.

3. **정장 효과**. 양파는 Free radical을 소거하고 위염 유발 헬리코박터 파이로리 균의 성장을 억제함과 동시에 alliin계 휘발성분이 위장의 점막을 자극, 소화분비를 촉진하고 장 무력증을 예방해 준다.

4. **당뇨 예방**. 당뇨병은 그 자체도 문제지만 당과 단백질이 결합하여 당단백질이 되면 순환기질환, 백내장 등 각종 합병증을 유발한다. 양파는 체내 인슐린 분비를 촉진시켜 혈당을 내리는 효과가 있어 당뇨병의 예방 및 치료에 도움을 준다.

5. **암 예방.** 현재 남성 암의 30-40%, 여성 암의 60% 정도가 음식물과 관련이 있는 것으로 알려져 있다. 양파는 항산화 성분의 쿼르세틴 외에 각종 파이토케미칼^{Phytochemical} 성분이 항암, 항균작용을 하는 것으로 밝혀졌다.

6. **스태미너 증진.** 양파는 Diamine propyldisulfide란 물질이 비타민 B1 복합체로 작용하여 신진대사를 원활하게 한다. 또한 간장의 조혈, 해독작용이 있는 글루타치온^{Glutathione} 유도체가 많아 숙취해소 및 시력보호에 도움을 준다.

7. **골다공증 예방.** 스위스 베른 대학 팀은 쥐 실험을 통해 양파가 미네랄 함량의 17%, 미네랄 밀도의 13% 정도를 증가시켜 골다공증의 발생을 줄일 수 있다고 보고했다.

양파의 특이한 냄새는 Allicin 때문인데 양파를 얇게 썰어 물에 잠시 담가두면 매운 냄새를 일부 없앨 수 있지만 수용성 영양소가 달아나므로 권장하고 싶지 않다. 험난한 세상살이, 오히려 양파의 톡 쏘는 맛을 즐기는 편이 어떨까.

울금

지리적표시 농산물 제95호 - 진도 울금

나의 사진 앞에서 울지 마요.
나는 그곳에 없어요.
나는 천개의 바람, 천개의 바람이 되었죠.
저 넓은 하늘 위를 자유롭게 날고 있죠.

2014년 5월 7일자로 진도 울금鬱金이 지리적표시 상품으로 등록되었다. 축하해주어야 마땅하나 한 달 전쯤 그곳 앞바다에서 목숨을 잃은 수백 명의 젊은 학생들 생각에 숙연한 마음이 앞서는 건 어쩔 수 없다. 일본인 아라이만이 작곡하고 임형주가 번안하여 부른 〈천개의 바람이 되어A Thousand Winds〉로 우선 그들의 넋을 위로하고자 한다.

생강과에 속하는 울금은 열대 아시아가 원산인 여러해살이 초본식물이다. 인도와 인도네시아, 중국 남부, 오키나와 등지의 동남아시아 일대에서 자생하며 우리나라 중남부 이남지역에서도 재배된다. 원래 다년생 식물이지만 10℃ 이하에서 냉해를 입을 수 있다 보니 우리나라에선 4월 하순경에 심어 12월초 서리가 한두 번 내린 후 수확하는 1년생 재배종으로 간주된다.

잎은 기부基部:밑부분에서 나오고 기부의 잎자루 길이는 5cm 정도로 짧으며, 잎은 끝이 뾰족한 타원형으로 4~8개의 다발모양을 이루면서 높이 50~150cm까지 자란다. 잎의 모양은 칸나와 비슷하게 생겼고 잎맥이 선명한 것이 특징이다. 초가을에 꽃줄기가 20cm 정도 자라서 끝에 꽃송이가 달리며 비늘 모양으로 겹쳐진 꽃턱잎 안에 흰색 또는 연노란색 꽃을 피운다. 땅 속에 지름 3~4cm의 굵은 뿌리줄기가 맺히며 중심 뿌리줄기는 공 모양에 가깝다. 갈라져 나온 뿌리줄기는 원기둥 모양인데 바깥쪽은 갈색이고 속은 귤색으로서 모양은 생강과 흡사하다.

기원전 6백년 경의 〈앗시리아 식물지〉에 이미 울금을 착색성 물질로 이용하였다 하였고 성서시대에는 향수나 향신료로 사용하였다는 기록이 남아있다. 마르코폴로는 울금이 중국 푸젠성福建省에 많다 하였고, 명나라 때의 〈통아通雅〉에는 울금으로 황색을 염색한다 하였으며, 〈위지魏志〉에도 왜인이 울금을 헌납하였다 할 정도로 중국에서는 염료로서의 쓰임새가 높았다. 미얀마에서는 지금도 승려복을 울금으로 염색하고 있다. 우리나라에서도 〈규합총서閨閤叢書〉, 〈상방정례尙房定例〉 등에 울금 염색법이 소개되어 있다.

울금은 술과 함께 섞었을 때 누런 금같이 되어 붙여진 이름이다. 학명 Curcuma는 아랍어 kurkum^{황금}에서 유래하고 뿌리줄기가 오렌지빛이 감도는 노란색을 띠다보니 중세에는 '인도의 사프란^{Indian Saffron}'으로 불렸다. 참고로 사프란은 붓꽃과에 속하는 다년생식물로 황금색의 끝이 뾰족한 암술머리를 말려 음식의 맛이나 색을 내거나 염료로도 사용하지만 비싼 게 흠이다. 울금의 뿌리줄기는 후추와 비슷한 향이 있으며 약간 쓰면서도 화끈거리는 맛이 난다. 카레, 조미료, 단무지, 피클, 야채용 양념 버터, 생선요리, 달걀요리 등의 식용 천연착색제로 쓰이며 닭고기·쌀밥·돼지고기에도 넣어 조리한다. 일부 아시아 국가에서는 피부를 황금색으로 빛나는 것처럼 보이게 하는 화장품으로 쓰기도 한다.

울금은 황제족^{黃帝足}이라 불릴 정도로 열대지방의 왕족이나 귀족들 사이에서는 일찍부터 장수식품으로 인기가 높았다. 일본은 오키나와산 울금을 우콘이라 부르며 왕족만 먹는 황실 전매품으로 일반판매를 금지하기도 했다. 1950년대 일본 후생성은 '암극복 10년' 프로젝트를 펼치며 오키나와가 세계 제일의 장수촌이 된 비책으로 우콘을 소개한 바 있다. 우리나라에서는 고려시대 때의 재배기록이 남아있으며 조선시대에는 전주부 임실현에서 생산되는 것을 최상품으로 꼽았다. 하지만 지금은 전국 생산량의 70%를 독차지할 정도로 진도가 울금의 메카로 부상했다. 진도군은 1993년 일본에서 들여온 울금을 대대적으로 심기 시작하여 2002년부터는 각종 가공제품을 내놓고 있다. 울금은 괴근塊根;덩이뿌리을 약용 식용 염색용으로 다양하게 이용한다.

울금의 주성분은 황색색소인 커큐민Curcumin 1~3%, 정유 1~5%, 녹말 30~40% 등이다. 정유의 주성분은 투르메론Turmerone, 디히드로투르메론Dehydroturmerone이 약 50%로 그 외에 진기베렌zingiberene, 디알파펠란드렌, 씨네올, 알파사비넬, 보르네올 등이다. 〈본초강목本草綱目〉이 모든 병을 치료하는 한방약초로 소개할 만큼 간장해독 촉진, 담즙분비 촉진, 담도결석 제거, 강심, 이뇨, 항출혈, 항균, 항궤양, 혈중콜레스테롤 억제 등에 효험이 있음이 밝혀졌고, 특별히 담즙분비 성분이 많이 함유되어 있어서 간염, 특히 만성 C형간염, 담도염, 황달, 위염, 생리불순, 고혈압, 동맥경화 등에 대한 효능이 뛰어나다. 이밖에 항암, 항염, 치매 효과도 속속 밝혀지고 있다.

일반적으로 울금은 간을 보호하고 숙취를 예방한다고 알려져 있다. 주성분인 커큐민이 알코올분해효소를 활성화시키고 담즙분비를 촉진하여 해독작용을 발휘하기 때문이다. 최근에는 함께 들어있는 정유 성분이 항산화작용을 돕고 아라키돈산 대사에 관여하는 등 복합 효과가 한몫을 한다는 연구가 활발히 진행 중이다. 이미 검증 된 효능으로 소화불량 개선 및 건위작용을 들 수 있는데, 독일 커미션E 독일 보험청 소속으로 의약품으로 사용되는 허브 성분의 효과와 안전성을 검토하는 세계적 권위의 위원회에서는 강황=가을울금을 소화부전치료제로 허용하고 있다. 또한 커큐민의 작용으로 담즙 분비가 활발하게 되면 체내 콜레스테롤과 중성지방은 그만큼 줄어들어 다이어트 효과도 있다. 레시틴 성분과 함께 섭취하면 유화 작용으로 인해 소장에서 흡수가 잘되므로 레시틴이 풍부한 콩 식품두유, 두부 등을 함께 섭취하면 다이어트 효과에 더 보탬이 된다.

커큐민의 강점은 뭐니뭐니해도 비타민E보다 1.5배나 강력한 항산화력에 있다. 장내에서 테트라히드로커큐민THC이라는 강력한 항산화 물질로 변환되어 유해활성산소를 제거하여 동맥경화 예방 및 피부노화 방지에도 도움이 되기 때문이다. 커큐민은 효모나 유산균 등과 함께 섭취하면 더 효율적으로 THC로 변환된다. 따라서 효모로 발효시킨 카레를 먹고 식후 디저트로 요구르트를 마신다면 가장 이상적일 것이다.

울금의 치명적인 부작용으로 설사와 가려움증을 꼽을 수 있다. 차고 맵고 쓰고 강한 성질 때문에 위장이 약한 사람은 그 양을 줄여 조금씩 늘려 가도록 하고 일주일이 지나도록 가려움이 계속 될 경우에는 녹두차를 2,3일 마시면 금세 좋아진다.

많은 사람들이 울금鬱金과 강황薑黃을 같은 식물로 이해하고 있다. 틀린 건 아니다. 학명이 Curcuma longa Radix인 울금과 Curcuma longa Rhizoma인 강황은 집채=울금에 들어있는 안방=강황 정도로 이해하면 된다. 우리나라 식품의약품안전처도 강황을 가을울금이라 하여 울금에 포함시키고 있지만, 우리 땅에서 난 것은 울금이지 인도에서 가져온 강황과 혼동해 부르진 않는다. 한의학 전문서인 〈본초비요〉에서는 '울금은 약초 색깔이 회색에 가깝고 강황은 노란색으로 서로 다르다.

강황은 매우 뜨거운 성질을 지녀 눈이 뻑뻑하고 잘 마르는 혈이 부족한 체질에는 사용을 금한다. 울금은 맛이 똑같이 맵지만 차고 뜨거운 성질이 강황처럼 강하지 않다'고 구분하고 있다.

항암효과를 볼 수 있는 커큐민의 양은 연구자들에 따라 달라서 하루에 대략 40~200mg 정도는 섭취해야 한다고 본다. 그런데 시중에 판매되는 인스턴트 카레 제품의 경우 100g당 30~50mg이 함유되어 있어 효과를 제대로 보려면 양의 보충이 필요하다. 역시 걸쭉한 입맛의 엄마표 카레가 최고가 아닐까. 울금은 특유의 맛으로 인해서 먹기 힘들 수 있지만 환이나 즙, 가루로 만들어 다양한 요리에 넣거나 생강 대신 김장에 활용할 수 있고 느끼하고 비릿한 음식^{생선, 고기}에 넣어 비린내를 없앨 수도 있다. 가장 간단한 방법은 슬라이스 친 생울금 1~3g에 400~600ml의 물을 부어 끓여 우려낸 것을 보리차처럼 마시면 OK.

마침 지난 5월 마을 마을 협동조합의 조합원인 K가 울금 종자가 있다 해서 근처 농원에 심어 보았다. 사질토에서 잘 자라는 울금인지라 논자리를 복토한 밭 자리라서 잘 자랄 지 걱정이었는데, 아니나 다를까 보름이 지나도록 싹을 틔우지 않는다. 살짝 뿌리를 들춰보았더니 죽진 않았다. 한 달이 다 되어서야 고개를 내민 울금 줄기는 9월 현재 넓은 잎사귀로 힘찬 기세를 뽐내고 있다. 울금을 보며 느림의 미학을 깨닫는다.

유자

제14호 지리적표시 농산물 - 고흥 유자

盤中(반중) 早紅(조홍)감이 고와도 보이나다.
柚子(유자) 아니라도 품엄 즉도 하다마난,
품어가 반기리 없을세 글로 설워하나이다.

쟁반 가운데에 놓인 조홍감이 곱게도 보이는구나.
유자가 아니라 해도 품어 가지고 갈 마음이 있지만,
조홍감을 품어가도 반기실 부모님이 안 계시니 그것이 서럽구나.

조선 광해군 때 박인로[1561-1642]의 연시조 〈조홍시가早紅枾歌〉 4수 중
한 수이다. 한음 이덕형의 집에 놀러 갔을 때 쟁반 위에 내놓은 조홍
감을 보고 중국 오나라 〈회귤고사〉를 빗대어 돌아가신 부모님을 그
리워하는 마음을 담아내고 있다. 여기서 유자, 즉 귤은 부모님께 바칠
정도로 귀한 과실을 일컫는다.

유자는 한쪽으로 치우친 공 모양이며 지름 4~7cm이다. 빛깔은 밝
은 노란색이고 껍질이 울퉁불퉁하다. 향기가 좋으며 과육이 부드러
우나 신맛이 강하다. 원산지는 중국 양쯔강 상류와 인도 티벳인데, 우

179

리나라에는 AD 840년 신라의 장보고가 중국 당나라 상인에게 얻어와 널리 퍼졌다고 한다. 《세종실록》 31권에 1426년^{세종 8} 2월 전라도와 경상도 일대에 유자를 심게 한 기록이 남아있다.

종류에는 청유자, 황유자, 실유자가 있다. 한국, 중국, 일본이 주요 산지인데, 한국산이 가장 향이 진하고 껍질이 두텁다. 국내 주요 산지로는 전라남도 고흥·완도·장흥·진도와 경상남도 거제, 남해, 통영 등이다. 이 중에서도 고흥 유자는 지리적 표시제 상품 제14호로 등록될 만큼 그 명성을 떨치고 있다. 고흥군은 8가지 특산품과 9가지 맛, 10군데 볼거리, 즉 八品/九味/十景을 선정해 홍보하고 있는데, 이 중 8품은 유자, 석류, 간척지쌀, 마늘, 참다래, 꼬막, 미역, 순한한우 등이며, 유자가 단연 일품으로 꼽힌다.

지난 2001년 이곳 풍양면 한동리에 3만평 규모로 조성된 유자공원은 유자나무 숲이 장관을 이루는 고흥의 특별한 명소다. 1962년 정부의 지원으로 유자단지를 조성한 이래 1995년에는 재배면적이 1,500ha까지 늘어났으나 홍보부족과 수급불균형으로 가격이 하락하여 지금은 500ha 정도를 재배하고 있다. 공원 맞은편에는 특산품 전시판매장이 마련되어 고흥유자의 역사와 약리효과 등에 관한 자료를 살펴보고 유자차를 사갈 수 있다. 매년 10월 말~11월 초에는 유자축제가 열리므로 한 번 찾아가 보기 바란다.

향기가 뛰어난 유자 덕택인지 많은 스타들이 이곳에서 배출되었다. 가수 비와 만능엔터테이너 박진영이 고흥 출신이고, 축구 국가대표 박지성, 김태영 선수도 이곳 출신이다. 이 정도면 연예인을 꿈꾸는 자라면 무릎팍도사 대신 이곳 고흥 땅을 찾아 끼를 팍팍 받아가야 하지 않을까.

유자는 영양학적인 면에서도 탁월한 식품이다. 주요 성분으로 비타민 C가 레몬보다 3배나 많아서 감기와 피부미용에 좋고, 노화와 피로를 막아주는 유기산이 많이 들어 있다. 그밖에 비타민B와 당질 · 단백질 등이 다른 감귤류 과일보다 많고 모세혈관을 보호하는 헤스페리딘Hesperidin이 들어 있어 뇌혈관 장애와 중풍을 막아 준다. 또 배농排膿 및 배설작용을 해서 몸 안에 쌓여 있는 노폐물을 밖으로 내보낸다.

주로 얇게 저며 차를 만들거나 소금이나 설탕에 절임을 하여 먹는다. 과육은 잼 · 젤리 · 양갱 등을 만들고 즙으로는 식초나 드링크를 만든다. 껍질은 얼려 진공건조한 뒤 즉석식품으로 이용하거나 가루를 내어 향신료로 쓰고, 종자는 기름을 짜서 식용유나 화장품용 향료로 쓰거나 신경통 · 관절염 약으로 쓴다. 술을 담그기도 하는데, 기관지 천식과 기침 · 가래를 없애는 데 효과가 있다. 그러고 보니 버릴 것 하나 없는 실속만점 과실인 셈이다.

추운 겨울, 가족들의 건강과 가정의 화목을 위해서는 따뜻한 유자차 한 잔이 그만이다. 맛있는 유자차 만드는 법을 소개한다.

▶ 재료 : 유자 10개, 설탕 1컵, 물 1컵

▶ 만드는 법

① 먼저 냄비에 설탕과 물을 넣고 절반으로 졸아들 때까지 달여 설탕 시럽을 만든다.

② 유자를 깨끗이 씻어 반으로 잘라 2㎜ 두께로 썬다.

③ 용기에 유자를 빡빡하게 눌러 담고 설탕 시럽을 부어 유자청을 만든다.

④ 냉장고에 20일 정도 보관한 후 먹기 시작한다.

⑤ 유자청 2작은 술을 찻잔에 담는다.

⑥ 물을 끓여 찻잔에 부은 후 잘 섞어 마신다.

인삼(수삼 · 백삼 · 홍삼)

제19호 지리적표시 농산물 - 고려홍삼

제20호 지리적표시 농산물 - 고려백삼

제21호 지리적표시 농산물 - 고려태극삼

제39호 지리적표시 농산물 - 고려수삼

제47호 지리적표시 농산물 - 고려인삼제품

제48호 지리적표시 농산물 - 고려홍삼제품

財上平如水

人中直似衡

재물은 평등하기가 물과 같고

사람은 바르기가 저울과 같다

　　최인호 소설에 인용되기도 했던 조선 최고의 인삼 상인 임상옥의 말이다. 자신의 인삼을 불태워버림으로써 중국 상계를 굴복시켰던 상도商道를 여실히 보여준다.

　　예로부터 인삼은 우리나라를 대표하는 특산품이었다. 중국의 삼칠인삼三七人蔘, 일본의 죽절인삼竹節人蔘 등 다른 나라 약초도 있지만 약효가 뛰어나기로 유명했던 한국 인삼을 구별 짓기 위해 고려인삼高麗人蔘, Korean ginseng이라 명명하고 외국삼의 '參'과는 달리 '蔘'자를 쓰고 있다.

　　우리 고유의 이름은 '심'인데 지금은 산삼채취인들의 은어로만 일부 남아있다. 산삼채취인을 '심마니', 산삼을 발견했을 때 지르는 함성 "심봤다" 정도에서 명맥이 유지되고 있을 뿐이다. 고려인삼은 우리 땅에서 나고 자란 인삼을 통칭하는 말로서 중국 문헌상으로는 1500여 년 전 중국 양나라 도홍경이 저술한 의학서 〈신농본초경집주 神農本草經集注〉에, 한국 문헌으로는 〈삼국사기〉, 〈향약구급방〉에 올라있는 인삼 기록이 가장 오랜 것이다.

〈신농본초경〉에서는 365종의 약물을 상/중/하 3품으로 분류하고 있는데, 인삼은 단연 상품에 속한다. 인삼의 약효에 대해서는 "오장을 보호하고 정신을 안정시키며 눈을 밝게 하고 오래 복용하면 몸이 가벼워지고 장수할 수 있다."고 표현하고 있어 오늘날 과학적으로 입증된 인삼의 효능과 잘 부합된다. 한방처방서인 〈방약합편〉에서도 인삼이 배합된 처방의 94%를 보제補劑 또는 화제和劑로 분류하고 있어 보약 또는 강장제로 인삼을 사용하였음을 알 수 있다.

북위 30-48도 지역에 자생하는 인삼은 재배지에 대한 선택성이 강하여 아무데서나 잘 자라지 않는다. 또한 기후나 토질 등 자연환경에 따라 그 형태나 약효에 현저한 차이를 보이는데 동일 위도상의 중국, 미국, 일본 등지에서 재배되는 인삼에 비할 바가 못 될 정도로 고려인삼은 그 모양과 효능이 뛰어나다.

인삼은 가공하는 방법에 따라 수삼, 백삼, 홍삼 등으로 나뉜다. 갓 수확한 생삼을 수삼, 4년생 뿌리의 껍질을 벗겨 햇볕에 말린 것을 백

삼, 6년생 뿌리를 껍질째 수증기로 쪄서 말린 것을 홍삼이라 부른
다. 이 중 섭씨 95도 정도의 고온에서 2-3일에 걸쳐 여러 번 쪄내 말
린 홍삼은 이런 과정을 통해 인삼의 주요 약리성분인 진세노사이드
Ginsenoside 성분이 풍부해 진다. 본래 수삼에는 없거나 미미했던 항암성
분, 항당뇨성분, 항염증성분, 항산화성분, 간기능 해독성분, 중금속
해독성분 등 10여 가지가 새로 생겨나거나 함유량이 몇 배로 늘어나
게 되는 것이다.

홍삼에 대한 최초의 기록은 1123년^{고려 인종1년}에 고려를 다녀간 송나
라 사신 서긍이 저술한 〈선화봉사고려도경〉에서 엿볼 수 있는데 "백
삼이 좋긴 한데 여름을 지내면 좀이 먹으므로 솥에 쪄야 보존성이 좋
다"라고 적고 있어 홍삼의 역사 또한 일천하지 않음을 알 수 있다. 하
지만 홍삼에 대한 과학적인 연구는 1950년대에 이르러서야 급진전을
보였다.

오늘날 인삼의 기본적인 약리작용을 '적응소 효과'로 보는 학설이
유력한데, 이는 생체가 가지는 비특이적인 저항력을 증대시켜줌으로
써 병적인 상태를 정상화시켜 준다는 개념이다. 즉 인삼의 사포닌 배
당체 물질이 부신피질호르몬의 일종인 글루코코르티코이드^{Glucocorticoid}
의 분비를 촉진시켜 각종 스트레스에 대한 부신피질 기능강화에 유
효하다는 것이고, 대뇌피질을 자극하여 콜린 활동성을 높임으로써
혈압강하, 호흡촉진, 과혈당 억제, 인슐린작용 증대, 적혈구 및 헤모
글로빈의 증가, 소화관운동 항진 등의 작용이 있음이 밝혀졌다. 그밖

에 생체단백질 및 DNA합성 촉진작용, 항암작용 등이 속속 밝혀지면서 인삼의 학명인 'Panax=Pan 모든+Axos 의학 Ginseng' 즉 만병통치약으로서의 진면목을 과학적으로 입증 받고 있다. 이런 장점으로 해서 건강기능식품 총매출액의 36%를 차지할 정도로 우리나라 사람들이 가장 애호하는 No.1 건강식품이 되었다.

그런데 홍삼이 모든 사람에게 다 좋을까? 답은 아니다 이다. 왜냐하면 인삼의 주성분인 사포닌을 제대로 흡수하려면 프라보텔라오리스라는 장내 미생물에 의한 사포닌분해효소가 작용해야 하는데 한국인 37.5%는 아예 이 효소가 없거나 있어도 개인차가 극심하다는 것이다.

한방에서는 체질의 문제로 보기도 한다. 홍삼은 열성 약재여서 소음인에겐 잘 맞는 대신 태음인에겐 효과가 잘 드러나지 않을 수 있으며, 소양인과 태양인이 홍삼을 복용하면 열이 너무 올라 도리어 좋지 않을 수 있다는 것이다. 전 원광대 약대 김재백 박사는 이러한 문제점을 보완하여 장내미생물의 사포닌 분해과정 없이도 체내 흡수가 가능한 발효홍삼을 개발하여 보급하고 있다.

한편 홍삼이나 백삼의 흡수율을 높이기 위한 또 하나의 방편으로 식후 4시간 이내에 먹는 것을 삼가야 한다. 식후에는 장내미생물이 식사를 통해 들어온 당을 먼저 분해하기 때문에 식후에 바로 먹는 홍삼은 그만큼 분해가 덜 되어 흡수율이 떨어지기 때문이다. 또한 홍삼을 먹는 동안에는 카페인, 혈압약, 에스트로겐, 정신병치료제 등을 함께 복용하지 않는 것이 좋다. 홍삼은 혈압과 신경을 항진시키는 작용이 있으므로 이들 약과 함께 먹을 경우 약효가 너무 강해져 부작용을 호소할 수 있기 때문이다.

여름보양식인 삼계탕에 들어있는 인삼 뿌리는 대추처럼 독소를 빨아들이므로 먹지 말아야 한다는 속설에 대해서는 낭설로 받아 들여야 한다. 우선 닭에는 독성이 없다. 닭의 냄새를 없애주고 인삼의 유효성분이 닭의 영양소와 궁합을 이루므로 다 먹는 것이 좋다.

자두

제59호 지리적표시 농산물 - 김천 자두

瓜田不納履(과천불납리)
李下不整冠(이하부정관)
오이 밭에서는 신을 신지 말고
자두나무 아래서는 갓을 바로 잡지 말라.

　　현존하는 중국 선집 중 가장 오랜 것으로 알려진 남조시대의 〈文
選문선〉에 나오는 글귀다. 군자는 모름지기 오해를 살 수 있는 불필요
한 행동을 자제해야 한다는 가르침이다. 〈詩經시경〉에도 주나라 시대
의 으뜸 꽃나무로 매화와 오얏을 꼽았다. 중국이 원산지인 오얏은 자
두를 이르는 순 우리말로 여러 고서에서 쉽게 찾아 볼 수 있을 만큼
친근한 낱말이다. 자주색 복숭아라는 뜻의 자도紫桃가 자두로 변하여
1988년 표준말로 채택된 탓에 쓰임새가 많이 사라졌지만 옥편에서
李를 '오얏 리'라 훈을 단 것처럼 한자읽기에서는 여전히 위력을 발휘

하고 있다.

내친 김에 오얏 리李의 탄생 배경을 살펴보자. 도가의 창시자로 잘 알려진 노자老子의 본명은 이이李耳인데, 오얏나무 아래에서 태어난 그가 나무 목木과 사내아이 자子 두글자를 합쳐 오얏나무 이李라는 성을 만들었다는 것이다. 어쨌든 오얏, 즉 자두는 역사가 오랜 작물 중 하나로서 2천 년 전 쯤 로마로 전해진 이래 유럽 및 아메리카 대륙으로 급속히 퍼져나갔다.

장미과Prunus 속 핵과에 속하는 자두는 전 세계적으로 30여 종의 기본종이 존재하는데, 대표적 품종으로 자색 또는 흑색을 띠는 유럽계 자두P. domestica와 황색 또는 진홍색을 띠는 일본계 자두P. salicina 등 2종으로 압축된다. 우리나라에서 맛 볼 수 있는 자두는 대여섯 종이다. 6월말에서 7월초에 나와 여름이 왔음을 알리는 '대석'은 짙은 빨간색에 크기가 작으며 과육이 부드럽고 새콤달콤하다. 7월 중순이 제철인 '포모사일명 후무사'는 손에 꽉 찰 정도의 크기에 노란색 바탕에 빨간색이 수채화 물감처럼 올라있고 속은 옅은 노란색이다. 과즙이 풍부함에도 씹히는 맛이 제법 있어 우리 입맛에 잘 어울리다보니 재배량이 가장 많다. 같은 기간 나오는 '수박자두'는 겉은 퍼런데 속이 빨갛고 당도가 뛰어나 붙여진 이름이다. 8월 들어 나오는 '피자두'는 이름처럼 겉과 속이 온통 시뻘겋다. 과육이 단단하고 새콤한데다 색깔도 강해 과일샐러드로 많이 이용된다. 가을에 접어들면 '추희'가 나오는데 자두 중 가장 크고 당도도 높으며 과육이 단단해 자두 중 유일하게 장기보관이 가능하다.

김천 자두가 제59호 지리적표시제 농산물로 등록되었다. 우리나라의 자두 재배면적은 3,100 ha 정도로 70% 이상이 경북 지방에서 생산되고 있다. 전국 생산량의 27%를 감당하는 김천시가 전국 1위를 차지하고 있는데 수확량의 40% 가량이 구성면 양각마을에서 나온다. 이곳 자두가 특별히 맛있는 이유는 분지 지형 덕분이다. 내륙 분지는 여름 기온이 상당히 높아 자두의 맛을 한껏 올려주기 때문이다. 여름철 김천 시내에서 10분 거리인 이 산골마을을 방문하면 달콤한 향이 온 마을을 뒤덮는다고 한다. 산비탈의 과수원에서 낙과한 자두가 자연 숙성되면서 내는 향수의 향연이라고나 할까.

우리나라에서 자두가 재배된 것은 삼국시대 이전이다. 1920년대 서양과 일본 등지에서 개량종을 들여오기 훨씬 이전부터 재래종의 기록이 〈삼국유사〉 등에 실려 있다. 주 재배지인 경상도 지방에서는 자두를 '에추'라 불렀는데 사과나 복숭아에 비해 보잘 것 없는 과일이라는 비하성 방언이다. 하지만 〈동의보감〉에 따르면, '오얏이 갈증을 멎게 하고 피로회복과 식욕증진을 꾀하며 체질개선 및 열독熱毒, 치통, 이질을 낫게 한다. 잎을 삶은 물은 땀띠치료에 효과가 있다.'고 밝히고 있다. 〈본초강목〉에서는 골절이 쑤시는 것과 오랜 열을 다스린다고 하였고, 민간요법으로도 자두를 절여 장복하면 간장에 좋고 씨는 수종을 내리고 얼굴 기미를 없앤다고 하였다.

자두의 일반 영양성분을 살펴보면 수분 84.7%, 탄수화물 13.7%, 칼슘 8mg, 인 145mg, 비타민C 5mg 등이 함유되어 있다. 사과산과 구연산 등 유기산이 1-2% 들어 있어 신맛이 강한 편이다. 식물성 섬유소와 다량의 펙틴질을 함유하고 있어 쨈과 젤리가 잘 만들어진다. 또한 카로티노이드 같은 비타민류와 칼슘, 인, 철, 칼륨 등 미네랄 성분이 풍부하고 소량이지만 10여 종의 아미노산이 골고루 들어있다. 항산화 및 생리활성 증진물질로 알려진 폴리페놀의 생과 100g당 함량을 따져보면 자두가 471mg, 사과가 320-474mg, 배가 271-408mg, 키위가 274mg로 다른 과일에 비해 높은 편이다. 또한 유용한 색소성분인 안토시아닌 함량도 100g당 자두가 33-173mg 정도로 복숭아의 6-37mg보다 월등히 높다.

이러한 유효성분들로 인해 볼 수 있는 자두의 효능을 정리해 보면,

1. 각종 유기산 함유로 피로회복 및 식욕증진 효과
2. 기미 및 주근깨 제거 및 노화방지 효과
3. 식이섬유가 풍부해 변비 해소 및 다이어트 효과
4. 면역기능 강화 및 염증유발억제 효과
5. 각종 미네랄이 풍부하여 고혈압, 빈혈 및 혈액순환장애에 도움
6. 안토시아닌으로 야맹증 및 안구건조증에 도움

을 준다는 것이다.

서양에서는 가공 여부에 따라 명칭을 달리하는데, 씨를 제거하여 말린 품종을 푸룬Prune이라 하고 말리지 않고 가공하는 것을 플럼Plum이라 부른다. 이 중 푸룬은 건자두, 주스, 농축액 등 다양한 형태로 국내에도 소개되어 많은 사랑을 받고 있다. 미국 농무부는 매년 과일

영양평가를 통해 푸룬을 매우 영양가 높은 과일로 소개하고 있는데, 2010년 발표에서도 비타민 A가 키위의 9배, 칼륨이 바나나의 2배, 철분이 사과의 13배, 수용성 식이섬유가 사과의 5배 정도가 많은 건강 과일이라고 밝히고 있다.

무더위가 한창인 여름철에 맛보는 자두 생과는 쉽게 물러지므로 잘 골라야 한다. 너무 익으면 당도가 낮아지고 새콤한 맛도 덜해진다. 오감 중 시각, 촉각, 후각별로 고르는 법을 소개하면, 1. 시각; 둥글고 뭉툭한 것보다 뾰족하고 푸른빛이 감도는 붉은 자두를 고른다. 2. 촉각; 만져서 무르지 않고 적당히 딱딱한 것을 고른다. 3. 후각; 자두 특유의 향이 강한 것을 고른다.

아주 오랜 옛날, 더위와 갈증에 힘들어 하던 병사들에게 장군이 "저 마을에 자두나무가 많이 있다."고 고함을 질러 그 소리에 힘을 얻은 병사들이 무사히 행군을 마쳤다는 중국 고사가 전해지고 있다. 말만 들어도 군침을 흘리게 만드는 자두, 여러분에게도 활력소가 될 것임에 틀림없다.

끝으로 간단히 자두주 만드는 법을 소개한다.

자두 1kg, 소주 1.5리터, 레몬 1개를 미리 준비한 다음, 자두를 옅은 소금물에 씻어 물기를 빼고 레몬은 얇게 썰어둔다. 입구가 큰 유리병에 자두와 레몬을 담고 술을 부어 무거운 돌로 살짝 눌러 둔다. 2달 후 고운 채에 걸러 병에 담아 밀봉하여 보관하면 된다.

찰쌀보리쌀

제49호 지리적표시 농산물 - 군산 찰쌀보리쌀

제65호 지리적표시 농산물 - 영광 찰쌀보리쌀

보리피리 불며
봄 언덕
고향 그리워
피 — ㄹ 닐니리

보리피리 불며
꽃, 청산
어릴 때 그리워
피 — ㄹ 닐니리

　문둥이 시인 한하운의 〈보리피리〉는 언제 읽어도 가슴이 찡하다. 먹을 것이 부족했던 춘궁기에 보리피리로 마음 달래던 시절이 있었다. 엄동설한 언 땅에 뿌리를 내려 파릇파릇 잎을 돋는 보리는 강한 생명력만큼이나 인류가 재배한 가장 오랜 작물 중 하나다. 이집트 미이라에서 보리껍질이 발견되어 1만년의 재배역사가 추정된다. 볏과의 두해살이풀인 보리의 조성은 보리알이 배열된 열수에 따라 두 종류로 나뉜다. 두줄보리는 여섯줄보리에 비해 한 이삭에 열리는 보리알의 수가 적은 대신 크기가 크다. 우리나라에서 주로 재배되는 보리쌀용 여섯줄보리와는 달리 유럽에서 많이 재배되는 두줄보리는 맥주 제조용으로 쓰인다. 여섯줄보리는 중국 양쯔강 상류의 티벳지방, 두 줄보리는 카스피해 남쪽 터키 일대의 중앙아시아 지역이 원산지다.

오랜 옛날부터 주식으로 많이 재배되었고 소맥인 밀보다 양식으로 더 중요시 여겨 대맥이라 불렀다. 1960년대 1인당 연간 소비량 40kg 에 달하던 것이 1970년대에는 1.6kg로 격감했다. 식미성이 좋지 않아 주식에서 밀려난 탓이다. 우리나라에는 삼한 시대 이전부터 재배된 것으로 추정되며 보리라는 단어는 1466년 〈구급방언해〉에서 처음 발견된다. 겉보리와 쌀보리가 생산되고 있으며 주로 전라도 지방에서 생산된다.

겉보리는 가을에 파종하여 이듬해 5월말경에 수확하고 영남지방 에서 주로 재배되어 보리차, 엿기름의 재료로 쓰인다. 쌀보리는 봄에 파종하여 5월말경에 수확하는데 주로 호남지방에서 재배되고 식사용 보리쌀로 쓰인다. 보리 종자에 찹쌀 성분을 교배한 개량종인 찰보리 의 전분은 아밀로오스가 적고 아밀로펙틴이 많아 찰기가 뛰어나다. 이처럼 보리는 전분의 구성비에 따라 찰메성이 있는 찰보리와 일반 보리인 메보리로 나뉜다. 찰보리쌀은 쌀과 바로 혼합하여 밥을 지을 수 있고 밥이 식었을 때 덜 딱딱해지는 특성이 있으나 찰기가 떨어지 는 메보리는 따로 삶았다가 쌀과 합해 다시 밥을 지어야 하는 번거로 움이 있어 일반 가정에서는 단연 찰보리를 선호한다. 또한 메보리보 다 식이섬유 함량이 높고 베타글루칸도 20% 이상 더 많아 비싼 만큼

경제적이다.

찰보리의 주산지인 호남 지역 중 전북 군산과 전남 영광이 지리적 표시제 등록을 완료했다. 두 곳 다 도내 최고생산량을 기록하고 있는데 토양이 기름지고 비옥하며 보리생육에 적당한 pH 6-7 정도의 미사질양토의 재배환경을 갖고 있다. 이 중 흰찰쌀보리 명품화 사업에 먼저 시동을 건 군산시는 보리막걸리인 '맥걸리'를 비롯해 보리국수, 보리빵, 보리떡 등 다양한 관련 상품을 선보이고 있다.

보리가 쌀보다 낫다? 쌀이 부족했던 60,70년대만 하더라도 보리밥 장려운동이 한창이었다. 이 때 내세운 구호였는데 과연 사실일까. 보리는 조단백이 9.5-11.8%, 지방질이 1.1-1.2%로 쌀보다 높고 당질은 77%로 81.6%의 쌀보다 낮지만 식이섬유가 쌀의 10배, 밀가루의 5배로 훨씬 많다. 다양한 무기질 중 칼륨과 철분의 함량은 쌀에 비해 8배와 5배가 높고 비타민 B군은 쌀보다 1.5-2배 많이 함유되어 있다. 특별히 도정한 후에도 속겨층이 쌀처럼 완전 제거되지 않고 보리알의 중앙 깊은 골에 섬유질과 영양소가 그대로 남아있어 손실이 적은 대신 거친 질감을 준다. 쌀에 비해 거칠고 물에 잘 풀리지 않아 익히는 데 시간이 더 걸린다는 단점을 제외하면 완전한 판정승이다.

보리의 대표적인 효능을 소개하면,

1. 콜레스테롤의 합성을 억제하는 토코트리에놀이 다량 함유되어 있다. 끈적이는 성질의 수용성 식이섬유 베타글루칸은 위와 장에서

음식물의 통과를 느리게 하여 당이나 지방의 흡수를 지연시키므로 당뇨환자에 좋다. 쌀보다 훨씬 많은 칼슘, 섬유질, 비타민 B군 등이 피부를 탄력있게 해 주며 나트륨이 적은 대신 칼륨이 많아 혈압을 조절해 준다.

2. 풍부한 비타민 B6가 두뇌활동을 촉진하고 집중력을 높여주어 성장기 어린이의 정신 건강에 좋다.

3. 말초혈관 활동을 원활히 하는 비타민 E와 말초신경의 기능을 향상시키는 비타민 B가 정력을 강화시킨다. 고대 로마 검투사들이 체력보강을 위해 섭취했다는 기록이 있다.

4. 보리는 〈동의보감〉에 다섯 가지 곡식 중 으뜸이라는 오곡지장으로 기록되어 있다. 풍부한 비타민과 수용성 식이섬유가 장내세균총의 환경을 개선하여 장을 튼튼하게 하고 변비를 해소하며 포만감을 주어 식품의 섭취량을 줄여주고 소화촉진을 돕는다.

5. 화학비료를 사용하는 산성토양 대신 알칼리성 불모지에서 잘 자라는 보리는 우리 몸을 알칼리성 체질로 바꿔준다.

6. 백미에는 섬유질이 100g당 0.3g, 현미에는 1g이지만 보리에는 무려 2.9g이 함유되어 있어 섬유질이 전혀 없는 육식 섭취시 함께 먹으면 변비를 예방하고 장내 독소와 오염물질을 배출해 준다.

7. 보리 속의 프로안토시아니딘과 폴리페놀화합물은 면역증강 효과와 항알레르기 작용, 항산화 효과를 나타내어 암 예방에 도움을 준다.

'방귀 길 나자 보리양식 떨어진다.' 보리밥을 먹으면 방귀가 잘 나오는데 좀 뀔 만하니까 양식이 떨어지곤 했던 보릿고개 시절의 속담이다. 보리에 많은 수용성 식이섬유는 소장에서 소화 흡수되지 않은 채 대장에 도달하면 점질성의 베타글루칸은 장내 미생물에 의해 급속히 발효되어 여러 가지 휘발성 물질을 생성하는데 이것이 장내가스를 유발하여 방귀가 잦아지는 것이다. 그렇지만 방귀는 생리적으로 대단히 중요하다. 발효부산물로 생성되는 아세테이트와 프로피온산 등 짧은 사슬의 지방산들이 간에서 콜레스테롤 합성을 저해하고 부티르산 같은 지방산이 대장암에 대한 보호 효과를 발휘하기 때문이다. 그러니 방귀대장 뿡뿡이로 놀림을 받더라도 몸에 좋은 보리밥을 먹은 후엔 마음껏 방귀를 뀌시라.

찰옥수수

제15호 지리적표시 농산물 - 홍천 찰옥수수
제37호 지리적표시 농산물 - 정선 찰옥수수
제77호 지리적표시 농산물 - 괴산 찰옥수수

옥수수 잎 서걱거릴 때면
강냉이 한 아름 이고
풀 섶에 치맛자락 끌리며
재 넘던 어머니 발자국 소리 ...

시인 박연걸의 〈옥수수 잎〉 한 대목이다. 불볕더위를 헤집으며 밭
이랑에 땀방울을 쏟아내던 어머니 생각이 간절하다. 어렵던 시절, 서
민들의 한 끼 식사로 여겨졌던 옥수수는 우리나라뿐만 아니라 세계
각지에서 식사대용 및 사료작물로 큰 인기를 누리고 있다. 한반도에
는 16세기경 고려 원나라 군사들이 들여 온 것으로 추정되며 조선시
대 〈산림경제〉에 그 재배법이 실려 있다. 옥수수의 어원은 알맹이가
구슬처럼 윤택이 난다하여 수수에 '구슬 옥玉'자를 붙였다는 설과 '옥
촉수'라는 한자 이름이 옥수수로 변화되었다는 설이 전해진다. 강냉

이는 중국 강남땅에서 건너 왔다는 뜻을 담고 있다.

옥수수의 기원은 매우 오래되어 기원전 5천년 무렵 멕시코 일대에 분포해 있었고, 이후 북미 전역에 퍼져나가 미국 대평원에 콘 벨트 대 단지가 형성되게 된다. 1492년 콜럼부스의 신대륙 발견 이후 유럽으로 전파되어 16-17세기에 걸쳐 중국, 아프리카로 확산되었다. 미국은 연간 2억5천만 톤 정도를 생산, 세계 무역량의 65%를 차지하는 최대 생산국이다. 밀, 쌀에 이어 세계 3대 곡물인 옥수수는 사료용, 공업용 등 그 쓰임새가 다양하여 교역량이 적지 않은데, 연간 생산 8만 톤에 불과한 우리나라는 생산량의 100배를 초과하는 850만톤 이상을 수입에 의존하고 있다.

우리나라 최대산지는 강원도인데 홍천, 정선 일대가 지리적 표시제 농산물로 등록되어 최고 산지로 이름을 날리고 있다. 옥수수는 벼과 한해살이풀로서 척박한 땅에서도 잘 자라는 강한 식물이라서 농약 없이도 재배 가능한 친환경 농산물이다. 특히 이곳에서 재배되는 찰옥수수Waxy corn는 나종 또는 납질종으로 불리는데 종실從實은 반투명에 가깝고 가열하면 점성 녹말인 amylopectin으로 인해 찰기가 강해진다. 근래 발표에 의하면 우리나라 옥수수가 최고의 품질과 맛을 자랑한다고 하니 옥수수를 통해서도 강원도의 힘을 느껴봄 직하다.

옥수수는 단백질, 지질, 당질, 섬유소, 무기질, 비타민 등 성분을 골고루 함유하고 있어 남녀노소를 가리지 않고 사랑받는 영양식품이다. 찌거나 굽거나 튀밥으로 먹어도 고소한 맛이 탁월하여 맛에서도 세대를 초월하여 많은 사랑을 받고 있다.

옥수수의 대표적인 효능을 살펴보면,

1. **혈관 정화.** 혈관을 깨끗이 청소해 주는 필수지방산인 리놀렌산 Linoleic acid 이 풍부하여 혈중 콜레스테롤치를 낮추어 동맥경화, 고혈압, 심장병, 뇌졸중 등 심혈관계 질환을 예방하는 효과가 있다.

2. **충치 예방.** 인사돌, 덴타돌 등 잇몸질환치료제의 주성분인 덴타놀 Dentanol 은 치아를 튼튼하게 하여 충치를 예방해 준다.

3. **정장 효과.** 옥수수의 섬유질은 장을 자극하여 장 운동을 활발하게 하고 노폐물을 배출해 주는 기능을 한다. 단 과식하면 설사를 유발할 수 있으므로 적당히 섭취할 것.

4. **신경안정 효과.** 탄수화물의 조절 기능으로 인해 신경을 안정시키고 쾌면을 유도한다. 조개류와 함께 조리해 먹으면 눈의 피로를 없애고 초조감을 진정시킬 수 있다.

5. **체력 증강.** 풍부한 비타민B1이 식욕부진, 무기력증을 해소하고 비타민E가 체력을 증강시키고 신장병에 효과를 나타낸다. 단 필수아미노산의 함량이 적으므로 이를 간단히 보충해 줄 수 있는 우유와 함께 먹는 것이 좋다.

6. **항암 작용.** 항암물질로 알려진 Protease inhibitor가 고농도로 함유되어 있다. 미국 루이지애나대학 메디컬센터팀은 결장암, 유방암,

전립선암의 사망률을 개선하는 효과가 있다고 밝혔다.

최근 다이어트 음료로 각광받고 있는 옥수수 수염은 이뇨, 지혈 작용이 있다. 예로부터 소변을 배출하고 부종을 제거하는 특효약으로 사용되어 온 옥수수 수염은 염화물의 배출량을 증가시키고 혈액 중의 Prothrombin 함량을 증가시켜 지혈제와 이뇨제, 방광과 요도결석에 응용되고 있다. 최근 중앙대 비뇨기과 명순철 교수는 옥수수 수염 추출물에서 루테올린 등 3가지 항산화, 항염증 물질과 방광 및 전립선 증상 개선작용이 있는 유효성분을 확인하여 이를 입증한 바 있다.

하지만 다이어트 한답시고 옥수수 수염차를 과다 섭취하는 것은 금물이다. 섭취량보다 더 많은 소변 배출을 야기하여 탈수 증상을 보일 수 있으므로 조심해야 한다. 장기간 옥수수 수염차를 복용할 경우에는 중간 중간 생수를 마셔 주는 것이 좋다.

영화관에서 즐기는 팝콘Pop corn은 미국 개척시대 메사추세츠 주의 인디언 추장 콰테쿠이나가 튀긴 옥수수를 축제선물로 담아온 데서 유래한다고 한다. '터트린 옥수수'라는 뜻의 팝콘은 섬유질이 풍부하고 칼로리가 적어 인디언들의 다이어트 간식으로 애용되었지만, 지금은 버터를 잔뜩 발라 맛을 내므로 오히려 비만을 유발하는 원흉으로 지목받고 있다. 몸에 좋은 옐로우 푸드의 대명사 - 옥수수, 찌거나 굽거나 튀기거나 그대로의 맛과 영양을 즐깁시다.

참외

제10호 지리적표시 농산물 - 성주 참외

어머니는 뚝배기 하나 사고 소금 조금 사고 개구리참외도 사실까
참외 사시면서 이승에 두고 온 아들 딸 생각 또 하실까...
개구리참외는 목생이 형이랑 둘이서만 먹을까
거기서도 어머니는 찔름 들어간 못생긴 참외를 잡수시고
예쁘고 맛난 건 아들 주실까...

　　지금은 고인이 된 동화작가 권정생의 동시 '어머니 사시는 그 나라
에는' 일부분이다. 저승에서도 장을 보실 돌아가신 어머니에 대한 그
리움이 덕지덕지 묻어난다. 살아생전 작가의 가족은 참외를 무척 좋
아하였나보다. 여기서 참외는 이승과 저승을 허무는 사랑의 매개물
이다. 돌아가신 내 어머님도 여름철 장을 보고 오실 때면 어김없이 참
외 한 봉지를 풀어놓곤 하셨다.

　　박과에 속하는 1년생 식물인 참외의 원산지는 아프리카 니제르강

연안의 기네아^{Guinea}로 추정된다. 우리나라에는 삼국시대 이전에 중국 화북으로부터 들여 온 것이 시초였으며 고려 시대에는 참외를 형상 화한 자기나 주전자가 만들어질 만큼 참외 재배가 융성하였다고 한 다. 〈증보산림경제〉에 의하면 참외는 계통이 많고 과피색은 청록색 이거나 금빛, 개구리무늬가 있는 등 다양하였다는 기록이 있다. 참외 의 '참'은 우리말큰사전에서 '허름하지 않고 썩 좋은'이라는 뜻을 지니 고 있어 다른 박과 식물보다 맛과 향이 좋다는 의미를 담고 있다.

참외는 우리나라의 기후 풍토에서 그 특성이 가장 돋보이는 유전 자를 지니고 있다. 60-70년 전만 하더라도 개구리 참외^{성환 참외} 같은 재 래종 품종이 주류를 이루었으나 1957년 일본에서 은전참외가 처음 도입되어 높은 당도와 아삭한 육질로 인기를 모으더니 60년대 들어 서는 교배종인 신품종이 속속 발표되면서 재배 방식도 노지 재배에 서 하우스 시설재배로 발전되었다. 대표적인 여름 과일이라는 게 무 색할 만큼 지금은 95% 정도가 하우스 시설재배를 하므로 한겨울을 제외하곤 일년내내 싱싱한 참외를 맛볼 수 있다.

우리나라 참외 주산지는 단연 경북 성주이다. 성주에 가면 끝없이 펼쳐진 하우스가 장관을 이룬다. 대부분이 참외 하우스일 정도로 이 곳의 하우스 참외는 우리나라 전체 생산량의 65% 이상을 차지하고 있다. 성주군은 경상북도 서남부에 위치한 산간 내륙지역으로서 가 야산 일대의 양토와 풍부한 일조량, 낙동강을 끼고 있는 넓은 평야와 깨끗한 농업용수 등 최적의 재배조건을 갖추고 있다. 토양이 화강암

부식토라서 칼슘 성분이 많고 고온 건조한 기후와 풍토가 참외 재배에 적합한데다 오랜 경험으로 터득한 재배 기술까지 더해져 성주 참외가 으뜸일 수밖에 없다는 것이 이곳 관계자의 설명이다.

성주 참외의 일등 비결을 좀 더 자세히 살펴보니 첫째, 이곳의 비닐하우스 높이가 다른 곳에 비해 상대적으로 낮았다. 열전도율이 좋도록 비닐하우스 천장높이를 최대한 낮춘 것이다. 둘째, 호박 뿌리에 참외 줄기를 접목하고 있었다. 연작이 힘든 작물이라서 한 번 열매를 맺고 나면 뿌리가 약해져 시들어 버리는 것을 방지하기 위함이다. 셋째, 참외 상자를 규격화하여 작목반이 달라도 똑같은 모양과 크기로 소비자에게 신뢰감을 심어주고 있다. 최근에는 한약재를 이용하거나 비료 대신 유기퇴비를 사용해 한방 참외, 꿀 참외, 유기농 참외 등 브랜드 상품을 선보이고 있다.

참외는 달다고 해서 첨과甛瓜, 뛰어나다고 해서 진과眞瓜로 불린다. 수분 함량이 90% 정도이고 단백질과 지질, 당질이 풍부하며 칼슘, 인 등 무기질과 피로 회복에 좋은 비타민 C의 함량이 높다. 땀이 많이 나는 하절기에는 몸이 산성으로 변하기 쉬운데 알칼리성 식품인 참외를 많이 먹으면 몸의 균형을 유지할 수 있다. 이뇨 작용을 하는 칼륨 함량이 높아 한방에서는 이뇨작용과 갈증해소 약재로도 유용하게 쓰이고 있다.

또한 기침을 멎게 하고 가래를 없애주며 피와 간을 해독하는 효과도 있다. 신진대사를 촉진하고 노폐물을 제거해 변비와 황달, 수종,

이뇨 등의 증상에 사용된다. 특히 쿠쿠르비타신이라는 항암 성분이 들어 있어 암세포가 확산되는 것을 막아준다. 하지만 수박과 마찬가지로 찬 성질을 가지고 있어 몸이 차거나 위가 약한 사람, 어린 아이들은 한 번에 너무 많이 먹지 않는 것이 좋다.

맛있는 참외 고르는 요령

1. 크기가 큰 것보다는 작은 것이 더 달다. 들어봐서 약간 가벼운듯한 것이 좋다.

2. 잘 익은 참외는 겉에서 향이 난다. 하지만 향이 너무 짙으면 수확한 지 오래된 것일 수 있다.

3. 색깔이 선명한 참외가 맛있다. 맑은 노란색이나 짙은 감빛을 띠는 것이 좋다.

4. 골이 움푹 파이고 꼭지가 가는 것이 달고 신선하다.

5. 흔들었을 때 묵직하거나 출렁거리는 느낌이 있다면 물이 든 것이므로 피하는 것이 좋다.

참외를 보관할 때는 냉장고에 보관하는 것보다 신문지에 싸거나 종이봉투 등에 담아서 그늘지고 시원한 곳에 두는 게 좋다. 참외를 비롯한 대부분의 과일들은 시간이 흐를수록 수분이 증발하여 고유의 맛과 향, 당도가 떨어지게 되는데, 이렇게 하면 어느 정도 막을 수 있다.

매년 4월 하순이면 이곳 성주에서는 참외 축제가 열린다. 우수 재배 농가를 선정하여 포상하고 참외 시식행사 등을 통해 성주 참외의 진가를 널리 알리고 있다. 2011년 3월에는 처음으로 일본 수출의 길이 열렸고 대만, 홍콩, 등지에서 바이어 상담이 한창이라 한다. 우리 농업의 경쟁력, 성주 참외가 그 핵심에 서 주길 기대한다.

콩

제78호 지리적표시 농산물 - 인제 콩

콩 심은 데 콩 나고
팥 심은 데 팥 난다.

    뿌린 대로 거둔다는 우리 속담이다. 전래동화 '콩쥐팥쥐'에서도 알 수 있듯이 팥과 함께 콩은 우리 음식문화의 대중을 이룬다. 무슨 일이든 근본에 합당한 결과를 바라야 한다는 삶의 지혜는 예나 지금이나 변함이 없다.

    콩^{Soybean}은 콩과에 속하는 1년생 식용작물로 생육기간은 75~200일에 이르지만 일반적인 재배품종은 90~160일 범위에 속한다. 최적의 생육온도는 25~30℃이고 파종기와 발아기에는 15~17℃ 이상, 개화·결실기에는 밤 온도가 20~25℃가 알맞다. 수분이 충분한 중성·약산성 토양에 부식·인산·칼리·석회 등이 풍부하고 배수가 잘되는 사양토나 식양토가 알맞다. 강원도 인제군이 콩을 지리적 표시 농산물로 등록하였다. 이곳은 생육기간인 7-8월의 평균기온이 23.4도이고 생육후기인 8~10월의 일교차가 평균 12.6도로 높아 활발한 광합성이 꼬투리 결실을 좋게 하며 콩의 비대를 촉진, 단백질 함량이 높은 콩을 생산해낸다.

콩은 〈시경〉에 숙菽이라는 이름으로 처음 등장하는데, 숙의 꼬투리가 나무로 만든 제기인 두豆와 비슷하여 숙은 두가 되어버렸다. 그러다가 알갱이가 작은 콩무리가 들어오게 되자 이것을 소두小豆, 본래의 콩을 대두大豆라 구별 짓게 되었다. 콩의 원산지는 옛 고구려 땅인 중국 동북부 지방이다. 〈관자管子〉에 제나라 환공이 만주에서 콩을 가져와 중국에 보급시켰다는 기록이 있고, 함경북도 회령군의 청동기시대 유적에서 콩이 출토된 점 등이 이를 뒷받침한다. 유럽에는 1690년경 독일에 처음 전파되었고, 미국에는 1804년경에 소개되어 1900년경부터 널리 재배되었으며 현재 세계 총생산량의 약 70%를 차지하고 있다.

콩은 '밭에서 나는 소고기'로 불릴 정도로 단백질의 양이 농작물 중에서 최고이며 구성 아미노산의 종류도 육류에 비해 손색이 없다. 콩은 100g당 열량 400㎉, 탄수화물 30.7g, 단백질 36.2g, 지방 17.8g, 비타민비타민 B1, B2, 나이아신 등, 무기질칼슘, 인, 철, 나트륨, 칼륨 등, 섬유소 등이 들어 있는 영양식품이다. 비타민 C는 거의 없지만 콩나물로 재배될 때 싹이 돋는 과정에 변화가 생겨 비타민 C가 풍부한 식품이 된다.

콩의 주요 효능으로 체중 감량, 골밀도 증강, 유방암 발병률 감소 등을 들 수 있다. 콩의 풍부한 식이섬유가 급격한 혈당 상승을 억제하여 당뇨병 예방에 도움이 되고 콩의 사포닌 성분이 비만 체질을 개선한다. 또한 콩을 많이 먹으면 치매를 방지하고 머리가 좋아진다. 이는 콩의 레시틴이 뇌세포의 활동에 관여하는 '아세틸콜린'이라는 신경전달물질의 원료가 되기 때문이다. 항암 작용과 골다공증 예방에도 효과적이고 장 기능을 개선하여 배변을 원활하게 하는 데도 기여한다. 특히 검은콩 껍질에는 '글리시테인'이라는 항암 물질이 들어 있어 암 예방에 큰 도움을 준다. 그러나 성질이 차서 소화기관이 약하거나 설사를 자주 하는 사람은 자제하는 것이 좋다. 동물실험에서 콩단백질을 먹은 쥐는 우유단백질을 섭취한 쥐에 비해 체지방이 평균 20%, 체중은 1% 줄어든 것으로 나타났다. 콩이 다이어트에도 좋다는 실험결과이다.

콩을 언급하면서 빼놓을 수 없는 성분이 이소플라본Isoflavon이다. 콩에 함유되어 있는 이소플라본은 골밀도를 높여 뼈를 튼튼하게 해준다. 항암효과도 있으며 혈중 콜레스테롤을 낮추고 심장병 예방에도 효과가 있다. 매일 50~100㎎의 이소플라본을 섭취하는 것이 좋은데 두부 1모에 150㎎, 두유 1팩²⁰⁰㎖에는 30㎎, 된장¹⁵ᵍ에는 5.5㎎ 가량의 이소플라본이 들어 있다. 한편 쥐의 눈처럼 생겨 서목태鼠目太라고 불리는 쥐눈이콩에는 이소플라본 성분이 일반 콩보다 5~6배 많다. 쥐

눈이콩에 함유되어 있는 인 중합체 폴리포스페이트^{polyphosphate}는 자외선에 의한 피부 노화를 억제하는 것으로 밝혀져 있다.

심혈관 질환에 미치는 영향에 대한 여러 연구에 따르면 규칙적인 콩 섭취는 저밀도지방단백질^{LDL} 콜레스테롤과 중성지방을 낮춤과 동시에 동맥경화를 예방하는 고밀도지방단백질^{HDL} 콜레스테롤을 높인다. 풍부한 불포화지방산이 LDL 콜레스테롤 수치를 낮추는 작용을 하기 때문이다. 또한 콩에는 동맥경화를 예방하는 오메가-3 지방산도 많이 들어 있다.

일명 노란콩 또는 흰콩^{백태}으로 불리는 대두는 오장을 보해 주고 경락의 순환을 도우며 장과 위를 따뜻하게 해주는 효능이 있다. 〈동의보감〉에는 대두를 '두시'라 하여 울화증을 가라앉히는 데 효과적이라고 했다.

콩은 날로 먹으면 소화가 잘 안 되지만 익혀 먹으면 65%, 두부로 먹으면 95%, 된장으로 먹으면 80% 정도 소화·흡수가 된다. 그 때문인지 오래 전부터 장을 담그거나 메주를 쑤는 가공기술이 발달하였다. A.D 290년에 발간된 〈삼국지위지동이전〉에 '고구려인은 장 담그고 술 빚는 솜씨가 훌륭하다'고 적혀 있고, 〈삼국사기〉에는 신라 신문왕이 김흠운의 딸을 왕비로 삼을 때 보낸 예물 중 '시^{豉}', 즉 메주를 보냈다는 기록이 있다. 한편 우리 전통 된장은 '바실러스 서브틸러스$^{B.}$ ^{subtilis}'라는 세균과 자연계 국균을 이용하는데 반해 일본 된장인 미소^{みそ}는 '아스퍼절러스 오리제$^{A. oryzae}$'라는 순수 국균만 사용한다. 그런 이

유로 우리 된장이 구수하고 짠 반면 일본 된장은 달고 담백하다.

메주콩을 쑤어 아랫목에 놓아 담요나 이불을 씌워 2~3일간 따뜻하게 보온시킨 청국장淸國醬, 일명 담북장은 납두균納豆菌이 번식하여 끈끈한 향기를 가진 발효물질로 변한다. 다 뜨게 되면 끈끈이 실을 내는데 이는 아미노산인 글루탐산이 여러 개 합친 것과 과당의 중합물인 프락탄이 엉겨서 된 것이다. 납두균의 작용으로 소화력이 높아질 뿐 아니라 콜레스테롤을 분해하는 작용도 한다. 또한 납두에는 두뇌 영양물질인 레시틴이 풍부하여 뇌세포간의 신경전달물질인 아세틸콜린의 원료가 된다. 청국장의 포자는 찌개로 끓였을 경우 10분 이상 생존하므로 혈전제거 효과를 기대한다면 생으로 먹는 것이 가장 좋으나 여의치 않으면 조리과정 마지막에 청국장을 넣고 1~2분 정도 살짝 끓이는 것이 현명하다.

두유豆乳, soybean milk는 우리나라를 비롯하여 중국과 일본 등에서 콩 음료로 마셔 온 것이다. 가정에서 두유 만드는 방법을 소개하면, ① 콩을 물에 담가 하루 정도 불린다. ② 불린 콩을 삶는다. ③ 삶아서 껍질 깐 콩 1/2컵, 물 150㎖콩 분량의 1.5배 분량를 넣고 믹서로 간다. ④ 각자의 취향에 따라 약간의 소금 또는 설탕을 넣어 마신다.

두유는 훌륭한 단백질 공급원100㎖당 4.4g이며 콜레스테롤이 전혀 없으므로 혈관 건강에 유익한 식품이다. 웰빙 성분인 이소플라본이 풍부하여 특별히 폐경기 여성에게 좋은 음료이다. 안면 홍조, 우울감, 기억력 감퇴 등 갱년기 증상 완화에 도움이 된다.

콩국수는 예나 지금이나 입맛이 없고 땀을 많이 흘리게 되는 여름이면 더위에 지친 심신에 활력을 주는 보양식이다. 여름에는 땀으로 체내의 질소가 다량 배설되므로 단백질 보충이 필요한데 콩은 칼로리나 지방질, 당질은 적은 반면 단백질이 풍부한 저지방 고단백 식품이라서 피로 회복을 돕고 혈관을 튼튼하게 하며 동맥경화 예방 및 노화 지연에 도움이 된다.

남미 에콰도르의 작은 마을 빌카밤바Vilcabamba는 질병이 없는 '면역의 섬'으로 알려져 있는데, 건강장수의 비결은 바로 유기재배한 콩이었다. 원광대 보건대학원도 우리나라 장수마을을 조사한 결과, 콩과 마늘을 많이 섭취한 주민들이 오래 산다고 발표하였다. 세계 각지에서 콩이 각광을 받고 있다. 콩 심은 데 콩 나듯 콩을 많이 먹으면 무병장수한다.

토마토

제86호 지리적표시 농산물 - 부산대저 토마토

토마토가 빨갛게 익으면
의사의 얼굴이 파랗게 질린다.

　서양에 전해오는 속담이다. 의사가 파랗게 질릴 정도로 토마토는
효능이 뛰어나 미국 〈타임〉지는 '수퍼푸드$^{Super food}$ 10'으로 토마토를 선
정한 바 있다. 참고로 수퍼푸드는 당분과 염도는 낮으면서 식물섬유
소와 각종 영양소가 풍부하여 과체중은 줄여주고 면역력을 높여주는
건강에 좋은 식품을 일컫는다.

　토마토는 가지과에 속하는 일년생 반덩굴성 식물 열매이다. 미국
에선 한때 토마토가 과일이냐 채소냐로 논란이 일었다. 대법원까지
간 시비 끝에 채소로 최종판결이 났지만 과일과 채소의 특성을 두루

갖춰 최고의 비타민 무기질 공급원으로 손꼽히고 있다. 토마토를 즐겨먹는 남미 안데스산맥 기슭의 빌카밤바^{Vilcabamba} 마을이 세계적인 장수촌이 된 이유가 여기에 있다.

토마토의 원산지는 적도 근처인 이곳 안데스산맥의 해발 2천~3천 m의 고랭지이다. 원래 옥수수 밭에서 노란색의 작은 열매를 맺는 잡초의 일종이었는데 서기 700년 무렵 인디오들의 이동에 따라 중앙아메리카와 멕시코에 전해지면서 주요 식품으로 자리 잡게 되었다. 토마토의 어원은 고대 멕시코의 아스텍인들이 이를 '토마틀^{tomatl}'이라 부른데서 유래한다. 16세기 초 콜럼부스가 신대륙을 발견한 즈음 유럽으로 전해져 스페인과 이탈리아 등지에서 재배되기 시작했다. 그 뒤 스페인 사람들에 의해 필리핀에 전해지면서 급속도로 아시아 전역으로 퍼져 나갔다. 우리나라에는 이수광의 〈지봉유설〉에 기록된 것으로 보아 책의 제작연대인 1614년 이전에 들어온 것으로 추정된다. 육당 최남선은 '임진왜란 때부터인지는 모르겠지만 토마토가 중국을 거쳐 들어와 남만시^{南蠻柿}라고 하였다.'라고 기술하고 있다. 우리말로는 '한해에 먹는 감처럼 생긴 과실'이란 뜻에서 '일년감'이라 불렀는데 처음에는 초기 유럽에서와 마찬가지로 관상용으로 심었다가 차츰 영양가가 밝혀지고 밭에 재배하면서 식용하게 되었다.

부산 강서구를 대표하는 대저 짭짤이토마토가 2012년 9월에 제86호 지리적표시 농산물로 등록되었다. 이곳은 낙동강 하류의 삼각주 평야지역으로 주위에 높은 산이 없고 연평균 기온이 15.4℃, 겨울철 평균기온도 5.5℃로 온난하여 겨울 생육이 가능하다. 과실의 성숙기인 2-5월간의 일조시간이 820시간 정도로 길어 활발한 광합성을 통해 과육이 튼실하고 당도가 뛰어난 최상품 토마토가 생산되는 것이다.

이처럼 일조량이 많고 낮과 밤의 기온 차가 심한 곳에서는 거의 예외 없이 토마토가 잘 자란다. 이런 연유로 유럽에서는 지중해 연안이 토마토 벨트를 이루었다. 심장같이 생겨 '황소의 심장*cuore di bue*'이라 이름 붙여진 이탈리아의 토마토는 생김새가 몹시 투박하지만 어떤 생토마토보다 맛이 뛰어나다. 마찬가지로 스페인의 발렌시아 지역과 프랑스의 프로방스 토마토도 유명하다.

우리나라에서는 20여 종만을 재배하고 있지만 토마토의 종류는 전세계적으로 5,000가지가 넘는다. 크게 케첩이나 통조림 등을 만들기 위한 '가공용 토마토'와 생으로 먹는 '생식용 토마토'로 나눌 수 있다. 생식용 토마토는 분홍색에 가깝고 흠집 없는 예쁜 모양을 하고 있다. 또 껍질이 얇고 완숙되면 과육이 부드러워지면서 즙이 많아진다. 그에 반해 가공용 토마토는 크기도 고르지 않고 모양도 떨어지지만 색깔이 진해서 아주 새빨갛다. 또 껍질이 두껍고 과육이 단단하며 즙이 적다. 이들은 재배방법도 달라 생식용 토마토는 보통 비닐하우스 재배로 한겨울에도 생산되지만 노지에서 햇빛과 비바람을 맞으며 거칠게 자라는 가공용 토마토는 보통 여름에만 수확된다.

소스나 케첩, 통조림 등에 쓰이는 가공용 토마토는 길이 6~8㎝의 타원형으로 가늘고 길쭉한 모양을 하고 있다. 생김새가 마치 서양자두 같다 해서 'Plum tomato'라 부르기도 한다. 한여름 햇빛을 듬뿍 받고 자라기 때문에 라이코펜^{Lycopene} 함량이 매우 높아 새빨갛다. 게다가 감칠맛 성분인 글루타민산이 생식용 토마토의 배 이상으로 풍부해 요리용으로 적격이다. 가공용 토마토 중 가장 유명한 것이 '산 마르차노^{san marzano}'인데 이탈리아 나폴리 근처에 있는 베수비오산의 화산분지에서 재배되는 최상품이다.

우리나라에서는 가공용 토마토를 재배하지 않으므로 시장에서 흔히 보는 토마토는 모두 생식용이다. 생식용 토마토는 크기에 따라 한 알 무게가 20g 전후인 방울토마토와 150g 이상인 일반 토마토로 나뉜다. 그 밖에 포도송이처럼 송이채로 수확하는 무게 100g 내외의 송이토마토도 있다. 방울토마토는 먹기도 편하고 모양도 앙증맞아 장식용으로도 인기가 높으며 당도나 영양가에서도 일반 토마토를 앞선다. 색깔이나 크기, 모양에 따라 다양한 종류가 있는데 현재 우리나라에서 재배되는 방울토마토의 대부분은 일본 품종으로 '빼빼'나 '꼬꼬'가 가장 일반적이다. 일반 토마토는 보통 디저트나 샐러드, 햄버거용 등으로 사용되며 현재 서광토마토, 영광토마토, 광수토마토, 강육토마토, 광명토마토, 풍영토마토, 선명토마토, 알찬토마토, 세계토마토 등이 재배되고 있다.

토마토에는 구연산, 사과산, 호박산, 아미노산, 루틴, 단백질, 당질, 회분, 칼슘, 철, 인, 비타민 A, 비타민 B1, 비타민 B2, 비타민 C, 식이섬유 등이 다양하게 함유되어 있다. 비타민 C의 경우 토마토 한 개에 하루 섭취 권장량의 절반가량이 들어 있다. 또한 토마토에는 라이코펜, 베타카로틴 등 항산화물질이 많다. 토마토의 빨간색은 '카로티노이드'라는 물질 때문인데 잘 익은 토마토에는 라이코펜이 7~12mg% 들어 있다.

파란 것보다 빨간 것이 건강에 더 유익하지만 그냥 먹으면 체내 흡수율이 떨어지므로 토마토는 열을 가해 조리해서 먹는 것이 좋다. 열을 가하면 토마토 세포벽 밖으로 라이코펜이 빠져나와 더 잘 흡수되기 때문이다. 실제로 생으로 먹기보다 토마토소스로 먹을 경우 라이코펜의 흡수율은 5배로 증가한다. 또 껍질을 쉽게 벗기려면 끓는 물에 잠시 담갔다가 찬물에서 벗기면 된다. 껍질을 벗긴 토마토를 으깬 후 체에 걸러 졸인 것을 '토마토퓌레=농축액'라고 한다. 이것에 소금과 향신료로 조미한 것이 '토마토소스'이며 소스를 보다 강하게 조미하고 단맛을 낸 것이 '토마토케첩'이다.

그런데 토마토처럼 산도가 높은 식품을 조리할 때는 단시간에 조리하거나 스테인리스 재질의 조리 기구를 사용해야 한다. 알루미늄 재질의 조리 기구를 사용하게 되면 그 성분이 녹아 나올 수 있어서 세계보건기구WHO는 1997년 알루미늄에 대해 신체 과다 노출시 구토, 설사, 메스꺼움 등을 유발할 수 있다고 경고한 바 있다.

토마토가 건강식품으로 주목받는 이유는 뭐니뭐니해도 '라이코펜' 때문이다. 노화의 원인이 되는 활성산소를 배출시켜 세포의 젊음을 유지시키고 남성의 전립선암, 여성의 유방암, 소화기계통의 암을 예방하는 데 효과가 있다. 알코올을 분해할 때 생기는 독성물질을 배출하는 역할도 하므로 술 마시기 전에 주스로 마시거나 생토마토를 술 안주로 먹는 것도 좋다. 또한 비타민 K가 많아 칼슘이 빠져 나가는 것을 막아주고 골다공증이나 노인성 치매를 예방하는 데 도움을 준다. 토마토에 함유된 비타민 C는 피부에 탄력을 줘 잔주름을 예방하고 멜라닌 색소가 생기는 것을 막아 기미 예방에도 효과가 뛰어나다. 아울러 토마토에 들어 있는 칼륨이 체내 염분을 몸 밖으로 배출시킴과 동시에 루틴은 혈관을 튼튼하게 하고 혈압을 내리는 역할을 하므로 고혈압 환자에도 좋은 식품이다. 토마토는 다이어트에도 제격이다. 토마토 1개(200g)의 열량은 35㎉에 불과하며 수분과 식이섬유가 많아 포만감을 준다. 식전에 토마토를 한 개 먹으면 식사량을 줄일 수 있으며 소화도 돕고 신진대사를 촉진하는 효과도 있다.

이처럼 팔방미인인 토마토는 익히면 영양 성분이 더 잘 흡수되므로 요리법도 다양하게 응용할 수 있다. 토마토 수프, 토마토 샐러드, 토마토 피자, 토마토 베이글 샌드위치, 해물 토마토찜 등은 맛도 좋고 몸에도 좋은 토마토 요리들이다. 또한 토마토를 올리브유, 우유 등과 함께 먹으면 영양소의 체내 흡수력을 높여 주므로 더욱 좋다. 하지만 설익은 것을 먹을 경우 다량 함유된 염기 때문에 설사, 구토, 피로 등 부작용이 나타날 수 있고 단맛이 덜하다고 설탕을 치는 것은 금물이다. 설탕을 분해하려고 토마토의 비타민 B1이 소실되기 때문.

끝으로 몸속의 독소를 제거하는데 탁월한 효과를 보인다는 '해독 주스 만드는 법'을 소개한다. 서재걸 의학박사(대한자연의학회 회장)

가 처음 개발한 것으로 끓는 물에 양배추, 브로콜리, 당근, 토마토를 넣고 삶은 후 사과, 바나나와 함께 믹서기에 갈기만 하면 완성되는데 식전 30분에 1잔씩 마시면 된다. 여기에 사용되는 과일과 채소는 제 각각의 항산화물질을 다량 함유하고 있어 이를 이용해 간편하면서도 효과적으로 섭취하기 위해 고안된 방법이다. 서재걸 박사는 "생채소 만 먹었더니 우리 몸에서 흡수되는 비율이 5~10% 정도 되고 이걸 삶 아서 먹었더니 60%가 흡수 되고 또 갈았더니 80~90%가 흡수되었다. 체내 흡수율을 높여야 최고의 해독 효과를 볼 수 있다"고 전했다. 익 힐수록 제 몫을 다하는 토마토처럼 지금 우리에겐 보다 성숙해지는 식습관이 절실하다.

포도

제53호 지리적표시 농산물 - 영천 포도
제60호 지리적표시 농산물 - 영동 포도
제62호 지리적표시 농산물 - 김천 포도

내 고향 칠월은
청포도가 익어가는 시절

이 마을 전설이 주저리주저리 열리고
먼데 하늘이 꿈꾸며 알알이 들어와 박혀

하늘 밑 푸른 바다가 가슴을 열고
흰 돛단배가 곱게 밀려서 오면

내가 바라는 손님은 고달픈 몸으로
청포를 입고 찾아온다고 했으니

내 그를 맞아 이 포도를 따 먹으면
두 손은 함뿍 적셔도 좋으련

아이야 우리 식탁엔 은쟁반에
하이얀 모시 수건을 마련해 두렴.

시인 이육사의 '청포도' 싯구처럼 7월은 포도가 익어가는 계절이다. 지난 6월말 첫 수확을 시작하여 여름 내내 잔뜩 영근 포도송이를 따기에 부산한 고장이 있으니 그곳이 바로 경북 영천이다. 이곳의 포도재배면적은 2,200ha 정도로 수확량은 전국 10%를 차지한다. 대구에서 가까운 영천은 강수량이 적은 대신 일조량이 풍부하여 당도가 높고 알이 굵은 최상급 포도를 생산하기에 최적의 환경을 갖추고 있다.

포도는 전 세계 과일 생산량의 절반을 차지할 정도로 세계 전역에서 폭넓게 재배되고 있다. 여기서 잠깐 퀴즈 하나. 포도의 최대생산국은 프랑스일까? 정답은 이탈리아로 연간 850톤 정도를 생산하여 단연 1위이다. 2위 중국, 3위 미국, 4위 프랑스, 5위 스페인 순인데 칠레, 남아공 등이 신흥생산지로 부상하고 있어 6대주 어디에서건 포도밭을 볼 수 있다.

원산지는 서아시아의 반사막지대이다. 재배역사는 구약성경 〈창세기〉에 노아의 방주로 유명한 노아가 심은 포도나무와 포도주 이야기가 실려 있어 기원전 2000년 훨씬 이전으로 거슬러 올라간다. 포도葡萄란 말은 이란어 Budaw를 음역한 것으로 중국 한나라 무제 때 장건이 서역에서 가져와 재배하게 되었다고 한다. 우리나라에는 고려시대에 들여온 것으로 추정되는데 충렬왕 11년에 원제가 고려왕에게 포도주를 보내왔다고 〈고려사〉에 기록되어 있고 이색의 〈목은집〉, 이숭인의 〈강은집〉에도 포도가 기술되어 있다.

허준의 〈동의보감〉에는 포도, 포도뿌리, 포도주에 대해 이렇게 기록하고 있다.

1. 포도. 성질이 평하고 맛은 달고 시며 독이 없다. 습비濕痺와 임병을 치료하고 오줌이 잘 나가게 하며 기를 돕는다. 따 두었다가 마마 때 구슬이 돋지 않는 데 쓰면 매우 효과적이나 많이 먹으면 눈이 어두워진다.

2. 포도뿌리. 달여 마시면 구역질과 딸꾹질이 멎는다. 임신 중 태기가 명치를 치밀 때 마시면 곧 내려간다. 오줌을 잘 나가게 한다.

3. 포도주. 얼굴빛이 좋아지게 하고 신장을 따뜻하게 한다.

포도는 피로회복과 해독작용에 특효가 있는 천연물질이다. 포도는 당질이 주성분인데, 포도에 들어있는 포도당과 과당은 소화를 촉진하고 피로회복에 도움을 준다. 포도에는 주석산과 사과산이 05-1.5%, 펩틴이 0.3-1%, 비타민B복합체, 탄닌 등이 들어있어서 장의 활동을 돕고 해독작용을 하여 변비에 특히 좋다.

특별히 포도의 영양은 껍질과 씨앗에 몰려 있다. 껍질에 들어있는 레스베라트롤resveratrol은 항산화작용, 항암작용, 항염증작용으로 질병을 예방하는 효과가 크다. 이 성분은 콜레스테롤을 저하시켜 심혈관 질환 예방에도 도움을 준다. 포도씨에는 OPCOligomeric Proanthocyanidin라는 폴리페놀 성분이 있어 비타민E의 50배가 되는 강한 항산화효과를 나타내고, 혈소판이 서로 엉기는 것을 막아 모세혈관을 튼튼하게 해 줌으로써 심장병도 예방한다.

최근 러시아의 한 연구팀에서는 45세 이상 중년 여성들에게 포도

껍질과 씨 추출물을 섭취하게 한 결과, 2시간 만에 세포내 콜레스테롤 농도가 최고 700% 감소함을 입증한 바 있다.

프랑스인은 흡연, 비만, 고혈압 유병률이 미국, 영국 등 다른 서방들과 별 차이가 없는데도 심장병에 의한 사망률은 두 세 배 이상 낮은 것으로 알려져 있다. 1989년 WHO의 조사에 의해 채소, 과일 및 올리브오일 등의 지중해식 식사법과 하루 200ml 이상 마시는 포도주가 그 비결로 밝혀졌다. 즉 '프렌치 패러독스'의 요체인데 포도주에 든 폴리페놀화합물이 심장병을 예방한다는 것이다. 폴리페놀은 체내 유해산소를 제거하는 항산화물질로 심장병 외에 노화, 암, 동맥경화 방지에도 유효하다. 이 물질은 포도껍질 쪽에 몰려있어 포도껍질째 숙성 발효시키는 와인이 생포도 대신 베스트 푸드로 각광받고 있는 것도 다 이 때문이다.

포도의 항산화능력을 비교해 보면 백포도주보다는 적포도주가, 적포도주보다는 포도원액 주스가 더 높다. 하지만 포도주의 일일 권장량은 20-50ml로서 반 잔 이하의 분량이 적당하다. 적포도주는 편두통을 일으킬 수 있고, 효모나 세균의 발육을 억제하기 위해 포도주에 사용하는 이산화황이 잔류할 경우 천식을 유발할 수도 있다. 과음하면 일반 술과 같은 폐해를 부르니 이래저래 권장량 범위 내에서 즐기는 것이 좋겠다.

생포도 역시 잘못 먹으면 독이 된다. 위장병, 궤양이 있는 사람은 포도껍질이 부담을 줄 수 있으므로 삼가는 것이 좋다. 또한 포도송이에는 백색가루가 덮여있는데 농약으로 오인하여 닦아낼 필요가 없다. 이 가루가 누룩 역할을 하여 잘 발효되도록 돕기 때문이다.

오늘 저녁에는 연어 안주를 곁들인 포도주 한 잔 하심이 어떠신지.

한과

제75호 지리적표시 농산물 - 강릉 한과

강원도 강릉에서 자라던 어린 시절,
어머니를 따라 절에 가면
비구니 스님이 손에 한과를 쥐어 주셨어요.
너무 맛있어서 '이것만 먹고 살았으면 소원이 없겠다'고 했지요.

어릴 때의 그 맛을 되살려 전통한과 사업으로 성공을 거둔 교동한
과 대표 심영숙씨의 말이다. 한과韓菓는 서양과자와 구별되는 한국의
전통 과자로서 주로 곡물 가루나 과일, 식용 식물의 뿌리나 잎을 꿀,
엿, 설탕 등으로 달콤하게 만든 것을 말한다.

한과를 만들기 시작한 시기는 정확히 알 수 없으나 〈삼국유사〉가
락국기에 제사 음식으로 菓과자를 쓴다는 기록이 있어 삼국시대 이전
으로 거슬러 올라간다. 신라 신문왕 3년683년 왕비를 맞이할 때 신부
집으로 보내는 예물 중에 꿀이 포함되어 있어 한과를 만들어 먹었을

것으로 추정하고 있으나 문헌에 의해 확인되는 것은 고려 시대부터이다. 한과는 본래 불교의 소찬素饌:고기나 생선이 없는 반찬에서 발달한 것이다. 불교 전성기인 고려 시대 때 곡물 생산을 늘리고 육식을 기피하게 되면서 제사에 올리는 중요한 음식으로 한과가 자리매김하게 되었으며 일반 잔치에까지 오르게 되었다. 이때 만들어진 유밀과는 중국에까지 알려져 '고려병'으로 인기가 높았다. 조선 시대에 한과는 왕실과 귀족들의 각종 잔칫상 필수 음식이었고 손님들을 위한 다과상에도 사용되었다.

한반도 여기저기에서 지역특색을 살린 한과들이 많이 만들어졌는데 한과의 본고장으로 100년 이상의 긴 역사를 가지고 있는 강릉한과는 타 지역의 한과에 비해 입안에 감기는 맛이 부드러우면서 바삭하고 달면서 고소해 한과로서는 국내 처음으로 지리적 표시 농산물로 지정되었다.

한과의 바탕을 만드는 찹쌀을 깨끗이 씻은 후 약 25일 정도 전분을 분해시키는 침지과정을 거친다. 물 위에 허연 골마지가 끼면 찹쌀을 여러 번 헹궈서 빻는다. 체에 내린 고운 찹쌀가루를 반죽해서 스팀 중숙을 시켜 찜통에 쪄낸다. 이렇게 쪄낸 덩어리를 방망이를 이용해 꽈리가 일도록 힘껏 친 다음 바탕작업에 들어간다. 얇고 판판하게 밀어 사방 10cm 정도로 자른 바탕은 다시 건조와 숙성과정을 거쳐 기름에 튀겨진다. 4배가량 부풀려진 바탕은 절단작업을 통해 반듯한 모양으로 변신한 후 조청맥아엿을 묻히고 소를 입힌 다음 포장이 되어 완제품으로 탄생한다. 침지에서 포장작업에 이르기까지 14개의 수작업 공정을 거쳐야만 비로소 강릉한과가 만들어지는 것이다.

우리나라의 전통 한과菓䭏는 만드는 법에 따라 기름에 지지는 한과, 기름에 튀기는 한과, 판에 찍어내는 한과, 조리는 한과, 엿에 버무리는 한과 등으로 나뉜다.

1. **강정.** 강정은 한과 중에 으뜸이다. 옛날에는 혼인 잔치를 치른 신랑 신부 집에서 돌아가는 상객에게 이바지음식으로 강정을 가득 담아 보냈다. 서로간의 음식솜씨와 정성을 담아 보낸 것이다. 강정은 고려 시대부터 널리 퍼진 것으로 추정된다. 강정의 원 재료는 찹쌀이며 고물로는 튀밥, 깨, 나락 튀긴 것, 잣가루, 계피가루 등이 쓰인다. 만드는 모양이나 고물에 따라 네모난 것을 산자라 하고 튀밥을 고물로 묻히면 튀밥산자나 튀밥강정이 되고 밥풀을 부셔서 고운 가루로 묻히면 세반산자 또는 세반강정이 된다. 누에고치처럼 둥글게 만들면 손가락강정, 바탕 부서진 것을 튀겨 모아서 모지게 만든 것은 빙사과, 나락 튀긴 것을 붙인 것은 매화강정이라 한다.

2. **유밀과.** 밀가루를 주재료로 기름과 꿀을 반죽하여 튀긴 과자를 말한다. 옛날에는 기름에 튀겨낸 밀가루 과자는 매우 특별한 음식이었다. 나라 안의 꿀과 참기름이 동이 날 만큼 고려 시대에 성행하여 국빈을 대접하는 연향 때에는 유밀과의 숫자를 제한하였다고 한다. 유밀과 중에서도 널리 알려진 것이 약과이다. 불교의 전성기이던 고려 시대에는 살생을 금하여 생선이나 고기 대신 유밀과가 중요한 제

사 음식이 되었다. 흔히 고배상에는 대약과를 놓고 반과상이나 다과상에는 다식과와 매작과와 약과를 쓰며 웃기로는 만두과를 얹는다.

3. **숙실과**. 숙실과는 이름 그대로 실과를 날로 안 쓰고 익혀 만든 과자이다. 밤이나 대추를 제 모양대로 꿀에 넣어 조린 밤초와 대추초가 있고, 실과를 삶거나 쪄서 으깬 후 다시 제 모양으로 빚어 만드는 밤이 재료인 율란, 대추가 재료인 조란, 생강이 재료인 생란 등이 있다. 곶감쌈도 숙실과의 일종이다. 밤초와 대추초는 쌍둥이처럼 둘을 함께 만들어 한 그릇에 담아내며 율란, 조란, 생란도 손이 좀 많이 가긴 해도 함께 담아내는 것이 보기에 좋다.

4. **과편**. 과편은 과일을 이용해서 묵 쑤듯이 만드는 서양 젤리와 비슷한 과자이다. 과일 중에 신맛이 들어 있는 딸기나 앵두, 살구, 산사 중 과육이 부드럽고 맛이 시며 빛깔이 고운 것을 주로 쓴다. 사과나 배, 복숭아는 빛깔이 변하므로 쓰지 않는다.

5. **다식**. 다식은 깨, 콩^{백태}, 찹쌀, 송화, 녹두, 녹말 등을 가루 내어 꿀로 반죽한 다음 틀에 찍어 낸 과자이다. 녹차와 곁들여 먹으면 차 맛을 한층 더 높여 준다. 〈삼국유사〉에 제사 때 차를 쓴다는 기록이 나온다. 중국 송나라에서 고려에 예물로 보낸 차를 시초로 해서 이를 즐기게 되었다고 하는데 용단이라 하는 떡차에 물을 부어 마셨다. 이때의 찻가루가 다른 곡식 가루를 뭉친 형태로 바뀐 것이 지금의 다식으로 추정된다. 다식을 찍어 내는 모양틀은 문양이 퍽 다양하다. 수복강령, 인간의 복을 비는 글귀를 비롯해서 꽃무늬, 수레바퀴 모양, 완자무늬에 이르기까지 모양새가 정교하여 그 당시의 예술성을 엿볼

수 있게 한다.

6. **정과.** 정과는 식물의 뿌리나 열매를 꿀이나 물엿으로 쫄깃하고 달짝지근하게 조린 것으로 전과라고도 한다. 보통 다과상에도 오르지만 제수 때에는 제기에 괴어 담고 잔치 때에는 평접시에 괴어 담는다. 고종 때 궁중 진연을 기록한 의궤를 보면 정과 한 그릇의 재료와 분량이 잘 적혀 있다. 연근과 산사자 각 두 되, 생강 일곱 근, 질경 스무 단, 모과 열 개와 그 밖에 청매당^{매화나무 열매를 설탕에 조린 것} 한 봉, 당행인 ^{중국산 살구씨} 반 봉, 동아^{박과에 속하는 만초} 다섯 편, 청밀 한 말 일곱 되가 쓰였다.

달콤한 맛에 손이 절로 가는 한과의 영양학적 평가는 그리 후하지 않다. 그러나 단백질이 풍부하고 소화기능이 뛰어난 찹쌀을 주원료로, 고물로 쓰이는 참깨와 차조, 흑미 등의 종실류는 단백질과 필수지방산이 풍부할 뿐 아니라 비타민B군과 무기질의 공급원으로 손색이 없다. 대대로 이어져 온 우리 할머니와 어머니의 손맛이 묻어있는 한과를 맛 볼 기대로 다가오는 한가위 명절이 기다려진다.

홍주 紅酒

제26호 지리적표시 농산물 - 진도 홍주

어떤 때는 일곱 되가 못 되게 나오기도 허고
어떤 때는 일곱 되가 넘기도 허고, 헐 때마다 다 달러.
맛을 봐감서 타진 듯한 냇내가 나는가 봐야 허고
맛을 보고 술을 더 내려야 헐지 말아야 헐지도 결정허제.
허지만 어떤 때건 말간 홍색을 띄지 않으믄 안되제.

　　진도 홍주 기능보유자인 허화자 할머니의 설명처럼 청주 두 말에
서 만들어지는 홍주는 고작 일곱 되나 일곱 되 반에 불과하다. 하루
종일 불과 씨름하며 소줏고리에서 얻는 양은 홍주 서너 되 정도. 하지
만 홍주를 빚는 할머니의 방법은 의외로 간단하다. 쌀과 누룩으로 청
주를 만들고 청주를 소줏거리에 넣어 내리면 된다. 이때 누룩은 보리
누룩을, 쌀은 멥쌀을 주로 쓰는데 그는 보리누룩을 손수 딛어 방에서
고이 말린다. 발효실은 따로 두지 않아서 온두가 맞는 봄과 가을에만
홍주를 빚는 것이 그만의 방식이다.

홍주의 붉은 빛은 지초芝草에서 나온다. 소주가 내려지는 항아리의 입구에 지초를 썰어 넣은 삼베주머니를 넣어두면 지초에서 핏물처럼 선명한 선홍색이 우려져 나오는 것이다. 지초는 지치과에 속하는 다년생 초본으로서 동아시아 지역에 주로 분포한다. 1950년대까지만 해도 이곳 진도에서 흔히 볼 수 있었으나 산림이 황폐해지고 불법 채취가 성행했던 탓에 지금은 전국적으로 멸종 위기에 처해있다. 진도 홍주에 쓰이는 지초도 제천, 금산 등 내륙에서 재배한 것들이 대부분이다.

이곳의 진돗개가 세계적인 명견 반열에 오르게 된 것은 진도가 섬이었기에 가능했다. 1984년 진도대교가 놓이기 전까지만 해도 누구와도 섞이지 않은 순종純種을 유지하였고 이러한 순종의 문화가 자연스레 이곳만의 독특한 민요, 서화, 술로 대변되는 '진도 3가락'을 탄생시켰다. 진도 3가락의 으뜸은 단연 진도 홍주다. 선홍색의 붉은 빛에 40도를 능가하는 강한 맛은 알코올 도수가 높은 술 대부분이 추운 지방에서 유래한 것과는 달리 습하고 따뜻한 남쪽 섬에서 빚어진 점이 특이하다.

증류주인 진도 홍주는 고려 때 원나라에서 들여 온 소주에서 그 근원을 찾을 수 있다. 당시 삼별초를 토벌하러 온 몽고인들이 그 비법을 전했다고도 하고 연산군 때 이주李胄가 유배 오면서 전래하였다고도 한다. 가장 유력한 설은 세조 때 이시애의 난을 평정했던 허종許琮의 부인인 청주 한씨가 홍주의 비법을 알고 있었는데 9대 성종 때 윤비를 폐출하려는 어전회의에 참석하려던 남편에게 독한 홍주를 마시게 해 회의에 불참시켰고 그 뒤 윤비 소생인 연산군이 일으킨 갑자사화에서 화를 면하도록 일러주어T다는 일화가 전해오고 있다. 이후 부인 한씨의 후손 중 한 사람인 허대許岱 집안이 홍주의 비법을 전수받아 지금의 진도 지방에 정착시켰다는 것이다. 당시 술을 빚을 때 사용하던 고조리소줏거리가 양천 허씨 문중에서 대대로 전해져 11대 손인 허화자 할머니에게까지 계승 보전되고 있다.

진도 홍주는 토산명주 중의 명주로 사랑을 받아왔다. 7재七材, 즉 좋은 물, 좋은 쌀, 좋은 누룩, 좋은 질그릇, 지극정성, 불의 온도에 좋은 지초까지 어우러져야만 제 맛을 낸다. 주재료인 지초는 한방에서 건위, 강장, 해독, 청열, 화상, 동상, 습진, 황달 등의 약재로 사용되고 있으며 항균이나 항염 작용이 있는 것으로 보고되고 있다. 민간에서도 오래 묵은 지초는 산삼에 버금가는 신비로운 약초로 인식되어 있다. 지초의 주성분은 시코닌, 프락토올리고당, 알칼이드, 이노시트, 루틴 등인데 이 중 시코닌은 항암, 항염. 항산화 효과가 있으며 프락토올리고당은 항산화, 충치예방효과, 비만 및 당뇨예방, 칼슘흡수 촉진, 면역증강 효과, 콜레스테롤 저하효과 등 다양한 생리활성작용을 나타낸다. 최근 경희대 동서의학대학원의 한 임상연구에서는 지초 추출물에서 항당뇨 기능강화의 가능성을 발견하였다.

흔히 주당들은 1 3 5 7 9 식으로 홀수 배를 해야 한다는데 한 잔은 고배苦杯로 애송이 술이고 두 잔은 단배單杯로 단순한 술꾼들의 술이며 석 잔은 품배品杯로서 품위 있는 선비들의 술이라 부른다. 하지만 넉

잔 술은 효배^{爻杯}라 하여 잔소리가 많아지므로 한 잔 술로도 깔끔하게 가슴이 탁 트이게 하려면 진도 홍주만한 게 없다는 것이다.

홍주 칵테일로는 사이다에 배합하는 방식과 맥주에 배합하는 방식이 있다. 잔에 사이다 1/2가량을 먼저 따른 뒤 잔을 기울여 천천히 홍주 1/2를 채우는 일명 한마음주가 있다. 처음 만나는 사람끼리 마음의 문을 연다는 뜻으로 건배주로 즐겨 마신다. 사이다 2/3을 먼저 따르고 홍주 1/3을 천천히 채워 마시는 일명 반지주는 홍주가 반지 모양으로 떠 있어서 여성들에게 인기가 높으며 잠자기 전 러브샷으로 제격이다. 맥주 3/4를 먼저 따른 잔에 홍주 1/4를 채우는 일명 일출주는 해돋이 때 태양이 바다에서 일러이는 모습과 흡사하고 뒤끝이 깨끗하여 부드러운 폭탄주로 불린다.

진도 홍주의 원료인 지초는 여러 다당류의 효능에 의해 소화를 도우므로 육류, 생선 등 안주를 가리지 않고 술맛을 돋운다. 특별히 진도 사람들이 추천하는 궁합음식 5선을 볼라치면 진도 연근해에서 잡히는 숭어 어란과 호두튀김, 아연이 풍부한 굴튀김, 진도 대파를 이용한 대파말이, 진도 구기자로 맛을 낸 갈비찜, 바다의 불로초로 불리는 전복탕 등을 꼽을 수 있다.

최근 진도군은 홍주를 거르고 난 뒤 생기는 홍주 주정박을 사료로 먹인 홍우^{紅牛}, 홍돈^{紅豚}을 브랜드화하고 있다. 고품질 청정 축산물인 홍돈갈비찜을 안주 삼아 최고의 전통 민속주인 진도 홍주를 드시고 싶으신 분은 진도 쌍정리의 파란 대문집을 찾으시라. 홍주 명인 욕쟁이 할머니가 여러분을 반겨줄 것이다.

황기

제27호 지리적표시 농산물 - 정선 황기

黃耆甘溫收汗表
托瘡生肌虛莫少
황기는 맛이 달고 성질은 따뜻한데 표를 굳게 해 땀을 멎게 한다.
새 살을 빨리 돋게 하고 헌데 잘 낫게 하니 허하면 많이 사용하자

황도연이 쓴 〈방약합편〉에서는 황기를 위와 같이 서술하고 있다. 약초로 이름난 황기는 콩과의 여러해살이풀인 황기黃耆의 뿌리로서 백본, 단너삼, 독지, 황계라고도 불린다. 뿌리가 매우 길고 땅 속 깊이 박혀있을 뿐만 아니라 구멍이 숭숭 뚫려있어 속이 성글며 잔가지가 거의 없어서 캐낼 때 호미를 사용하지 않고 그냥 힘을 주어 뽑아낸다. 이런 연유로 옛사람들은 황기가 깊은 곳에 처져있는 기운을 끌어 올리고 그 성질이 쭉쭉 뻗어나간다고 믿었다. 4-5월에 파종하는데 줄기는 곧게 90-150cm 정도 자라며 꽃은 7-8월에 나비 모양의 엷은 노란

꽃이 핀다. 늦가을인 11월 중순경에 채취하여 껍질을 벗긴 후 햇볕에 말려 한약재로 주로 쓴다.

막협황기와 몽고황기 두 종류가 있으며 우리나라를 포함해 중국, 일본 등 동북아시아 지역이 원산지이며 우리나라에는 막협황기가 한반도 전역에 분포되어 있다. 주로 강원, 경북, 함경도의 고산지대에 분포하여 자생하는데 강원도 정선군이 제27호 지리적표시제 상품으로 이를 등록하였다. 물빠짐이 좋은 석회암 점토질에서 재배되어 재질이 단단하고 저장성이 좋으며 밤낮의 기온차가 큰 해발 300미터 이상 고랭지에서 생산되어 다른 지역의 제품보다 약효가 뛰어난 것이 특징이다.

황기의 효능은 중국 한나라 이전부터 임상에 널리 사용되었는데, 당시 문헌인 〈오십이병방〉에는 황기에 작약, 건강 등을 배합해 뼈나 살이 썩는 병을 고쳤다고 기록되어 있다. 한약재를 최초로 소개한 〈신농본초경〉에도 황기를 상품上品의 약으로 분류하고 있다. 즉 황기는 독이 없기 때문에 아무리 많이 오래 먹어도 사람을 상하게 하지 않고 오히려 먹을수록 몸이 가벼워지고 기운이 생기며 늙지 않고 오래 살게 해 준다는 것이다. 〈본초구진〉에서도 '황기는 폐에 들어가 기를 보하고 몸의 표피로 들어가서 방어력을 증진시킨다. 기를 보하는 약재 중 으뜸은 황기'라고 기술하고 있다. 누런색의 황黃 자에 어른 스승을 뜻하는 기耆 자를 붙여 보약의 우두머리라고 〈본초강목〉은 해설을 달고 있다.

황기의 일반 성분은 당류, 배당체, 플라보노이드, 아미노산, 콜린, 섬유질 등인데 약효를 나타내는 주성분은 포르모노네틴, 아스트라 이소플라본, 아스트라 프테로카르판, 베타시토스테롤 등이 있다.

황기는 기를 보하는 대표적인 한방재료이다. 한의학의 기를 보하는 약재들은 질병에 대항하여 방어력을 높이는 것을 목적으로 신체적 반응을 강화시키는 효능이 있다. 인삼, 황기, 녹용 등 대표적인 보익 약재 중 황기는 인체의 외부를 강화하여 땀을 그치게 하고 배뇨를 촉진하며 부종을 줄인다. 특히 당뇨성 궤양의 회복을 돕고 산후 또는 심각한 출혈 후 기력과 혈액을 보충하는데 도움을 주는 등 소모성 증후군의 치료를 위해 널리 사용되고 있다.

황기의 주요 효능을 정리해 보면,

첫째, 꾸준히 복용하면 체질을 보강시켜주고 두뇌활동을 활발하게 하여 정신안정 효과가 있다.

둘째, 장기간 설사가 멎지 않고 계속 나올 경우 황기로 설사를 치료할 수 있다.

셋째, 평소 감기에 잘 걸리거나 각종 질병에 쉽게 노출되는 경우 황기를 드시면 면역력이 향상된다.

넷째, 생리 때마다 월경이 과다하거나 자궁에 출혈이 자주 있는 여성은 황기를 드시면 좋다.

다섯째, 땀을 많이 흘리는 경우 기가 밖으로 빠져 나가지 않게 해주고 땀을 그치게 한다.

어섯째, 평소 소화가 잘 되지 않거나 호흡기가 약하신 분들에게 허약 증세를 개선시켜 주는 효과가 있다.

일곱째, 황기를 달인 물을 자주 음용하면 이뇨효과가 있고 체내 나트륨을 배출하는 효과가 있다.

황기와 잘 어울리는 음식으로 단연 삼계탕을 꼽는다. 여름 보양식으로 으뜸인 삼계탕은 잘게 썬 황기를 약천에 싸서 토종닭의 배 안에 넣어 끓이는 황기백숙이 최고의 보신이었다. 황기는 여름철 땀을 많이 흘리는 사람에게 좋은 약재로 피부 장벽 기능을 강화한다. 귀신을 물리치는 닭의 영험에다 몸을 강화하는 인삼까지 더해지니 이보다 더한 보양식이 어디 있었으랴.

민간에서는 황기를 달여 차로 마신다. 차를 만드는 법은 황기를 썰어 꿀물에 담갔다가 볶아서 하루에 12g씩 물 2-3컵을 넣고 반으로 줄어들 때까지 달이면 OK. 이를 하루에 수차례 나누어 마시면 땀이 많은 사람은 땀이 달아날 뿐더러 식은땀을 흘리는 어린이에게도 큰 도움을 준다. 황기차는 혈액순환이 잘 안 되고 잘 체하며 쉽게 지치는 사람에게 좋고, 비만인 사람에게도 좋다.

하지만 황기차를 삼가야 하는 체질도 있다. 소화기능이 강한 사람은 체중조절을 할 때 황기차를 마시면 안 된다. 소화기능이 활발한 사람은 대개 태음인이나 소양인인데, 이런 사람들이 황기차를 마시면 식욕이 심할 정도로 왕성해져 오히려 비만을 부추길 수 있기 때문이다. 이럴 땐 율무차나 대황차를 마시는 게 좋다. 또한 몸 자체에 열이 많은 사람에게도 황기차는 좋지 않다고 하니 유의해야 한다.

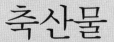

축산물

/ 돼지고기 / 한우 /

돼지고기

제18호 지리적표시 농축산물 - 제주 돼지고기

제주 와시믄 혼번 먹어봅써
쫀득허곡 돌코롬허멍 입에 착 돌라붙는 맛이 하여 좋수다.
혼저 먹어봅서양~

"제주에 왔으면 한 번 드셔보세요. 쫄깃하고 달콤하면서도 입에 착 달라붙는 맛이 정말 일품입니다. 어서 드셔보세요~" 제주 사람들은 외지인에게 돼지족발 아강발을 이렇게 소개한다. 아강발은 돼지족발 중에서도 발목 아래 발 부분을 가리키는 제주도 방언이다. 보기에는 볼 품 없어 보이지만 특유의 맛과 뛰어난 영양으로 이곳 제일의 토속 음식으로 손꼽힌다.

아강발은 삶는 것부터가 여간 어려운 게 아니다. 하루 종일 물에 담가 두었다가 각종 약초들을 넣고 두 번 이상 삶아내는데, 이렇게 하는 것은 돼지고기 특유의 냄새를 없애고 깔끔한 맛이 우러나게 하고 자 함이다. 두 번째 삶을 때는 2시간 이상 푹 삶는다.

아강발은 일반적으로 삶아 조린 건더기 음식으로 알려져 있지만 제주 사람들은 우려낸 뽀얀 육수를 국으로 즐겼는데 임산부에게 적극 권장되었다. 실제 아강발은 단백질과 젤라틴 성분이 풍부하여 혈색이 좋아지고 피부미용과 노화방지에 탁월한 효과가 있다. 여기에 다 모유 분비를 촉진하는 작용까지 있으니 산모에게 최고의 보양식일 수밖에.

제주 돼지고기는 2007년 횡성 한우에 바로 이어 농축산물 지리적 표시 상품으로 등록되었다. 품종이 대부분 통일되어 있는데다 무공해 사육방법으로 지리적 특성을 인정받은 것이다. 매년 5월 이곳 제주에서는 도새기축제가 열린다. 지난 99년 세계 공인 돼지전염병 청정지역으로 선포된 데 이어 2001년 5월에는 세계 최초로 구제역 청정지역으로 승인되자 2003년 도민들이 이를 널리 알리자며 산업축제를 연 것이 계기가 되었다.

그렇다면 언제부터 이곳 제주에 돼지가 사육되기 시작했을까. 13세기 고려시대 때 원나라 지배를 받으면서 육식을 즐기는 몽고 군사들에게 먹일 양식으로 말, 소 등 다른 가축들과 함께 들여 온 것이 시초로 알려져 있다. 흑돼지로 불리는 흑색 소형종이 주종을 이뤘는데 1984년 전국 소년체전 때 대대적인 변소개량사업을 벌이기 전만 해도 농가에서 화장실 청소부 역할을 하여 '똥돼지'라는 별명을 얻기도 했다. 1960년 성이시돌목장에서 외국산 개량돼지가 처음 수입되어 대량 사육되면서 흑돼지 개체수가 크게 줄었으나 그 인기는 지금도 여전하다. 대부분이 개량종인 제주산 돼지 사육수는 지금도 전국 4%를 웃돌며 감귤에 이어 조수입 2위를 차지, 이곳 농가 수입의 큰 몫을 차지하고 있다.

제주 돼지고기의 가장 큰 경쟁력은 뭐니뭐니해도 무공해 청정 이미지이다. 그러나 맛과 영양이 더해지지 않으면 그 명성을 이어갈 순 없다. 제주 도새기는 육질이 우수하고 적절한 지방층으로 인해 우리 입맛에 가장 잘 어울린다고 평가받는다. 부산 경성대 식품연구실의 연구 결과, 제주산 돼지고기는 단백 아미노산 함량은 높은 반면 지방과 열량은 낮았고 몸에 나쁜 포화지방산 대신 불포화자방산의 함량이 높았다. 특히 우리 몸에 꼭 필요한 필수지방산인 오메가3와 고기맛을 내는 올레인산 함량이 높았다. 실제로 육질 상위등급 비율이 전국 평균보다 4%나 높게 나타나 국내 최고의 품질임을 입증했다.

일반적으로 돼지고기의 조성은 수분 55-70%, 단백질 14-20%, 지방 3.5-30%, 탄수화물 0.2-0.5%로서 수분과 지방 함량은 반비례하고 비육(肥肉)의 정도에 따라 지방 함량의 변동폭이 크다. 리놀렌산, 아라키돈산과 같은 불포화지방산이 쇠고기, 양고기보다 많고 필수 아미노산이 균형 있게 함유된 뛰어난 단백공급원이다. 티아민, 리보플라빈, 판토텐산, 엽산, 피리독신 외 비타민 B군 공급원으로 훌륭한 반면, 상대적으로 비타민 A, C, D, E, K와 칼슘 함량은 매우 적은 편이다.

부위별로 살펴보면 안심은 연하고 지방질이 거의 없는 반면 등심필레은 살코기 속에 지방 성분이 많다. 엉덩이, 넓적다리살은 지방질이 거의 없는 근육이므로 살코기로 사용하기에 적당하고 어깨살은 근육 사이에 지방이 있고 섬유질이 거칠어 오래 삶아야 제 맛이 난다. 삼겹살뱃살은 살코기와 지방층이 교대로 층을 이루어 깊은 맛이 나고, 갈비는 지방층이 두텁고 살코기가 연해 가장 맛이 좋은 부위이다.

앞서 소개한 돼지족발은 관절, 연골, 힘줄, 피부 등 여러 인체조직을 이루는 젤라틴 성분의 보고寶庫이다. 체내 합성이 되지 않는 젤라틴은 외부에서 직접 섭취해야 하는데 돼지족발의 껍질과 힘줄이 몽땅 이 성분으로 이루어져 있기 때문이다.

기름진 돼지고기를 먹을 때 새우젓은 찰쌀궁합이다. 잘 발효된 새우젓에는 단백분해효소인 프로테아제와 지방분해효소인 리파아제가 듬뿍 들어 있어서 고단백 고지방의 돼지고기가 제대로 소화되도록 도와주는 역할을 담당한다. 또한 중금속 오염에 노출된 현장 근로자들은 돼지고기를 자주 먹는 게 좋다. 돼지고기 요리는 중금속 등 체내 독소를 제거해 주기 때문이다.

반면 돼지고기는 쉽게 상하는 성질이 있다. 상한 고기는 비브리오균의 온상이 되어 식중독을 일으키므로 오래 보존하려면 반드시 냉동 보관하도록 한다. 냉장할 경우에는 고기에 샐러드나 마요네즈를 발라 밀폐용기에 넣어두면 4, 5일 정도는 끄떡없다. 질긴 고기를 요리할 땐 식초 물에 씻어서 1시간가량 두었다가 사용하면 연해진다.

글을 쓰다 보니 삼겹살에 쐬주 한 잔 생각이 간절하다. 오늘 저녁에는 제주산 오겹살을 끊어가야겠다. 그러고 보니 여럿이 둘러앉아 구워먹는 삼겹살은 단순한 식품이 아니라 가족과 친구, 직장동료 간에 사랑과 애환을 함께 나눌 수 있는 매개음식이란 생각이 든다. 누구든 제주 여행을 간다면 신제주 그랜드호텔 뒷골목에 있는 순화국수집을 찾아가 보시라. 아강발이란 또 다른 매개음식이 여러분을 기다리고 있을테니.

한우

제17호 지리적표시 농축산물 - 횡성 한우고기
제51호 지리적표시 농축산물 - 홍천 한우
제57호 지리적표시 농축산물 - 함평 한우
제80호 지리적표시 농축산물 - 영광 한우
제83호 지리적표시 농축산물 - 고흥 한우

나 다시 태어나면 나 다시 소가 될래
백두산 바람 속을 씽씽 달리는 소가 될래
빛나는 뿔 나쁜 것들은 얼씬도 못할 거야
고운 노래나 되새김질하며 살아야지 ...(중략)
그대 두고 간 소 한 마리,
오늘도 저무는 하늘을 보며 다음 세상을 꿈꾼다.

화가 이중섭의 〈소〉 작품을 앞에 두고 시인 백창우는 이렇게 읊조
렸다. 어진 소의 눈을 통해 다음 세상을 꿈꾸고자 한 시인의 바램과는
달리 미친 소 때문에 세상이 여간 시끄러운 게 아니다. 2012년 한미
간 자유무역협정이 발효되자마자 또 광우병 소동이 불거졌다. 진상
조사단이 미국을 다녀왔지만 불안하긴 마찬가지여서 미국산 수입 소
에 문제가 생길 때마다 애꿎은 한우에 불똥이 튄다. 온 국민이 안심할
수 있는 확실한 대책을 마련하여 하루 빨리 평온을 되찾길 바란다.

한우는 우리나라에서 사육되고 있는 재래종 소를 총칭하는 말이

다. 원종原種은 유럽계 원우인 Bos taurus가 중국 북부와 만주를 거쳐 한반도로 들어와 신석기 말엽인 약 4천 년 전부터 농경용으로 사육되기 시작한 것으로 추정된다. 김해 패총에서 2천 년 전의 것으로 보이는 소의 무덤이 발견된 점으로 미루어 짐작컨대 한반도 전역에서 사육되었고 삼한 시대 때부터 농용農用, 승용乘用, 식용食用으로 두루 쓰여졌으며 고구려 평원왕 때에는 조정에 유우소乳牛所를 설치, 왕실에 필요한 우유를 공급하기도 했다.

강원 횡성 한우는 우리나라 축산물 최초로 지리적표시 등록을 받았다. 1970년대 육우사업을 시작하여 90년대 한우개량단지 및 유통센터가 설립되면서 그 명성이 더해졌다. 횡성은 오염이 거의 없는 사육환경과 목초 및 산야초, 볏짚 등 사료가 풍부해 1등급 한우를 생산하는 최적의 조건을 갖추고 있다. 이후 인근의 홍천에 이어 전라도 함평, 영광, 고흥 지역이 등록을 마쳐 수입 소에 맞서 5대 천왕이 한우대첩을 벌일 추임새다.

1등급 고급육은 좋은 풍미와 질감을 갖춘 우수한 쇠고기를 일컫는다. 고급육을 생산해 내기 위해서는 성장단계별 사육관리가 필수적인데 생후 4-6개월령 무렵에 거세 시술한 숫송아지를 육성기 때 양질의 자급사료로 사육하여 골격과 소화기관을 발달시키고 비육기에는 배합사료를 먹여 근육을 발달시키며 비육후기에는 고열량사료를 이용하여 근내 지방도를 높여 마침내 생후 28-30개월령 650kg 이상 무게에 이르러서야 도축한다. 이를 4-6일간 숙성 처리하여 냉장 판매하는 것이 1등급 한우이다.

그러다보니 육즙이 풍부한 한우는 감칠맛이 나고 씹은 후의 뒷맛이 담백하다. 건강에 좋은 불포화지방산의 비율이 높아서 기열 후에도 부드러운 육질을 유지하고 곡류에서 부족하기 쉬운 필수아미노산을 충분히 보충할 수 있으며 맛을 결정하는 다량의 글루타민산이 맛을 돋운다. 일본의 육우 전문가들도 자기 나라 최고의 고베 비프에 견줄 정도로 우리 한우의 우수성을 인정한다.

쇠고기는 2/3을 차지하는 수분을 제외하곤 그야말로 단백질 덩어리라 해도 과언이 아니다. 전체의 20% 정도를 차지하는 소고기 단백질의 아미노산은 인간의 몸을 구성하는 아미노산 조성과 너무도 흡사하여 완전 단백질로 불린다. 인간의 몸은 성장과 유지를 위해 끊임없이 20여 가지 단백 아미노산을 섭취해야 하는데 소고기의 아미노산 종류도 정확히 20가지이고 이 중 9가지는 꼭 섭취해야 하는 필수 아미노산이다.

필수 아미노산은 체내에서 합성하지 못하므로 반드시 외부로부터 섭취해야 한다. 쌀이나 밀 등 곡류에는 라이신Lysine이라는 필수 아미노산이 없고 다른 식물성 식품들에서도 한 가지 이상 필수 아미노산이 부족한 것으로 밝혀져 쇠고기 등 육류를 무작정 기피할 경우 지혈압과 빈혈, 손톱이나 머리카락 손상, 피부주름 형성, 소화기능 저하 등 다양한 단백질 결핍 증세가 나타나게 된다.

한국인 성인의 1일 단백질 권장량은 체중 1kg당 1.13g으로서 성인

남자에 75g, 성인 여자에는 60g 정도를 권장하고 있다. 어린이는 성장 발육과 새로운 조직 형성을 위해 보다 많은 단백질이 요구된다. 3세 어린이인 경우 kg당 성인의 2배가 필요하고 임신이나 수유기 여성에도 15-30g이 추가로 요구된다. 그러니 광우병 촛불 집회에 나서더라도 고단백 고기 음식을 충분히 섭취하고 나서야 한다. 세계에서 육류 섭취를 가장 적게 하는 뉴기니아 원주민들은 나이 40이 되면 피부가 쭈글쭈글해지고 머리는 하얗게 세며 허리가 굽어진다. 단백질 결핍증세의 전형적인 모습인데, 육류섭취를 멀리하여 빨리 늙고 빨리 죽는 운명을 스스로 택한 결과이다.

반면 단백질을 과잉 섭취하면 남아도는 단백질 대사에 과다한 열량이 소모되어 체온증가, 혈압상승 및 피로감을 느끼게 되고 알칼리성 장액의 분비 증가 및 장운동 억제로 변비가 생기며 신장에 부담을 주게 되므로 지나친 것도 금물이다. 따라서 단백질도 골고루 권장량만큼만 섭취하는 게 상책이다.

좋은 한우 고르는 법

쇠고기의 품질은 품종, 연령, 성별, 사육 및 도살 후 취급방법 등 복합적인 요인에 의해 결정된다. 그러나 대개 아래 항목으로 육질을 판단할 수 있다.

1. 근내지방도. 쇠고기 등심이나 채끝, 목심 등에는 살코기 속에 지방이 곱게 박혀 있는데 이것을 근내지방이라 부른다. 연령이 적당하고 비육이 잘 된 소일수록 근내지방도가 높아 육질이 연하고 맛이 뛰

어나다.

　2. **고깃색**. 숙성 중인 고기 표면이 암적색을 띠어도 새로 절단된 면의 색이 밝고 윤기가 나면 좋은 고기이다. 고기는 숙성될수록 육질이 연해진다.

　3. **지방색**. 유백색 또는 연노랑색 정도가 정상이다. 황색인 경우에는 고기가 질기거나 풋내가 날 수 있다.

　4. **고깃결**. 수소보다 암소, 늙은 소보다 어린 소, 체구가 큰 소보다 작은 소가 고깃결이 고운 편이다. 소의 연령, 성별을 가릴 수 있는 기준이 되며 윤기가 있고 탄력이 있는 것이 좋다.

임산물

/ 개두릅 / 고로쇠 / 고사리 / 곤드레 / 곰취 / 곶감 · 반시 / 구기자 / 대봉감 / 대추 / 더덕 /

/ 머루 · 머루와인 / 명이 / 밤 / 산수유 / 산채나물 / 송이버섯 / 오미자 /

/ 옻 / 작약 · 목단 / 잣 / 죽순 / 참숯 / 천마 / 표고버섯 / 호두 /

개두릅

제41호 지리적표시 임산물 - 강릉 개두릅

어처구니 없다.

어이없다는 뜻으로 쓰이는 '어처구니'에는 두 가지 어원이 전해온다. 하나는 맷돌의 손잡이를 어처구니라고 하는데 맷돌에 손잡이가 없으면 아무 소용없다는 뜻이고, 다른 하나는 궁궐 추녀마루 끝자락의 흙으로 빚은 수호조각들을 어처구니라고 하는데 서민들의 기와지붕 올리기에만 익숙했던 기와장이들이 당연히 올려야할 이것들을 깜빡 잊고 올리지 않은데서 유래한다.

그런데 후자의 어처구니에는 개두릅나무=엄나무와 관련된 설화가 전해온다. 유몽인의 [어우야담]에 의하면 아주 오랜 옛날 옥황상제가 장

난꾸러기 귀신들이었던 어처구니들에게 날수에 따라 사방을 돌아다니며 사람들을 괴롭히는 손이라는 귀신을 잡아 오라 명령한다. 어처구니들이 합심하여 손을 잡은 뒤 손행자^{손오공: 옥황상제를 닮은 허수아비로 선녀들을 놀린 어처구니}가 엄나무 껍질을 벗겨 만든 999자 길이의 포승밧줄로 하늘나라로 압송하던 중 그만 밧줄이 끊어져 손이 도망가 버리게 된다. 이유인즉 엄나무 껍질이 조금 모자라 생김이 비슷한 두릅나무 껍질로 마무리한 게 화근. 화가 난 옥황상제는 그 후 어처구니들을 잡아다 궁궐 추녀 끝에서 손으로부터 사람들을 지키도록 하였다는 재미난 이야기다. 지금도 민속신앙을 좇아 '손 없는 날'을 골라 예식이나 이삿날을 정하는 풍습이 남아있다.

엄나무는 한국 일본 만주 중국 등에 자생하는 낙엽활엽 큰키나무로 음나무, 개두릅나무, 자아추목, 자추피, 정피, 정동피, 자통나무, 며느리채찍나무 등으로도 불리며 껍질은 해동피라 하여 약재로 쓰인다. 높이 25m까지 자라고 잎은 단풍나무 잎처럼 5-9개로 어긋나고 둥글게 갈라지며 굵은 가지에는 바늘 모양의 가시들이 빽빽하게 나 있다. 열매는 둥근 모양의 핵과로 10월에 검게 익는다. 농촌에서는 엄나무의 가시가 잡귀의 침입을 막는다 하여 나뭇가지를 대문이나 방문 위에 꽂아 둔다. 간혹 엄나무를 정자나무나 신목^{神木}으로 받들기도 했는데 마을 어귀에 엄나무를 심으면 각종 전염병이 비켜 간다고 믿었다. 엄나무는 기름지고 물기 많은 땅에서 잘 자라서 물기와 습기에 강한 면모를 보이므로 비올 때 신는 나막신 목재로도 쓰였다.

엄나무의 가시는 양기의 상징이다. 외부의 적들로부터 자신의 몸을 안전하게 지키기 위한 무기인 것이다. 동양전통의학에서 가시가 있는 모든 식물은 음기, 즉 바람과 습기로 인해 생기는 병을 물리친다. 관절염이나 신경통 등 갖가지 염증, 악성세포에 의한 암, 귀신들리거나 피부에 생기는 나병 등에 이르기까지 찔레나무나 아까시나무, 주엽나무, 탱자나무 등 가시 달린 식물이 어김없이 동원된다.

약명이 해동목인 엄나무도 차고 습한 기운이 스며들어 생기는 신경통이나 관절염, 요통, 근육통, 타박상, 늑막염, 만성위염, 구내염증, 만성대장염, 만성간염 등과 각종 종기, 종창, 옴, 피부병 외에 어깨와 목이 뻣뻣할 때에도 효능을 나타낸다. 민간요법에서 자주 쓰이는 처방을 소개하면, 1. 만성위염에는 엄나무 껍질을 가루 내어 6-8g씩 식전에 먹인다. 2. 만성간염이나 간경화 초기에는 속껍질을 잘게 썰어 말린 것 1.5kg에 물 5되^{=1.8L}를 부은 후 물이 1/3 정도 줄 때까지 달여서 1번에 20ml씩 하루 3번 식후 또는 식사 중에 복용시킨다. 이렇게 4-5개월간 복용하면 80% 정도의 치료효과를 보이고 잎을 달여 차로 상복하면 효과가 더 빨라진다. 3. 신경통, 관절염, 근육통, 근육마비, 신허요통 등에는 뿌리껍질을 잘게 토막 내어 믹서로 갈아서 생즙을 내어 하루 1잔 맥주잔으로 마시면 탁월한 효과가 있다. 4. 만성신경통, 관절염이나 옴, 종기 등 피부병, 늑막염에는 죽력^{竹瀝:대나무기름}을 짜내는 전통방식과 동일한 방법으로 짜 낸 엄나무 기름을 사용하면 신기할 정도로 효험이 있다. 5. 늑막염이나 기침 가래 끓는 데에는 뿌리

생즙이 효과가 뛰어나며 나무 속껍질과 뿌리로 술을 담가 먹기도 한다. 6. 관절염이나 요통에는 엄나무를 닭과 함께 삶아 먹는다. 7. 신경통에는 속껍질 6-12g을 잘게 썰어 물 200ml를 넣고 그 절반이 되도록 달여 하루 2번 마시고 찌꺼기는 아픈 부위에 붙이기도 한다.

개두릅은 봄철에만 맛 볼 수 있는 엄나무순이다. 봄나물의 으뜸으로 치는 두릅에는 두릅나무순인 참두릅과 땅 속에서 자라나는 순인 땅두릅獨活, 그리고 엄나무순인 개두릅이 있다. 한방에서는 두릅을 목두채木頭菜라 하여 아침 기상이 힘든 사람이나 공부하는 수험생에게 특별히 좋다고 알려져 있다. 두릅에 함유된 다량의 사포닌 성분이 혈당과 혈중지질을 낮추어 당뇨병을 예방하고 대뇌작용을 활발하게 하여 머리를 맑게 하고 정신적 피로를 덜어주기 때문이다. 사포닌은 뿌리에 3.3%, 줄기껍질에 2.4%, 잎에 1.9%가 함유되어 있다. 봄에 돋아나는 여린 순은 싹이 짧고 뭉툭한 것을 골라 끓는 물에 살짝 데쳐 갖은 양념으로 버무려 먹는 게 일반적인데, 반드시 생채로 먹지 말고 물에 삶거나 데쳐서 쓴맛과 독성을 제거하여야 한다. 이처럼 봄철 입맛을 돋우는 쌉쌀한 맛은 개두릅이 참두릅에 비해 좀 더 강하다. 쓴맛의 사포닌이 인삼, 산삼에 견줄 정도여서 항암, 항염, 항산화 효과가 있고 비타민 A도 콩나물의 6배, 고구마의 2배나 들어 있어 각종 질환에 좋은 효과를 나타낸다.

강릉 개두릅이 지리적표시 임산물 제41호로 등록되었다. 이른 봄에 나는 개두릅에는 사포닌 등 생리활성물질이 많아서 겨우내 잃었던 영양분을 보충하고 봄날의 나른함을 이겨내는데 없어서는 안 될 이곳만의 특산 산나물이다. 처음엔 향이 너무 강해 거부감을 느끼는 사람도 있지만 은근한 중독성이 있어 자주 먹다보면 그 맛에 반하기 일쑤이다. 개두릅 새순을 채취하는 매년 4월말이면 이곳 해살이마을에서 개두릅축제가 열린다. 개두릅 새순을 직접 따 그것으로 만든 개두릅 나물밥을 먹어보는 것이 축제의 하이라이트. 이 외에도 개두릅전, 엄나무백숙, 개두릅김밥 등 다양한 봄 음식을 맛 볼 수 있다.

이곳 사람들이 가장 즐겨 먹는 개두릅장아찌는 소금으로 삭힌 뒤에 갖은 양념에 버무려 먹는 장아찌이다. 봄철에 연한 새순을 채취하여 항아리에 개두릅을 차곡차곡 담은 후 소금으로 절여서 3개월 정도 돌로 꾹 눌러 놓는다. 먹기 하루 전에 꺼내어 물에 담가 짠맛을 없앤 후 물기를 제거하고 고추장, 다진파, 다진마늘, 설탕, 깨소금 등으로 만든 양념장에 무쳐 먹는다. 몸에 좋은 약이 쓰듯 개두릅도 쓰다. 사람들이 쓴맛을 즐기는 것은 그 맛에 인생의 고단함이 배어 있어서 때문일까.

고로쇠

제16호 지리적표시 임산물 - 광양백운산 고로쇠
제33호 지리적표시 임산물 - 덕유산 고로쇠수액
제40호 지리적표시 임산물 - 울릉도 고로쇠

고로쇠나무 밑에서 만나리.
그대 이마에 해가 올 때
갈잎 더미 위에 눕혀놓고 보리.

　문효치의 시 일부이다. 어느 가을날 수북이 갈잎이 쌓여있는 낙엽
진 고로쇠나무 밑에서 사랑하는 이를 가장 편안한 모습으로 바라보
고 싶은 시인의 마음이 깔려있다. 얼마 전 대전 장태산 휴양림을 찾은
적이 있다. 메타세콰이어 숲 사이로 스며드는 가을 햇살과 솜이불 같
은 낙엽이 이루었던 진풍경이 이 시에서 고스란히 느껴진다.

　고로쇠나무는 단풍나무과의 낙엽활엽교목이다. 고로실나무 · 오
각풍 · 수색수 · 색목이라고도 하는데, 해발 500미터 이상 되는 우리
나라 전역의 산지 숲속에서 높이 약 20m까지 자라고 가지가 웅장하

257

게 퍼진다. 나무껍질은 회색이고 여러 갈래로 갈라지며 잔가지에 털이 없다. 잎은 마주나고 둥글며 대부분 손바닥처럼 5갈래로 갈라진다. 잎 끝이 뾰족하고 톱니는 없다. 긴 잎자루가 있으며 뒷면 맥 위에 가는 털이 난다. 꽃은 잡성으로 양성화와 수꽃이 같은 그루에 핀다. 4~5월에 작은 꽃이 잎보다 먼저 연한 노란색으로 핀다. 꽃잎은 5개이고 수술은 8개, 암술은 1개이다. 열매는 시과翅果로 프로펠러 같은 날개가 있으며 길이 2~3cm로 9월에 익는다. 재질材質은 겉재목인 변재邊材와 중심부인 심재心材의 구별이 분명하지 않고, 빛깔은 붉은 빛을 띤 흰색이거나 연한 홍갈색이며 나이테는 희미하다. 한반도가 원산이며 한국전라남도·경상남도·강원도 · 일본 · 사할린섬 · 중국 · 헤이룽강 등지에 분포한다.

지역에 따라 고로쇠가 조금씩 다른데 잎이 깊게 갈라지고 갈래조각이 바소꼴이며 잎자루가 매우 긴 긴고로쇠for dissectum, 잎이 얕게 5개로 갈라지고 뒷면에 짧은 갈색 털이 나는 털고로쇠var. ambiguum, 잎이 대개 7개로 갈라지고 갈래조각이 넓은 삼각형이며 열매가 거의 수평으로 벌어지는 왕고로쇠var. savatieri, 열매가 수평으로 벌어지는 산고로쇠var. horizontale, 열매가 예각으로 벌어지는 집게고로쇠for. connivens, 잎자루가 붉은 붉은고로쇠for. rubripes 등이 있으며 고로쇠에 따라 수액의 맛도 달라진다.

고로쇠에 얽힌 일화. 삼국시대 신라와 백제의 전쟁이 한창이던 지리산에서 양국의 군사들이 격렬한 전투를 벌인 뒤 타는 갈증으로 지쳐가고 있었다. 그때 화살이 박힌 나무에서 뚝뚝 흐르는 수액을 마신 병사들이 갈증을 말끔히 해소하였다고 한다. 고로쇠 수액의 어원은 통일신라로 거슬러 올라간다. 도선대사가 이른 봄에 백운산에서 도를 닦고 있었는데 오랫동안 좌선한 후 몸을 일으키려했지만 무릎이 펴지질 않았다. 대사가 재차 일어나 보려고 곁에 있는 나무를 잡자 가지만 부러질 뿐이었다. 그런데 부러진 나뭇가지에서 물이 흘러나와 그 수액으로 목을 축였더니 거짓말처럼 무릎이 펴졌다고 한다. 그래서 대사는 '뼈에 좋은 물'이라는 뜻으로 '골리수骨利樹'라 이름을 붙였고 이것이 지금의 고로쇠로 바뀌었다는 것이다.

고로쇠 약수는 나무의 1m 정도 높이에 채취용 드릴로 1~3cm 깊이의 구멍을 뚫고 호스를 꽂아 흘러내리는 수액을 통에 받는다. 수액은 해마다 봄 경칩 전후인 2월 말~3월 중순에 채취하며, 바닷바람이 닿지 않는 지리산 기슭의 왕고로쇠를 최고품으로 친다. 잎은 지혈제로, 뿌리와 뿌리껍질은 관절통과 골절 치료에 쓴다. 일본과 중국에서는 나무에 상처를 내어 흘러내린 즙을 풍당楓糖이라 하여 위장병 · 폐병 · 신경통 · 관절염 환자들에게 약수로 마시게 하는데, 즙에는 당류 성분이 들어 있다.

고로쇠수액 1리터에 함유된 주요 성분을 분석해 보니 1. Ca칼슘, 63.8㎖; 골격을 형성, 2. K칼륨, 67.9㎖; 혈압을 조절하여 혈압질환을 예방, 3. Mn망간, 5.0㎖; 성장과 골격구조를 형성, 4. Fe철; 빈혈, 특히 임산부 산후 조리에 좋음, 5. Mg마그네슘, 4.5㎖;: 신경계통을 정상으로 유지 이외에 허약, 피로, 탈수 현상을 방지하는 아연, 황산, 염소 등

10여종의 미네랄이 다량 함유되어 있으며, 식수와 비교한 결과 칼슘은 약 40배, 마그네슘은 약 30배가 많고 자당 함유는 16.4g이나 되고 1.8~2.0%의 당도를 유지하고 있음이 밝혀졌다.

이런 성분들의 영향으로 인해 고로쇠수액은 산후조리, 숙취제거에 탁월한 효과가 있다. 내장기관의 노폐물을 제거하고 신진대사를 촉진하며 비뇨, 변비, 류머티스, 관절염, 위장병, 신경통, 피부미용에도 효험이 크다. 또한 신장병, 이뇨작용에 탁월한 효과가 있다.

고로쇠수액은 천연의 이온음료로 독특한 향과 특유의 단맛을 가지고 있으며, 몸 안의 노폐물을 내보내는 효과가 크다. 맛이 쉽게 변하기 때문에 장기간 음용을 원한다면 서늘한 곳이나 냉동실을 이용해야 한다. 고로쇠 수액은 따뜻한 온돌방에서 땀을 흘리며 짧은 시간 안에 많은 양을 마시는 것이 좋다. 오징어, 멸치, 명태, 땅콩 같은 짭짤한 음식을 곁들여 마시면 체내에 있는 노폐물이 소변과 함께 빠져 나가고 고로쇠 수액의 영양분이 체내에 골고루 흡수된다. 음료수뿐만 아니라 장이나 국물김치를 담글 때, 흑염소나 토종닭의 조리나 북어국이나 미역국의 조리에 수액을 이용해도 좋다. 고로쇠 수액은 햇볕이 들지 않는 음지에 보관하면 한 달 정도는 상하지 않고 마실 수 있는데, 마실 물은 유리병에 담아 냉장고에 따로 보관하면 오래도록 제맛을 느낄 수 있다.

모든 나무는 겨울이면 얼어 죽지 않기 위해 자신의 몸에서 수분을 다 빼낸 후 봄이 오면 다시 보충하게 되는데, 단풍나무과 식물의 경우 그 물을 올리는 양이 많아 구멍을 뚫으면 수액이 밖으로 흘러내린다. 이 수액을 받아 졸인 달콤한 시럽이 'Maple syrup메이플시럽'이다. 최초로 수액을 채취하여 시럽으로 제조한 이들은 북부 아메리카의 원주민들이었다. 이 지역에 산재한 단풍나무 수액으로 감미 재료를 만들었는데 1500년대 이후 이주한 유럽인들이 이를 따라 하였고 캐나다는 이 메이플시럽을 정부 특산품으로 발전시켰다.

지리산에는 고로쇠나무가 많다. 특히 뱀사골의 800미터 이상 고지대에는 왕고로쇠나무가 군락을 이루고 있다. 이곳에서 고로쇠 수액을 채취하기 시작한 것은 1990년대 초의 일이다. 처음에는 나무에 구멍을 뚫고 봉지를 매달아 수액을 받았다. 2000년대 들어 채취 방법이 바뀌어 높은 곳에서 집 가까이로 파이프를 길게 늘어뜨리고 그 파이프에 가는 지선의 파이프를 고로쇠나무에 박아 지선에서 원선으로 모인 수액을 계곡 아래로 흘러내리게 하여 이를 큰 통에 받는 것이다. 기존의 봉지 채취법은 수액이 봉지 안에서 며칠 방치되는 데 비해 이 파이프 채취법은 매일 신선한 수액을 담을 수 있다는 장점이 있다.

고로쇠 수액 채취는 2월 중순에서 시작하여 4월 초까지 이루어진다. 나무 하나당 4리터 정도의 수액을 채취할 수 있는데 지리산 일대뿐만 아니라 강원도, 제주도, 울릉도 등 전국 각지에서 고로쇠 수액이 나온다. 지역에 따라 맛이 조금씩 다른데 고로쇠나무가 자라는 자연환경 탓인지 수종 차이 탓인지 명확하지 않다. 칼슘, 마그네슘 등 미네랄이 풍부하여 약간 미끄덩하고 비릿한 냄새가 나는 특징이 있고 당분이 많아 달콤한 정도는 어느 지역이든 비슷하다. 고로쇠 수액은 아무런 가공 없이 병에 담은 것이므로 빨리 먹지 않으면 금방 상하고 봄 한때 잠시 맛 볼 수 있어 한철 건강음료로 인식되고 있다.

한 사람이 하루 18리터까지 마셔도 배앓이를 하지 않으므로 한증막에서 땀을 빼면서 즐겁게 마셔 보라. 하지만 흡수가 너무 빨라서 1시간 간격으로 화장실을 오갈 각오는 하시라.

고사리

제13호 지리적표시 임산물 - 창선 고사리

그대들은 주나라의 녹을 받을 수 없다더니
주나라의 산에서 주나라의 고사리를 먹는 일은 어찌된 일인가?

이에 백이와 숙제 두 사람은 고사리마저 먹지 않았고,
마침내 굶어 죽게 된다.

사마천의 〈사기열전〉에 나오는 대목이다. 상나라 영주의 아들이
었던 백이, 숙제 두 형제는 나라를 강탈당한 뒤 두 임금을 섬기지 않
았고 주나라 산의 고사리마저 거부하다가 순절한 충절로 인해 의인
의 표본이 되고 있다. 우리나라에서도 고려가 망하자 정온은 지리산
의 고사리로 연명하였고, 구한말 을사보호조약이 체결되자 황매천은
고사리죽을 끓여 먹은 후 자결하기도 했다.

이처럼 절개와 충의를 상징하는 고사리는 고사리속 양치류의 총칭

이다. 세계적으로 온대와 열대지역에 널리 분포하는 여러해살이풀로 높이 1m 가량, 잎자루 높이 20-80cm 가량 자란다. 양치류를 영어로는 'bracken' 또는 'brake'라고 하는데 12변종이 있고 이 중 4변종은 북아메리카와 영국에서 자란다. 우리나라에서 생식하는 종은 라티우스 쿨룸이다.

고사리의 뿌리줄기는 땅 속을 길게 기며 둥글고 어린 부분에는 갈색 털이 있다. 잎자루는 곧게 서며 굵고 털이 없으나, 그 기부基部 부근은 어두운 갈색을 띠며 같은 빛의 털이 있다. 다 자란 고사리의 잎 뒷면에는 포자낭이 있으며, 포자낭이 터지면 그 안의 포자가 땅에 떨어져 번식한다. 이후 땅에 떨어진 포자가 자라서 전엽체로 성장하는데 전엽체는 평평한 심장 모양으로 녹색을 띠며 지름은 5㎜ 정도이다. 이 전엽체 뒷면에 장정기와 장란기가 있다. 장정기 속에서 만들어진 정자는 장란기 속에서 생긴 난자가 있는 곳까지 헤엄쳐 가서 수정한다. 수정한 난세포는 전엽체의 장란기 속에서 싹을 틔워 생장하여 새로운 고사리의 몸이 되고, 전엽체는 시들어 버린다. 이처럼 고사리류에서는 포자를 만들어 번식하는 무성생식 시대와 난세포와 정자가 수정하여 새로운 고사리가 되는 유성생식 시대를 반복하는데 이것을 세대교번이라고 한다.

한의학에서는 고사리를 '궐채蕨菜' 혹은 '궐기근蕨其根'이라고 한다. 고사리는 12경락經絡 중 간경肝經·신경腎經에 작용하며, 습열濕熱을 없애고 소변을 잘 나가게 하며 장을 윤택하게 한다. 차가운 성질이 있어 성욕을 억제시키며 정신을 맑게 하는 작용이 있기 때문에 공부하는 선비나 수도하는 사람에게 좋은 식품으로도 알려져 있다. 민간에서는 고사리 뿌리를 달인 물이 이뇨와 해열, 고혈압, 여성 대하, 황달, 치질, 야뇨증의 치료를 위해 복용되고 있다. 고사리 잎과 뿌리를 태워 가루로 만들어 복용하면 장염이나 설사 치료에 도움이 된다.

〈본초강목〉에서는 '오장의 부족한 것을 보충해 주며 독기를 풀어 준다'라고 쓰여 있다. 〈동의보감〉에는 '갑작스럽게 열이 났을 때 섭취하면 좋다'고 나와 있다. 〈본초도감〉에도 '장의 운동을 좋게 하며 감기로 인한 열이나 고혈압 · 황달 · 이질에 효과가 있다'고 기록되어 있다. 과거 약이 귀하던 시절 고사리 뿌리는 기생충을 죽이는 구충제로도 사용되었다. 이러한 효과 때문에 고사리는 우리나라는 물론 영국, 미국, 캐나다, 뉴질랜드, 일본 등에서도 즐겨 먹고 있다.

고사리는 '산 속의 쇠고기'라고 불릴 정도로 단백질이 풍부하고 칼슘, 칼륨 등의 무기질도 다량 함유되어 있다. 영양성분 함량은 단백질 23.7g, 탄수화물 44.6g, 회분 13.5g, 칼슘 225mg, 인 283mg, 철 9.5mg, 비타민 B1 0.13mg, B2 0.50mg 등이다. 고사리는 아미노산류인 아스파라긴Asparagine, 글루타민산Gluyaminic acid, 플라보노이드의 일종인 아스트라갈린Astragaline 등의 성분이 다량으로 함유되어 있다. 칼슘과 칼륨 등 무기질 성분이 풍부하여 치아와 뼈를 튼튼해지게 하고 혈액을 맑게 하여 성장기 어린이와 각종 공해에 시달리는 현대인들에게 좋은 식품으로 알려져 있다.

궁합음식으로는 율무를 꼽을 수 있다. 율무도 면역을 증강시키는 작용이 뛰어난 식품이다. 율무로 밥을 지어서 고사리를 넣고 쓱쓱 비벼 먹으면 고사리의 향이 잘 배합되어 입맛을 살리는데 도움이 된다. 또한 제사음식이나 비빔밥에 빠지지 않고 나오는 고사리에는 면역계의 일부분인 보체계complement system를 활성화하는 기능성 다당류들이 들어있다. 특히 고사리에 들어있는 4종의 산성복합다당PAIIa-1, PAIIa-2, PAIIa-3, HPA-IVa 등이 모두 보체계 경로를 활성화하는 것으로 나타났으며 in vivo에서도 보체계를 활성화 시키는 것으로 확인되었다.

고사리는 칼슘과 칼륨 등 무기질 성분이 풍부하여 성장기 어린이들에게 좋으며 고사리에 들어있는 산성다당류가 면역기능을 증가시켜 준다. 예로부터 봄비가 내린 후 새순이 돋을 때 채취한 고사리는 일반 채소에서 부족할 수 있는 단백질을 충분히 보충해 주기 때문에 성장기 어린이에게 좋은 식품으로 추천되었다.

고사리는 몸에 좋은 건강식품이지만 비타민B1을 파괴하는 분해효소인 아네우라제와 발암물질인 브라켄톡신이 있어 비타민B1의 결핍증인 각기병에 걸리거나 직장암이나 방광암 등에 걸릴 수 있다는 연구보고가 있다. 하지만 말린 고사리를 불린 뒤 다시 삶아 볶거나 무쳐 먹으면 별 문제가 없다. 이 성분들이 모두 열에 의해 파괴되거나 제거되기 때문이다. 따라서 고사리는 생으로 먹지 말고 꼭 조리하여 섭취하고 너무 자주, 많이 먹지 않도록 해야 한다. 또한 한방에선 고사리를 '음기陰氣'가 강한 음식으로 분류한다. 실제 남성 호르몬 작용을 약화시키는 성분이 소량 들어있으나 식용하는 보통의 양으론 정력에

별 영향을 미치지 않으며 조리할 경우 이러한 성분이 제거되기 때문에 아무런 문제가 없다고 할 수 있다.

한반도 최남단 남해군 창선면. 해마다 4-6월이면 집집마다 고사리 말리는 풍경이 장관을 이룬다. 계단식 밭에서 400가구가 넘는 농가가 연간 수확하는 양이 100톤에 이르러 국내 생산량 35% 이상을 차지한다. 1990년대 초, 포자가 잘 번식할 수 있도록 햇볕이 잘 드는 환경을 조성한 것이 창선 고사리를 최대의 소득원으로 탈바꿈시킨 것이다.

자, 이제 창선 고사리로 나물을 만들어 그 맛을 보도록 하자.

① 불린 고사리는 삶은 후 2일간 물을 교체하며 충분히 우려내고 체에 걸러 물기를 뺀다.

② 불린 고사리를 억센 줄기는 들어내고 4~5cm 길이로 자른다.

③ 자른 고사리에 준비한 양념장으로 양념을 한다.

④ 냄비에 기름을 두르고 양념한 고사리를 넣어 볶는다. 볶다가 육수 3큰술을 넣어 뜸을 들이면서 부드럽게 볶는다.

⑤ 불을 약하게 한 후 뚜껑을 잠시 덮어두어 익힌다.

⑥ 고사리 무친 것을 접시에 담고 통깨를 조금 뿌리면 한결 깔끔하고 먹음직스럽다.

고사리는 생명력이 아주 뛰어나다고 한다. 산불이 난 후 제일 먼저 올라오는 식물이 바로 고사리라고 한다. 힘들고 지칠 때 고사리나물로 그 기운을 고스란히 받아보자.

곤드레

제34호 지리적표시 임산물 - 정선 곤드레

곤드레 만드레 우거진 골로
우리네 삼동네 보나물 가세

    강원도의 대표적인 구전민요 정선아라리에 등장하는 가사 한 대목
이다. 정선아리랑으로 계승 발전된 본 가사에는 '한 치 뒷산에 곤드레
딱죽이 님의 맛만 같으면 고것만 뜯어 먹어도 봄 살아 나지'라는 대목
도 있다. 여기서 한 치 뒷산은 평창과 정선에 인접해 있는 청옥산인
데, 이 산에는 곤드레라는 푸성귀가 많이 자생하며 딱죽이, 참나물,
누리대 등과 함께 고급 산나물로 분류된다.

    가사 중 '만드레'는 이곳 사람들이 음력 6월 초순 모를 심은 후 7월
중순 백중 즈음에 세벌김매기를 하면서 불렀던 전통 농요^{農謠}인데, 이

날 농사를 잘 지은 부농들이 머슴들의 노고를 치하하여 고기와 술 등을 제공하는 풍년제를 올렸다 한다. 깊은 산속에서 어지럽게 자생하는 곤드레의 모습이 만드렛날 술 취한 머슴들의 모양새와 같다하여 '곤드레 만드레'가 탄생한 것이다.

곤드레고려엉겅퀴, Cirsium setidens는 국화과에 속하는 다년초로서 전국 들판에 자생하며 한국, 일본, 중국 등 동아시아뿐만 아니라 지중해 연안, 북미 남서부 등 북반구의 온대부터 한대까지 널리 분포한다. 어린 잎과 줄기를 식용으로 하는데 데쳐서 우려내어 건나물, 국거리, 볶음용으로 이용하며 무기성분, 비타민 등 각종 영양소를 함유하고 있어 보기보다 맛이 좋은 산채이며 빈궁기에는 구황식물로 이용되기도 한 유용한 산채이다.

고려엉겅퀴는 대개 2~3년 정도 지나면 뿌리가 썩어 죽게 되고 종자가 떨어져 자라게 된다. 초장이 50~100㎝정도이며 1년생의 경우는 분지가 1~3개 정도나 2-3년생의 경우에는 8~11개 정도로 발생하며 줄기는 곧게 자라고 근생엽은 15~30㎝, 너비 6~15㎝의 장타원형으로 가장자리에 결각상의 톱니와 가시가 있다. 꽃은 7~8월에 피며 가지 끝에 자주빛 두화가 여러 개 핀다. 열매는 수과이며 길이가 1~2㎝ 정도로 5~9㎜의 관모가 있다.

생육에 알맞은 온도는 18~25℃로서 비교적 서늘하고 공중습도가 높은 곳이 좋으며 건조가 계속되는 곳은 적합하지 않다. 토층이 두꺼워 배수가 양호하면서 보수력도 좋은 비옥지가 이상적이다. 토질은 약산성pH 5.5~6.5으로 사질양토가 좋으나 어느 토질에서나 잘 자라는 편이다. 산성에 상당히 강하며 습지에도 잘 견디므로 배수구를 만든다면 밭 재배로도 가능하다. 상품성을 높이기 위해서는 비가림 시설로 재배하는 것이 좋다.

곤드레 나물은 곤달비라고도 한다. 주로 태백산의 해발 700m 고지에서 자생하는 야생나물로서 담백하고 영양가가 풍부하여 우리나라의 500여 가지 산나물 중 으뜸 나물로 꼽힌다. 정선, 평창지역이 무공해 특산지로서 매년 5월쯤 채취하는 곤드레를 이용한 다양한 음식을 맛볼 수 있다.

곤드레는 맛이 부드럽고 향기가 없는 것이 특징이다. 곤드레 나물에는 단백질, 칼슘, 비타민 A 등의 영양소가 풍부할 뿐만 아니라 곤드레를 쌀과 섞어서 밥을 지어 양념장과 곁들여 비벼 먹으면 그 맛이 일품이라서 요즘 건강식으로 호평을 받고 있다. 곤드레는 곰취와 같이 약용으로 쓰이며 민간에서는 부인병에 사용된다. 정맥증을 치료하고 지혈, 소염, 이뇨작용을 하며 당뇨와 고혈압, 혈액순환을 개선하여 성인병에 매우 좋은 음식이라고 한다.

〈동의보감〉에서는 엉겅퀴에 관해서 다음과 같이 기록하고 있다. '성질은 평平하고 맛은 쓰며苦 독이 없다. 어혈이 풀리게 하고 피를 토하는 것, 코피를 흘리는 것을 멎게 하며 옹종癰腫과 옴과 버짐을 낫게 한다. 여자의 적백대하를 낫게 하고 정精을 보태 주며 혈을 보한다.'

곤드레는 섬유질이 풍부하여 소화가 잘되고 나물 중에는 비교적 많은 단백질을 함유하고 있다. 그 외 칼슘, 비타민A가 풍부하여 각종 성인병에도 좋은 건강식품이다. 곤드레 100g에는 열량 275kcal, 단백질 5.6, 지질 2.8, 당질 66.5, 칼슘 51mg, 비타민A 44RE 등이 함유되어 있다. 곤드레의 효능을 살펴보면

1. **성인병 예방.** 곤드레는 섬유질, 단백질, 필수지방산, 칼슘, 인, 철분, 베타카로틴, 비타민A가 풍부하여 당뇨와 고혈압, 혈액순환에 좋아 성인병에 좋은 건강식품이다.

2. **여성병 치료.** 곤드레는 어혈을 풀어주며 자궁의 냉대하에도 좋다.

3. **변비예방.** 곤드레는 섬유질이 가장 많아 변비개선에 좋다.

4. **지혈작용.** 곤드레는 지혈작용이 있다.

5. **이뇨작용.** 곤드레는 신장에 좋은 영향을 주어 신장염, 소염, 이뇨작용, 부종에 좋은 효능이 있다.

6. **신경통 관절염 예방.** 곤드레 생즙을 마시면 신경통과 관절염에 좋은 효능이 있다.

7. **소화촉진.** 곤드레는 소화가 잘되어 소화력이 약한 어르신들에게 특히 좋다.

건강식으로 알려진 곤드레 나물밥 만드는 법을 소개한다.

◎ 생채로 만들기

① 곤드레를 삶아서 물기를 꼭 짜서 들기름과 소금으로 무친다.
② 일반적인 물의 양으로 약한 불로 밥을 짓는다.

③ 물이 끓기 시작하면 준비한 곤드레를 흩어 넣는다.

④ 밥이 다 되면 양념간장으로 비벼서 먹는다.

◎ 말린 나물로 만들기

① 곤드레 나물을 오랫동안 물에 불려서 부드럽게 삶아 꼭 짜둔다.

② 들기름을 듬뿍 넣고 소금, 마늘, 파를 조금씩 넣어 무쳐 둔다.

③ 물을 조금 적게 넣은 밥솥에 나물을 골고루 펼쳐 얹고 밥을 짓는다.

④ 밥이 다 되면 골고루 섞어 큰 대접에 담아 양념장으로 비벼 먹는다.

◎ 양념장 만들기

① 간장에 깨소금, 고춧가루, 실파, 마늘을 넣어서 만든다.

② 막장이나 된장에 다진 마늘, 다진 파, 깨소금 등을 넣고 만들거나 입맛에 따라 재래간장
이나 왜간장 등에 여러 양념을 해서 먹어도 된다.

③ 뚝배기 된장찌개에 갖은 양념을 해서 비벼먹거나 고기를 구워서 쌈 싸 먹어도 좋다.

◎ 곤드레 삶을 때 주의사항

① 물을 충분히 붓고 소금을 조금 넣어 준다.

② 물이 끓을 때 곤드레를 넣는다. 물에 완전히 잠기지 않으면 나물색이 검게 변하니 가끔
뒤집어 준다.

③ 시금치를 데치듯이 하면 곤드레 특유의 맛이 나지 않으므로 줄기가 어느 정도 물러질
때까지 충분히 삶아야 한다.

④ 건져낸 후 찬물에 헹궈 요리하면 된다.

곰취

제31호 지리적표시 임산물 - 태백 곰취
제32호 지리적표시 임산물 - 인제 곰취

거기 선하골, 상팔담, 명경대계곡에 얼음 녹아 봄 되면
마타리, 금강초롱, 마가목 잎 피고
여기 귀때기청봉, 백담계곡, 토왕성폭포에도 얼음 녹아
솜다리, 주목, 곰취싹 돋아나고

　김명수 시인의 장시長詩 '설악이 금강에게'의 몇 대목이다. 금강산과
설악산이 화답하듯 통일의 염원을 노래하고 있다. 설악산을 대표하
는 자생식물 중 하나로 꼽을 만큼 곰취는 강원 산간에 흔한 식물이다.
　곰취Ligularia fischeri는 한국, 일본, 중국, 사할린 등지에 분포하는 초롱
꽃목 국화과의 여러해살이 쌍떡잎식물이다. 줄기는 1～2m 높이로 자
란다. 뿌리줄기는 굵고 아랫부분에 거미줄 같은 흰 잔털이 있으며 윗
부분에는 짧은 털이 있다. 뿌리 위에 나는 잎에는 긴 잎자루가 있고,
잎몸은 심장모양이며 가장자리에 고른 톱니가 있다. 잎 앞면은 녹색

이며 뒷면은 엷은 녹색이다. 줄기에는 3개의 잎이 있고, 맨 아래 잎은 작고 잎자루 밑둥으로 줄기를 싼다. 맨 위의 잎은 훨씬 작고 잎자루는 짧으며 밑이 넓어 잎집처럼 된다. 총상꽃차례로 밑에서부터 차례로 피고 가지를 치기도 한다. 관모는 갈색 또는 갈자색이고, 열매는 수과瘦果로 길이 7~11㎜의 원기둥 모양이고 세로줄이 있다. 7~9월에 꽃이 피고 열매는 10월에 익는다.

이름의 유래는 산속에 사는 곰이 좋아하는 나물이라는 뜻에서 '곰취'라 부르게 되었다고 전해진다. 곰취는 옛날 춘궁기의 구황식물로 어린잎을 식용으로 이용해 왔다. 곰취는 산나물 중에서 날로 쌈을 싸서 먹으면 그 향긋한 맛이 일품이다. 산채 중에 귀하게 여기며 여러 가지 민간요법으로도 사용하는 산나물이다. 곰취는 호로칠葫蘆七, 대구가大救駕, 하엽칠荷葉七, 산자원山紫苑, 신엽고오腎葉囊吾 등 여러 이름의 한약재로 쓰인다. 최근 항암작용이 있는 것으로 밝혀져 건강식품으로도 가치가 높으며 진해, 거담, 진통, 혈액순환 촉진제로 이용된다.

곰취는 꽃보다는 잎으로 더 잘 알려진 식물이다. '취'자라는 글자가 뒤에 붙은 유사한 국화과 식물들을 모두 합쳐 그저 취나물이라고 총칭하지만 유독 곰취만은 제 이름을 불러준다. 그만큼 나물로써의 곰취가 맛과 향기 면에서 뛰어나 다른 취나물과는 다른 독보적인 존재로 자리를 잡았기 때문이다. 그래서 산나물을 조금이라도 알고 있는 이들은 곰취를 다 안다. 산나물 뜯기가 한참인 5월쯤 이들의 망태기에는 곰취가 들려 있기 마련이다.

그러나 나물로의 쓰임새가 워낙 유용하기 때문인지 곰취의 꽃을 알아보는 이는 드물다. 그래서 가을 냄새가 전해 오는 늦은 여름. 하나 둘 피어나기 시작하여 어느 순간 산비탈을 가득 채울 만큼 진노란색 꽃잎을 활짝 펼쳐 놓은 곰취의 꽃송이들을 만나도 그저 그 아름다움에 감탄할 뿐 잎과 꽃을 연상시키지 못하는 경우가 많다.

곰취의 성분을 살펴보면, 뿌리 줄기에서 세스쿠이테르펜락톤인 페타살빈$^{1.2\%}$, 에리몰리게놀$^{0.44\%}$, 푸라노에레모필란$^{0.04\%}$, 리굴라론$^{0.05\%}$, 6-β-히드록시에레모필레놀리드$^{0.01\%}$가 분리되었고 잎에서는 알칼로이드, 어린잎에서는 190mg의 아스코르브산이 확인되었다.

동물실험으로 확인된 전초全草의 약리작용은 항염증 작용과 약한 지혈작용이다. 곰취는 맛은 달고 매우며 성질은 따뜻하다. 기의 순환을 조절하고 혈액 순환을 촉진시키며 지통, 지해, 가래를 없애는 효능이 있다. 타박상, 노상, 요퇴통, 해수기천, 백일해, 폐옹, 객혈을 치료한다. 곰취의 채취는 여름과 가을 사이에 채취하여 말린다. 하루 4~12g을 물로 달여서 복용하거나 가루 내어 충복沖服: 달이지 않고 함께 물로 잘 섞어서 복용하는 것한다. 주의사항으로 장수漿水: 좁쌀죽의 윗물을 가리킴를 피해야 한다. 음허, 폐열건해肺熱乾咳가 있는 사람은 복용에 주의해야 한다. 중국의 〈섬서중초약〉에서는 '허리와 다리가 아픈 요퇴통腰腿痛에는 곰취 80g을 가루 내어 1일 2회, 1회에 8g을 맹물로 끓여 식힌 백탕과 함께 충복한다.'고 기록하고 있다.

우리나라에서 곰취의 가장 큰 용도는 아무래도 나물이다. 특히 어린잎을 따서 생으로 쌈을 싸 먹으면 쌉쌀하면서도 오래도록 입안에 감도는 향기가 일품이어서 사람들은 '산나물의 제왕'이라는 거창한 별명도 붙여 놓았다. 잎이 조금 거세지기 시작하면 호박잎처럼 끓는 물에 살짝 데쳐 쌈 싸먹거나 초고추장을 찍어 먹기도 하고, 억세진 곰취 잎으로 간장 또는 된장 장아찌를 담궈 먹기도 한다. 초여름에 딴 잎을 말려 두었다가 겨우내 묵나물로 해먹어도 된다. 사람들이 곰취와 구분하지 못하는 식물 가운데 곤달비라는 나물이 있는데 곤달비는 잎은 억세져도 쓴맛이 없고 오히려 단맛이 나며 잎의 모양이 좀 더 벌어졌고 노란 꽃잎이 3~4장으로 6장 이상을 가진 곰취보다 적어 이를 보고 식별하면 된다.

우리나라에서는 산나물 재배의 일환으로 강원도 서늘한 곳에서 곰취를 재배하지만 중국에서는 주로 약용하기 위해 재배한다. 곰취의 효능은 폐를 튼튼히 하고 가래를 삭이므로 기침, 천식 및 감기의 치료제로 이용되고 민간에서는 황달, 고혈압, 관절염, 간염 등에 쓴다.

곰취나물 먹는 법 몇 가지를 소개한다. 초여름에 곰취의 어린잎으로 쌈을 싸먹고 연한 잎을 삶아 말려두고 나물로 먹거나, 생 곰취를 고기에 싸서 드시면 느끼한 맛이 없어지고 곰취의 향을 느낄 수 있어 최고의 별미이다. 곰취를 삶은 것은 곰취나물무침, 곰취나물볶음, 국거리, 찌개감 등 다양하게 조리할 수 있으며 묵나물로도 이용할 수 있다. 곰취를 소금물에 삭힌 다음 간장 달인 물을 부어 3~4주 뒤에 잘 숙성시켜 장아찌로도 먹는다.

◎ 곰취나물무침

▶ 재료 : 곰취나물 300g, 들기름 1큰술, 다진 파 2큰술, 다진 마늘 1큰술, 국간장 1큰술,
　　깨소금 1큰술

▶ 요리하기

① 곰취의 억센 줄기와 잎을 골라낸다.

② 끓는 물에 소금을 넣고 데친다.

③ 찬물에 헹궈서 물기를 뺀다.

④ 분량의 양념을 넣어 골고루 무치면 OK.

◎ 곰취장아찌

▶ 준비물 : 진간장(3), 식초(1), 설탕(1), 물(1)의 비율

▶ 요리하기

① 준비물을 섞어 끓인다

② 끓인 준비물을 식힌 다음 용기에 담고 부어준다.

③ 약 3일 뒤에 간장물을 따른 다음 다시 끓여 식혀서 담는 과정을 두 번 정도 반복한다.

④ 냉장고에 보관하여 드시면 된다.

곶감 · 반시

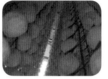

울면 호랑이가 잡아 간단다
곶감 줄게 울지 마라 아가야

　　엄마의 이 말에 울던 아이가 울음을 뚝 그치자, 문밖에 있던 호랑
이가 자기보다 더 무서운 곶감이란 놈이 방안에 있는 줄 알고 줄행랑
을 쳤다는 전래 민화^{民話}가 전해온다. 알뜰살뜰 모아 둔 재산을 힘들이
지 않고 하나씩 빼 먹는다는 뜻으로 '곶감 빼 먹듯 한다.'는 속담도 있
다. 둘 다 곶감이 귀하고 맛 난 음식이었음을 비유한다.

　　곶감의 어원은 '꽂다'의 옛말인 '곶다'를 어간으로 삼는다. 즉 꼬챙
이에 꽂아 말린 감을 말한다. 떫은맛이 나는 생감을 완숙되기 전에 따
서 껍질을 얇게 벗겨 대꼬챙이나 싸리꼬챙이에 꿰어 햇볕이 적당히

들고 통풍이 잘 되는 곳에 매달아 건조시킨다. 수분이 1/3 정도로 건조되었을 때 속의 씨를 빼내고 손질하여 다시 건조시킨 후 그것을 볏짚에 싸서 상자에 늘어놓고 밀폐된 상태로 두면 표면에 흰 가루가 생기는데 이것을 꺼내 다시 한 번 건조시켜서 상자에 넣고 밀폐해 두면 곶감이 된다.

곶감은 우리나라의 대표적 특산품으로 예로부터 농가에서 저장성을 높이기 위해 직접 만들어 온 건조과실 가공품이다. 곶감용으로 알맞은 감의 조건은 당분이 많고 점질의 육질에다 씨가 적어야 한다. 곶감을 만드는데 사용하는 감 품종은 상주와 영동의 둥시, 예천의 은평준시, 함안의 수시, 완주의 고종시 등이 손꼽힌다. 건조방법은 음지에서 자연 건조시키는 방법과 인공 건조시키는 방법이 있는데, 자연건조가 20일 정도 걸리는데 반해 인공건조는 단 4일 만에 섭씨 37도로 시작해 32도로 낮춰 마무리하게 된다. 수분이 최소 50% 이하가 되어야 건조를 끝내게 되고 표면이 마를수록 엷은 가루가 나오는데 가루의 성분은 과당과 포도당이 1:6의 비율을 나타낸다.

인공 건조시 탄닌의 산화, 갈변을 막아 색조가 선명한 상품을 만들어 내기 위해 유황 훈증을 한다. 유황의 양은 품종에 따라 다르지만 1제곱미터당 10g 가량을 15-20분 정도 사용한다. 잔류 유황의 허용치는 건과당 아황산으로 3.0g 이하로 엄격히 규제하고 있다.

곶감은 말린 정도에 따라 건시乾柿, 반건시半乾柿, 홍시紅柿 등으로 분류된다. 건시는 말 그대로 잘 말린 감이라는 뜻이고, 홍시는 생감의 떫은맛이 자연적 또는 인위적인 방법으로 제거되어 붉은색으로 말랑말랑하게 무르익은 상태의 감으로서 연시軟柿; 부드러운 감라고도 한다. 반건시는 건시와 홍시 사이의 곶감으로 겉은 딱딱한데 속은 말랑말랑한 상태를 말한다.

잘 말린 곶감은 100g당 수분이 30% 정도에 탄수화물 66g, 단백질 2.2g, 지질 0.2g, 열량 237kcal를 나타낸다. 칼슘 28mg, 인 65mg, 철 1.3mg, 칼륨 736mg 외에 비타민A, 비타민B1, B2, 비타민C, 나이아신 등이 함유되어 있다. 대개 곶감 1개의 무게가 32g 정도라서 곶감 2, 3개만 먹어도 밥 1공기 분량의 칼로리를 섭취하게 된다.

감은 중국, 한국이 원산지이고 재배역사도 기원전으로 거슬러 올라간다. AD 6세기경에 저술된 중국의 최고最古 농서인 〈제민요술〉에 곶감 만드는 법과 떫은맛을 제거하는 방법이 소개되어 있고, 우리나라에서는 고려 명종 때1138년 고욤재래종 감에 대한 기록이 남아있다.

생감은 다른 과일에 비해 수분 함량이 83% 정도로 적은 반면 당분이 14% 이상이다. 그런데 말려지는 제조과정을 거치면서 당분이 45% 이상을 차지하는 고열량 식품이 된다. 하지만 당분의 대부분이 포도당과 과당이라서 소화흡수가 잘된다. 생감의 떫은맛은 탄닌이란 성분 때문인데 물에 잘 녹는 수용성으로 존재하므로 그 맛을 떨쳐낼 수가 없다. 그러나 감이 마르면서 탄닌이 물에 녹지 않는 불용성으로 바뀌므로 잘 말린 곶감은 단맛 일색이다. 한편 감에는 비타민C가 사과의 8배나 많은데도 신맛이 나지 않는 것은 신맛을 내는 유기산인 구연산이나 사과산이 겨우 0.2%밖에 들어있지 않기 때문이다.

〈본초강목〉에 '곶감은 체력을 보하고 위장을 튼튼히 하며 뱃속에 고여 있는 나쁜 피를 없애준다. 기침과 가래를 삭이고 각혈을 멈추게 하며 목을 편안하게 해 준다. 곶감을 식초에 담근 즙은 벌레에 물린 데 효과가 있다.'고 기록하고 있다.

한방에서 소개하는 곶감의 효능 8가지를 기술하면,

1. **영양 섭취.** 비타민A와 C가 풍부하여 시중의 비타민 함유 건강기능식품을 능가한다.

2. **설사치료.** 곶감에 풍부한 탄닌 성분이 설사를 멎게 한다.

3. **고혈압 예방.** 탄닌 성분이 모세혈관을 튼튼하게 해 주어 혈압 상승을 방지한다.

4. **숙취해소.** 곶감에 많은 과당, 비타민C와 콜린 성분이 알코올 분해를 돕는다.

5. **기관지 강화.** 한방에서는 곶감 표면의 하얀 가루를 기침, 가래, 기관지염 등에 사용한다.

6. **비위 강화.** 몸을 따뜻하게 하고 위장을 강화하며 얼굴의 주근깨를 없애준다.

7. **정력 강화.** 시설柿雪이라 불리는 하얀 가루는 정액 생성을 향상시킨다.

8. **각종 질병 및 감기 예방.** 면역력을 길러주어 각종 질병과 감기를 예방해 준다.

한편 곶감의 탄닌 성분은 수렴작용이 강해 점막표면의 조직을 수

축시키므로 변비증세가 있는 사람은 삼가야 하고, 탄닌이 철분과 잘 결합하기 때문에 빈혈을 일으킬 수 있으므로 빈혈이 있거나 저혈압인 사람도 자제해야 한다. 음식궁합의 예로 볼 때 간 요리를 먹은 후 후식으로 먹는 곶감은 상극이다. 곶감의 탄닌 성분이 간에 있는 영양소의 체내흡수를 방해하여 영양 손실이 커지기 때문. 반면 수정과에 고명으로 들어가는 곶감과 잣은 찰떡궁합이다. 잣은 곶감의 탄닌과 수정과 속의 철분이 결합하여 탄닌산철이 되는 것을 막아 빈혈과 변비를 예방하기 때문이다.

곶감수정과 만드는 법을 소개한다.

▶ 재료 : 생강 50g, 물6컵, 통 계피 30g, 황설탕 1½컵, 곶감 소 20개, 잣 1큰술

▶ 만드는 법

① 생강 껍질을 벗겨 얇게 저민다. 물을 부어 은근한 불에서 서서히 끓여 고운 채에 거른다.

② 통 계피는 흐르는 물에 깨끗이 씻거나 물기를 꼭 짠 행주로 먼지 없이 닦는다. 향이 잘 우러나도록 손으로 적당한 크기로 부순 계피를 냄비에 넣고 물을 붓는다. 계피의 맛과 향이 충분히 우러날 수 있도록 중간불에서 서서히 푹 끓인다.

③ 맛과 향이 충분히 우러난 생강물과 계피물은 각각 고운 채에 밭친다. 걸러진 생강과 계피 찌꺼기는 버리고 서로 합하여 수정과를 만든다.

④ 위의 수정과 물을 냄비에 붓고 설탕을 넣어 고루 저어 준다. 설탕이 완전히 녹으면 단맛이 잘 어우러지도록 잠시 끓인 뒤 불에서 내려 충분히 식힌 뒤 담아낸다.

⑤ 고명으로 띄울 곶감은 작고 씨가 없는 주머니 모양으로 생긴 것을 골라서 꼭지를 떼고 둥글넓적하게 펴서 가위로 4등분하여 잔 칼집을 낸 후 모양을 잡아 잣을 끼운다.

⑥ 수정과를 들기 3시간 정도 전에 달여 놓은 국물에 곶감을 담가 불려서 부드러워지면 화채 그릇에 수정과를 담고 모양낸 곶감과 잣을 서너 알씩 띄워서 대접한다.

구기자

제11호 지리적표시 임산물 - 청양 구기자
제34호 지리적표시 임산물 - 진도 구기자

집을 떠나 천리길에 구기자를 먹지마라 - 중국속담
독신자는 구기자를 먹지마라 - 일본속담

인삼, 하수오와 함께 3대 야생 정력초로 손꼽히는 구기자에 관한 속담이다. 우리나라에도 구기자에 얽힌 설화가 전해오는데 옛날 전남 진도읍 북상리에서는 오랜 기근이 닥쳤는데도 사람들이 늙어도 죽지 않고 2백년 이상 살았다 한다. 노인들로 득실거리게 된 마을 사람들이 원인 규명에 나선 결과 마을 위쪽에 있는 샘물을 지목하게 된다. 한 아름 크기의 구기자 고목나무 뿌리가 샘돌 사이에 뻗쳐 있었던 것이다. 혹시 하는 마음에 구기자나무를 잘라버렸더니 차츰 수명이 줄어 다른 동네 사람들과 똑 같이 되었다는 믿기 힘든 이야기가 전해온다. 어쨌든 중국 진시황제가 그토록 찾던 불로장생의 약재에도 구기자가 포함되었다 하니 효능효과는 전 세계적으로 인정받고 있는 셈이다.

우리나라를 비롯해 중국, 일본 전역에 분포하는 구기자나무는 가지과에 속하는 낙엽관목이다. 가시가 헛개나무^구와 비슷하고 줄기는 버드나무^{기杞}와 비슷하여 두 글자를 합쳐 구기^{枸杞}라 부르게 되었다. 4미터 높이까지 자라며 6-9월 사이에 연보라색 꽃을 피우고 8-10월 사이 길이 1.5-2.5cm 크기의 타원형 모양의 밝은 붉은색 열매를 맺는다.

우리나라를 대표하는 구기자 주산지는 칠갑산을 등 뒤에 두고 해발 480m 사자산 자락에 위치한 충남 청양군 일대이다. 연간 400여 톤을 생산, 전국 생산량의 70% 이상을 차지하고 있는 이곳이 구기자 특산지로 자리 잡게 된 것은 10대의 젊음을 송두리째 바친 고 박관용씨의 노력 덕택이다. 1920년대 어린 시절을 공주군 신풍면 토끼울에서 보냈던 그의 집에 구기자 울타리가 있었는데 그 열매를 말려 놓으면 상인들이 사간다는 말을 듣게 되었다. 그때부터 구기자 재배 및 품종 개발에 몰두하여 이후 청양군 목면 신홍리 임장골에 자신의 이름을 건 생약시험장을 설치하며 본격적인 구기자 재배에 들어갔다. 그 뒤로 구기자를 심으면 부자가 된다는 입소문이 번지면서 이곳 150ha의 농지가 구기자 재배지로 탈바꿈한 것이다.

구기자는 〈본초강목〉에서 '독성이 없고 차가우며 몸속의 간사한 기운과 가슴의 염증, 갈증을 수반하는 당뇨병이나 신경이 마비되는 질병에 좋다. 정기를 보하고 폐나 신장의 기능을 촉진하여 시력이 좋아진다. 오랫동안 복용하면 몸이 가벼워지고 늙지 않으며 더위와 추위를 타지 않게 된다.'고 했다. 〈신농본초경〉에서는 무독한 상약上藥으로 인삼과 구기 등을 거론할 만큼 민간에서 요긴하게 쓰여 왔다.

신선들이 마셨다는 구기자차는 무병장수의 건강차로 알려져 있다. 잎과 열매, 뿌리를 말렸다 달여 마시는 구기자차는 열매를 이용한 구기자차, 잎을 이용한 구기엽차, 뿌리를 이용한 지골피地骨皮차로 세분된다. 잎은 신선한 어린잎을. 열매는 약간 덜 익은 것을, 뿌리는 늦가을에서부터 이른 봄 사이에 주로 채취한다. 이렇게 채취한 잎과 뿌리는 그늘에서, 열매는 햇볕에서 말린다. 잘 말린 재료는 한지봉지에 보관하여 필요할 때마다 차 또는 탕약으로 이용하는데, 잎은 살짝 볶아 사용하면 향기가 좋아지고 열탕에 우려 마시는 것이 영양 손실을 막는 좋은 방법이 된다.

임상실험을 통해 입증된 구기자의 효능효과를 살펴보면

1. **항균효과.** G(+)균 및 (-)균, 대장균, 효모와 곰팡이에 MIC[minimum inhibition concentration] 테스트를 한 결과 구기자 추출물이 곰팡이와 효모를 제외한 G(+) 및 (-)균에 모두 증식 억제력을 보였다.

2. **항암효과.** 이상래 박사의 연구 결과 구기자〈구기엽〈지골피 순으로 항암효과가 강함을 알 수 있었다. 즉 지골피 추출물이 암세포에 대한 저해농도 IC50값은 $13\mu g/ml$로 오미자[$27\mu g/ml$], 백작약[$46\mu g/ml$]보다 강하고 시호[$10.2\mu g/ml$]보다는 약했다.

3. **면역 증진 효과.** 경희대 한의과는 구기자의 면역반응에 미치는 영향이라는 논문[경희한의대논문집 10,1987]에서 세포성 면역반응을 증강시킨다고 하였다. 이는 정기를 돋우는 보양약인 구기자가 면역반응을 증가시키는 것으로 미루어 正邪論의 이론적 타당성을 뒷받침하고 있다.

4. **간기능 개선, 혈압강하 및 항당뇨 효과.** 구기자의 추출물이 인위적으로 손상시킨 간의 회복을 촉진시킴이 밝혀졌다. 또한 김수정[약학논총 1994] 등의 보고에 의하면 streptozotocin 유발 고혈당 쥐에 대하여 구기엽, 구기자, 지골피의 항당뇨 효과를 측정한 결과 혈당치를 유의성 있게 감소시켰다. 구기엽이 특별히 강하였으며 지골피 수침Ex 투여군에서도 현저한 효과가 있었다.

5. **항산화 효과.** 장수에 관한 언급은 항산화 개념으로 이해해야 한다. 노화방지효소인 SOD[superoxide dismutase], POD[peroxidase] 및 CAT[catalase]의 활성 등을 비교한 결과 free radical의 50%를 소거시키는 농도, 즉 RC50값에서 구기자가 1,140μg, 구기엽은 268μg, 지골피는 15μg로 지골피가 가장 활성이 높았다. 한편 항산화 효소의 활성은 SOD가 구기엽〉구기자〉지골피 순으로, POD는 지골피〉구기엽〉구기자 순으로 증가하였으며, CAT는 구기자에는 존재하지 않았다.

6. **콜레스테롤 저하효과.** 토끼에 75일간 구기자 가루를 일반사료와 함께 급여한 다음 체중과 혈액을 분석한 결과, 대조군에 비해 구기자 급여군의 체중 증가율이 20% 낮아 다이어트 효과가 입증되었으며, 혈액분석 결과 혈중 콜레스테롤이 57%가 감소되었고 중성지방인 triglyceride도 52.7%가 감소하였다.

7. 구기자의 미용·효과. 태양광 중 지표면에 도달하는 자외선은 UVB$^{280-320nm}$와 UVA$^{320-400nm}$광선이다. 구기자 추출물의 최대흡수파장이 279nm로 인체에 해로운 자외선 영역인 UVB$^{280-320nm}$를 효과적으로 흡수하여 피부의 노화촉진 요인들을 제거할 수 있음이 밝혀졌다. 화장품에 있어서 미백작용은 멜라닌 색소침착$^{기미, 주근깨}$ 억제를 목적으로 한다. 구기자 추출물은 0.0403g만으로도 tyrosinase 50%를 억제하여 미백작용을 나타낸다. 수렴작용은 피부 단백질이 고분자 flavonoid인 polyphenol과 결합하여 피부가 수축됨을 나타낸다. 헤모글로빈 단백질에 대한 수렴활성^{HP50}도를 측정한 결과 구기자 추출물의 경우 0.07g만으로도 HP50값이 나타났다. 즉 소량의 구기자 추출물만으로도 수렴작용을 나타내므로 마사지용 팩$^{facial pack}$으로 사용할 수 있다.

상약으로 분류되는 구기자차는 많이 마셔도 부작용이 없다. 곁에 두고 장복하기를 권한다. 구기자 20g을 물 1 l 에 30분 정도 은근히 끓여 꿀이나 설탕을 타서 마시면 OK. 특별한 맛이 없으므로 생강, 계피, 대추와 함께 끓이면 한결 맛이 좋아진다. 구기자 한 가지로도 좋지만 오자차로 만들어 마시면 효능과 맛이 월등해진다.

※오자차 : 구기자, 사상자, 오미자, 복분자, 토사자 다섯 가지와 대추를 같은 양으로 달인 차를 말하는데 대추를 빼고 써도 무방하다.

대봉감

제17호 지리적표시 임산물 - 영암 대봉감
제23호 지리적표시 임산물 - 악양 대봉감
제88호 지리적표시 농산물 - 진영 단감

열릴테냐 안 열릴테냐
열리지 않으면 베어버릴테다.

열리겠나이다, 열리겠나이다.

    까치설날에 두 사람이 한 조가 되어 벌이는 주술행사의 한 대목이
다. 먼저 한 사람이 협박조로 얼르고 난 뒤 낫이나 도끼로 나무껍질에
가벼운 상처를 내면 다른 사람이 얼른 대답을 하며 상처에 팥죽을 뿌
려준다. 주렁주렁 감이 열리길 기원하는 행사인데 유럽에도 비슷한
주법^{呪法}이 있다고 한다.

    세계에 분포되어 있는 감나무속 식물은 약 190여 종으로 대부분
열대에서 온대지방까지 널리 분포하는데 그 중 식용 가치가 있는 것
은 감나무뿐이고 그 밖의 것은 대목용 또는 탄닌 채취용으로 이용되

고 있다. 감은 동북아시아 특유의 온대 낙엽과수로서 야생종은 한국·중국 및 일본에 분포되어 있다. 원산지는 동아시아로 사천, 운남, 절강, 강소 및 호북의 각 성이 원산지이다.

중국에서는 이미 BC 126~118년에 감에 대한 식재 기록이 있으며 5세기 초 감속식물인 유시, 군천자, 정향시, 경면시, 소협시가 재배되었다고 〈제민요술〉과 〈본초문헌〉에 기록되어 있다. 일본에서는 지질시대의 제3기 중 신세新世에 감의 화석이 발견되었고 중국의 원산지와 풍토가 유사하다는 기록이 있으며 단감과 떫은감의 구분은 염창시대[1192~1333년]의 문헌으로 증명하고 있다.

우리나라에서는 고려 명종[1138년] 때에 흑조黑棗:고욤에 대한 기록을 찾아 볼 수 있으며, 고려 원종[1284~1351] 때에 〈농상집요農桑輯要〉에 감에 대한 기록이 있는 것으로 보아 재배는 고려시대부터 시작된 것으로 추정된다. 조선 성종 1474년 건시, 수정시 등의 기록이 있고, 〈국조오례의國朝五禮義〉에서 강희맹은 중추제에 제물로 사용하였다고 하였으며, 광해군 1614년 이수광은 〈지봉유설芝峯類說〉에 고염나무, 정향시, 홍시 등의 재배법을 기록하였다. 또 현종 1660년 〈구황촬요救荒撮要〉에 소시고욤의 일종의 조리법과 곶감 만드는 법이, 〈고사십이집古事十二集〉에는 감식초 제조법과 홍시 만드는 방법에 대한 기록이 남아있다.

우리나라에서 감에 관한 조사는 1920년대에 최초로 실시되었는데 '지리산 남부에 산재하고 있으나 품질이 불량하다'고 기록되어 있다. 당시 일본의 재배 기술이 접목되어 기후가 온화하고 토질이 비옥한 재배 적지를 찾아 심어진 곳이 경남 하동 악양골로 대봉감의 시배지로 전해지고 있다. 한때 왜감, 하찌야로 유명했으나 현재는 우리말 대봉감으로 국내외에 명성을 쌓고 있다. 비옥한 토지와 풍부한 일조량을 자랑하는 전남 영암군과 경남 하동군이 대봉감을 지리적 표시 임산물로 지정 등록했다.

감은 다른 과실에 비하여 무기성분이 풍부하고, 인체의 필수 영양소인 비타민류와 구연산이 많은 과실이다. 한방에서는 시상이라 하여 감꼭지를 말려 딸꾹질에 다려먹고, 땡감의 즙액은 뱀, 벌, 모기 등에 물린데 바르기도 하였다. 〈본초비효〉에서는 감을 깎아 말린 곶감은 숙혈^{피가 머무르는 것}을 없애고 폐열, 혈토, 반위^{구역질}, 장풍^{창자꼬임}과 치질을 다스리는 데 이용된다고 하였다. 민간에서 감은 몸의 저항력을 높여주고 고혈압, 중풍, 이질, 설사, 하혈, 위장염, 대장염 등에 좋은 것으로 알려져 있다.

감의 주성분은 당질^{포도당과 과당}이 15~16%이다. 비타민류가 풍부한데 이 중 비타민C는 1g당 30~50mg을 함유한다. 그밖에 펙틴, 카로티노이드 성분을 지닌 알칼리성 식품이다. 떫은맛의 성분은 디오스프린이라는 수용성 탄닌^{tannin}인데, 과실 내부의 호흡에 의하여 생성되는 아세트알데히드와 결합하여 불용성이 되면서 떫은맛이 사라진다.

감은 비타민C의 함량이 많아 감기예방에 큰 도움이 된다. 비타민C의 섭취는 여러 가지 전염병 예방과 눈의 생리적 활동에 없어서는 안 되는 것으로 알려져 있다. 일상생활에 필요한 비타민 섭취는 식물성 식품에서 거의 90%를 얻게 되는데 비타민C의 경우 과실에서 20% 정도를 섭취한다. 비타민류의 1일 섭취량을 감에서 섭취한다면 비타민 A와 C는 감 1개로 충분하다. 한편 감은 다른 과실보다 단백질과 지방, 탄수화물, 회분, 인산과 철분 등이 많고 칼로리 함량이 높은 편이라서 감을 먹으면 체온을 일시 낮추기도 하고 다량의 구연산은 청뇨, 근육의 탄력 등을 나타내 문화병 환자들의 애호를 받는 과실이다.

감은 종류에 따라 단감, 먹씨감, 수수감. 대봉감 등 여러 종류가 있으나 맛과 향이 뛰어나고 색상이 아름다우며 크기가 커서 감의 왕으로 불리는 대봉감이 으뜸이다. 감은 과수 가운데 가장 오랜 역사를 가졌지만 가공·이용면에서는 뒤떨어진 과수의 하나이다. 최근 감에 대한 인식이 높아지면서 특히 떫은감의 가공에 큰 관심을 보여 감식초, 감장아찌 등 다각적인 측면에서 이용 가치가 연구되고 있다.

일반적인 감의 용도를 잠시 살펴보자. 떫은감을 으깨어 통에 넣고 10일 정도 두어서 발효시켜 걸러낸 것을 시삽柿澁이라 하여 칠기의 밑칠이나 어망의 염색에 사용한다. 감나무 목재의 검게 된 속재목을 혹시黑柿라 하여 고급가구재에 이용한다. 한방에서는 감꼭지를 딸꾹질·구토·야뇨증 등을 달여서 복용한다. 곶감은 해소·토혈·객혈·이질의 치료에 쓰이고, 곶감의 시설柿雪:흰가루은 진해·거담에 효능이 있고 영양식품으로도 쓰인다. 감잎은 비타민C가 풍부한 차로 민간에서 애용되고 있다.

연시홍시를 만드는 전통방식은 병아리 가두리에 담아 짚으로 덮어 보온하고 감나무에 매달아 이른 봄까지 두고두고 먹었다. 자연 연시를 간편하게 만들려면 광주리에 담아 아파트 베란다 등 햇볕이 들지 않는 서늘한 곳에 두면 되고, 80% 정도 익힌 연시를 랩에 싸서 냉장 냉동고에 얼려 두면 이듬해 여름까지 아이스홍시를 즐길 수 있다.

집에서도 쉽게 만들어 먹을 수 있는 감식초 만드는 법을 소개한다.

▶ 재료 : 9월~10월경 오염되지 않고 농약이 전혀 없는 감

▶ 만드는 법

① 감을 깨끗이 준비하여 햇볕이 잘 드는 양지의 항아리에 넣어둔다.

② 3-4개월 두면 막걸리 같은 하얀 뜬물이 생기는데 이 감액을 잘 걸러둔다.

③ 걸러진 감액을 항아리에 저장한 뒤 간간히 저어주어 산소를 공급해 주면 약 6개월 후 붉은색을 띄기 시작한다.

④ 이것을 다시 한 번 깨끗이 잘 걸러 이물질이 들어가지 않도록 봉한다.

⑤ 항아리 뚜껑을 닫고 햇볕이 잘 드는 곳에 2-3개월 두면 신맛이 톡 쏘고 향이 은은하게 나는 감식초가 된다.

Tip. 감식초는 오래 될수록 깊은 향을 내지만 잡균이 생기지 않도록 잘 관리하여야 한다. 처음에는 원액으로 마시기가 힘드니 희석하여 마시도록 한다. 녹차, 주스, 꿀물 등과 함께 자신의 취향에 맞추어 마셔도 좋다.

진영단감이 제93호 지리적표시 농산물로 등록되었다. 지금껏 대봉감 2곳과 감의 가공품인 반시나 곶감 5곳이 모두 임산물로 등록된 점에 견주어 분류기준이 의문스럽고 혼란스럽다. 진영단감을 농산물 편에 새롭게 실을까도 생각해 보았으나 그렇게 하는 것이 오히려 더욱 혼란을 부채질할 거라는 판단이 들어 이 코너에 간단히 단감의 특

징만 언급하는 글을 덧붙이기로 했다

일반적으로 감은 과육에 들어 있는 타닌이 응고·침전되어 단맛을 내는데, 단감은 타닌이 당으로 전환되는 것이 아니고 불용성이 되어 떫은맛이 나타나지 않는 것이다. 우리나라에서 옛날부터 자라던 감 품종들은 대부분 떫은감이며 요즘 널리 재배하고 있는 단감은 일본에서 들여온 품종들로, 특히 '부유^{富有}'를 많이 재배하고 있다. 떫은감에 비해 내한성이 약하기 때문에 9월 평균기온이 21~23℃, 10월 평균기온이 15℃ 이상이어야 좋은 품질의 것이 생산되며 남쪽의 따뜻한 지방에서만 자란다. 경상남도 진영의 단감이 유명하다.

대추

제9호 지리적표시 임산물 - 경산 대추
제27호 지리적표시 임산물 - 보은 대추

저게 저절로 붉어질 리는 없다
저 안에 태풍 몇 개
저 안에 천둥 몇 개
저 안에 벼락 몇 개

장석주 시인의 '대추 한 알'이라는 시의 일부이다. 절로 영그는 열매가 없듯 온갖 풍상을 거친 뒤에야 붉고 단단한 대추가 열린다. 고진감래^{苦盡甘來}. 고생 뒤에 낙이 온다는 만고불변의 진리를 한 알의 대추에서도 배울 수 있다.

대추는 갈매나무과 대추나무^{Zizyphus jujuba Mill}의 익은 열매를 말린 것이다. 핵과로 타원형이며 속에 종자가 들어있다. 개화기는 6~7월이고 열매는 초록색을 띠다가 결실기인 가을에 적갈색으로 변한다. 길이는 1.5 ~ 2.5cm에 달하며 단 맛이 난다. 한편 대추나무는 떡매, 떡살,

달구지^{수레}, 도장목 등으로 쓰일 만큼 재질이 굳고 단단하다. 오죽했으면 모질고 단단한 사람을 대추나무 방망이 같다고 할까.

대추나무는 우리나라 전역에서 볼 수 있는 흔한 식물이다. 농가마다 울타리나 마당 한 쪽에 심어놓고 가정생활에 다용도로 요긴하게 사용하였다. 예로부터 충북 보은이 대추 명산지로 유명하였고 경북 경산이 주 작물로 대추심기를 장려하여 두 곳이 나란히 지리적 표시 임산물로 대추를 등록하였다.

대추는 관혼상제^{冠婚喪祭}에 빠지지 않는 과일로서 제삿상에 홍동백서^{紅東白西} 동쪽 편에 위치한다. 혼인식 폐백^{幣帛}상에서도 시집오는 며느리가 큰절을 올리면 시부모는 대추를 치마폭에 던져주어 아들 낳기를 기원하는 풍습이 있다. 이는 대추가 장수와 다복을 상징하는 중국 민속에서 유래하였다고 전해진다. 대추에 얽힌 중국 전설로, 태원왕^{太原王} 중덕^{仲德}이 젊었을 때 전란을 만나 이틀간이나 굶고 헤매다 쓰러졌는데 비몽사몽간에 어린 신선이 나타나 '누워있지만 말고 어서 일어나 대추를 먹어라'고 이르고는 사라졌다 한다. 정신을 차려보니 마른 대추 한 봉지가 눈앞에 있으므로 그것을 조금 먹었더니 기운이 펄펄 나더라는 것이다. 이 이야기가 널리 퍼져 신선이 준 과일로 알려지게 되었다고 한다.

성분상으로 대추는 단백질, 지방, 사포닌, 포도당, 과당, 다당, 유기산을 비롯하여 칼슘, 인, 마그네슘, 철, 칼륨 등 36종의 다양한 무기원소를 함유하고 있다. 생대추에는 비타민 C와 P가 매우 풍부하게 들어 있어 대추를 '비타민 활성제'라 부르기도 한다.

대표적인 대추의 효능을 살펴보면,

1. **노화방지와 항암효과**. 대추에 있는 비타민류나 식이섬유, 플라보노이드, 미네랄 등은 노화를 방지하는 동시에 항암 효과도 가지고 있다. 몸에 담즙이 많아지게 되면 이것이 세균에 의해 발암물질로 변하게 되는데, 대추의 식이섬유는 이러한 발암물질을 흡착해서 배출하는 역할을 한다. 또한 베타카로틴은 체내의 유해활성산소를 여과하는 작용을 하여 노화를 방지한다. 최근의 연구에 의하면 대추에는 강한 항암작용과 함께 알레르기성 자반증을 치료하는 효과가 있다고 한다. 우리 몸에는 'cAMP'라는 물질이 있어서 인체의 면역력을 높이는 역할을 한다. 대추에는 이 cAMP를 활성화시키는 물질이 대량 함유되어 있어서 암세포의 성장 억제 및 예방 효과가 탁월하다는 것이다.

2. **여성 냉증과 산모건강**. 대추는 성질이 따뜻하여 혈액순환을 좋게 하고 피부를 윤택하게 하며 여성의 냉증에 이용되기도 한다. 오장육부와 12경맥을 골고루 보해 주기 때문에 임산부가 대추를 먹게 되면 태아와 산모 모두에게 좋은 영향을 끼친다. 또한 경미한 이뇨작용과 함께 심장혈관의 기능을 강화시키는 효능이 있어서 체액의 균형을 유지해 주고 몸 속의 불필요한 수분을 배출시켜 주므로 자주 붓는 증상이 있는 사람에게 도움이 된다.

3. **기를 보함**補氣. 대추의 단맛은 비위를 튼튼하게 하여 내장기능을

골고루 회복시키는 작용이 있어서 식욕을 촉진시키고 소화기능을 좋게 하며 신진대사를 원활하게 하여 기운을 돋우고 전신을 튼튼하게 해준다. 또한 단백질이나 당류, 유기산, 비타민, 인, 철, 칼슘 등의 여러 가지 영양소를 골고루 갖고 있어 자양강장의 효과도 지니고 있다.

4. 신경안정, 불면증. 대추에는 갈락토오스, 수크로오스, 맥아당 등의 당이 많이 들어 있기 때문에 단맛이 나는데, 이 단맛은 긴장을 풀어주어 흥분을 가라앉히고 신경을 완화시키는 작용을 한다. 따라서 직장인들의 수면부족이나 갱년기 여성들의 히스테리, 수험생들의 신경과민 증상들을 완화시켜 줄 수 있다. 특히 대추씨에는 신경을 이완시키면서 잠을 잘 오게 하는 성분이 함유되어 있어 불면증으로 고생하는 경우에 효과를 볼 수 있다.

〈동의보감〉에서는 대추를 '독이 없고 맛이 달아 오랫동안 먹게 되더라도 몸의 균형을 깨뜨리지 않는다. 오래 먹으면 안색이 좋아지고 몸이 가벼워지면서 늙지 않게 된다.'고 하여 노화를 방지하는 좋은 약재로 상복常服해도 좋다고 하였다. 한의원에서 처방을 받다보면 생강과 대추가 첨가되는 경우가 매우 많은데, 이는 대추가 오장을 고루 보하면서도 약물의 작용을 완화시키며 독성과 자극성을 덜어주고 약을 먹기 좋게 하기 때문이다. 하지만 설익은 풋대추는 설사를 유발하고 고열을 일으킬 수 있으므로 주의해야 한다.

이와 같이 한약에서는 대추를 완화강장제로 쓴다. 모든 약재와 조화를 잘 이루어 오래도록 복용하면 몸이 가벼워지고 장수를 누리게 된다고 한다. 대추를 달여 먹으면 부부화합이 되는 묘약이라고 주장하는 사람도 있다. 가을에서 겨울에 이르면 공기가 건조해지고 목이 자주 말라서 감기에 걸리기 쉬운데 이때 목을 잘 적셔주고 천식, 빈혈, 입술 트는 것 등에 유효해서 부부 건강을 챙겨주기 때문이라는 것이다.

대추차 달이는 법을 소개한다.
▶ 재료 : 마른 대추 30개, 물 1.8 *l*

▶만들기
① 마른 대추는 솔로 주름 부분까지 세심하게 씻는다.
② 주전자에 물 1 *l* 와 대추를 넣고 센 불에서 팔팔 끓이다가 한소끔 끓으면 물의 양이 ⅓로 줄 때까지 약한 불에서 2시간 정도 더 끓인다.
③ 대추가 푹 무르면 건져 체에 밭친다. 대추를 가볍게 문질러 과육만 걸러낸다.
④ 대추 과육과 2의 물을 섞고 물을 0.8 *l* 더 부어 2시간 정도 달인다.

'대추나무 사랑 걸렸네'라는 TV드라마가 오랫동안 큰 인기를 누린 적이 있다. 전형적인 농촌 마을에서 3대가 함께 살아가는 정겨운 모습들이 떠오른다. 각박한 도시생활, 내 마음에 대추나무 한 그루 심어 보는 것은 어떨까. 삶이 한결 아름다워질 것이다.

더덕

제22호 지리적표시 임산물 - 횡성 더덕

시누이년 시샘에 귀가 먹어서
시앗 둔 서방님에 입이 막혀서
일찍 죽어 맺힌 한 풀지 못하고
예쁘장한 벙어리꽃 피었습니다.
더덕이라 더덕더덕 피어 웁니다

　홍해리 시인의 '더덕꽃' 일부이다. 엄한 시어머니에 가시 같은 시누이, 거기다 첩까지 둔 남편 탓에 일찍 요절한 여인의 한이 서려있다. 더덕꽃을 제대로 본 적은 없지만 여인의 한이 맺혀 더덕더덕 핀 벙어리꽃이 눈에 아른거릴 정도다. 쌉싸름한 맛의 더덕이기에 더욱 감성 어린 사연이 담겨있을 것 같다.

　더덕의 어원에 대해서는 정확히 알려진 바 없으나 1431년에 간행된 〈향약채취월령鄕藥採取月令〉이나 〈향약집성방鄕藥集成方〉에는 '가덕加德'이라 표기되어 있다. 가는 '더할 가'이니 '더'라 읽고 덕은 '덕'이라 읽어야 하니 더덕은 이두식 표기라 할 수 있다. 〈명물기략〉에서는 더덕을 사삼私蔘이라 하고, 양유羊乳 · 문희文希 · 식미識美 · 지취志取 등의 별명을 가지고 있다고 하였다.

더덕은 초롱꽃과 도라지속의 다년생 덩굴식물이다. 인도, 동아시아 등지의 숲속에서 자란다. 해발 2,000m 이상의 높은 산에서부터 들판 · 구릉 · 강가 · 산기슭 · 고원지대 등 도처에 자생하고 있는 더덕의 뿌리는 도라지나 인삼과 비슷하며, 덩굴은 길이 2m 정도로 보통 털이 없고 자르면 유액이 나온다. 8-10월이면 자주색의 넓적한 종 모양의 꽃이 핀다. 〈명의별록〉에서는 "더덕잎은 구기枸杞잎과 비슷하다"고 하였으며, 〈본초강목〉에서는 "1, 2월에 싹이 나는데, 처음 나는 것은 아욱잎과 같다. 8, 9월에 줄기가 자라면 높이가 1, 2척이 된다. 잎은 뾰족하고 길어 구기잎과 같으나 작으며 톱니가 있다. 가을에 잎 사이에서 작은 자주색 꽃이 피는데 모양은 방울 같고 피면 다섯 갈래로 찢어진다. 모래땅에서 잘 자라고 황토에서는 잘 자라지 않는다."라고 비교적 정확한 설명을 하고 있다.

더덕은 오래전부터 식용되었던 식물로 〈고려도경〉에서는 "관에서 매일 내놓는 나물에 더덕이 있는데, 그 모양이 크고 살이 부드러우며 맛이 있다. 이것은 약으로 쓰는 것이 아닌 것 같다"라고 적고 있다. 중국에서는 더덕을 약으로 쓰는데 우리나라에서는 식용 식품으로 쓰고 있음을 지적한 것이다. 또 〈증보산림경제〉에 '2월에 옮겨 심는다'는 말이 나오는 것으로 보아 자연산만으로는 모자라서 재배를 하기도 한 것으로 보인다. 더덕은 어린잎을 삶아서 나물로 만들어 먹거나 쌈으로 먹기도 하며, 뿌리는 고추장장아찌 · 생채 · 자반 · 구이 · 누름적 · 정과 · 술 등을 만들어 먹는다. 특히 햇더덕을 얇게 저며 칼 등으로 자근자근 두들겨서 찬물에 담가 우려낸 다음 꼭 짜서 참기름으로 무치고 양념장을 골고루 발라가면서 석쇠에 구워낸 더덕구이는 별미 중의 별미이다.

일반성분은 수분 82.2%, 단백질 2.3%, 당질 4.5%, 섬유질 6.4%, 회분 1.1%, 칼슘 90mg, 인 12mg, 철 2.1mg, 비타민 B1 0.12mg, 비타민 B2 0.22mg, 니코틴산 0.8mg으로 다른 나물과 별반 차이가 없고 칼슘이 많을 뿐이다. 그러나 인삼처럼 사포닌을 품고 있어 이것이 약효를 발휘하는 것으로 보인다. 〈명의별록〉에서도 "인삼人蔘 · 현삼玄蔘 · 단삼丹蔘 · 고삼苦蔘 · 사삼沙蔘을 오삼五蔘이라 하는데 모양이 비슷하고 약효도 비슷하다"라 하였다. 더덕의 약효는 위 · 허파 · 비장 · 신장을 튼튼하게 해주는 효과가 있다. 예로부터 민간에서는 물을 마시고 체했을 때, 음부가 가려울 때나 종기가 심할 때, 독충에 물렸을 때 가루를 내어 바르면 효과가 있다고 알려져 있다. 〈한국민속약〉에서는 거담 · 강장 · 고혈압 · 부인병 · 위냉병 · 해소 · 해열 · 풍열 · 혈변에 쓰이고, 인삼 · 구절초를 섞거나 꿀을 섞어 보약을 만들기도 한다고 설명하고 있다.

인삼, 도라지 뿌리에는 특유의 향을 내는 사포닌이 들어 있다. 더덕 뿌리에도 이러한 사포닌이 많이 들어있어 기침을 멎게 하고 가래를 삭이는 효과가 있다. 기관지염, 편도선염, 인후염 등 호흡기 질환에 좋은 식품으로 인정받는 이유가 여기에 있다. 감기로 인해 열이 나고 갈증이 심해 물을 자주 마시는 경우에도 도움이 된다. 위, 폐, 비장, 신장 등 내장기관을 튼튼히 하고 피로를 없애는 강장효과뿐 아니라 여성의 월경불순, 피부 미용에 탁월한 효과가 있으며 모유 분비를 촉진시키는 효과가 있다. 더덕은 혈압을 낮춰주는 효능이 있어 고혈압 환자에 좋고 식욕부진, 변비에도 효과가 있다. 하지만 당뇨병 환자는 혈당을 높일 수 있으므로 피하는 것이 좋다.

더덕은 뭐니뭐니해도 향기가 독특하다. 더위가 기승을 부릴 때 가장 짙은 냄새를 풍기므로 냄새에 민감하지 않은 사람일지라도 한여름 숲속을 걷다보면 특유의 향을 맡고 더덕이 있는 곳을 알아낼 수 있다. 그러므로 더덕을 고를 때는 우선 향이 좋은 것을 찾아야 한다. 좋은 더덕은 뿌리가 희고 굵으며 전체적으로 몸체가 곧게 뻗어 있어야 약효와 맛이 모두 뛰어나다.

더덕뿌리 중에서 몸이 매끈하고 쭉 빠진 것을 수컷이라고 하고 통통하면서 수염이 많이 달린 것을 암컷이라고 하는데, 요리를 할 때는 수컷을 선호한다. 먹는 방법은 더덕의 성장기인 봄에 싱싱한 생더덕을 갖은 양념에 무쳐 석쇠에 굽는 '더덕구이'를 비롯하여 더덕회, 더덕김치 등이 있으며 모두 사찰 음식에서 유래된 것이다.

입맛을 돋우는 더덕장아찌 만드는 법을 소개한다.

▶ 주재료 : 더덕 12뿌리, 고추장 1/2컵

▶ 부재료 : 다진마늘 1큰술, 다진파 2큰술, 설탕 1큰술, 물엿 2큰술, 간장 1큰술, 통깨 1/2
작은술, 참기름 1/2작은술

▶ 조리법

① 더덕은 껍질을 벗겨 반으로 갈라 깨지지 않게 살짝만 두들겨 놓는다.

② 두들겨 놓은 더덕은 햇볕에 펼쳐 꾸덕꾸덕하게 말린다.

③ 말린 더덕은 고추장 항아리에 푹 박아 놓는다.

④ 석 달이 지나면 꺼내 고추장을 털어 낸다.

⑤ 분량의 양념(마늘, 파, 설탕, 물엿, 간장, 통깨, 참기름)에 무쳐둔다.

Tip : 더덕의 쓴 맛을 없애려면 소금물에 10분 정도 담가둔다.

머루 · 머루와인

제20호 지리적표시 임산물 - 무주 머루
제37호 지리적표시 임산물 - 무주 머루와인

살어리 살어리랏다 청산에 살어리랏다
머루랑 다래랑 먹고 청산에 살어리랏다
청산 별곡이야 청산에 살어리랏다
머루랑 다래랑 먹고 청산에 살어리랏다

　　고려가요 〈청산별곡靑山別曲〉의 한 대목이다. 머루랑 다래랑 먹고 푸른 산에 살고픈 마음이야 누군들 간절하지 않으랴. 그런데 왜 하필 머루와 다래일까. 쉽게 따 먹을 수 있는 토종 야생과일이었기 때문일 것이다. 으름을 포함하여 머루, 다래는 추억의 열매 삼총사로 불릴 정도로 시골 출신들에겐 익숙한 이름이다. 늦여름과 초가을 사이 산을 오르다보면 포도보다 작고 신맛이 강한 열매를 만나게 되는데 이것이 바로 머루이다.

　　머루Vitis coiqnetiae는 갈매나무목 포도과 낙엽 덩굴식물이다. 줄기는 길고 굵으며 짙은 갈색을 띠고 덩굴손으로 다른 나무를 휘감는다. 잎은 이 덩굴손과 마주 나며 5각형 모양으로 지름이 10∼30㎝이다. 밑동은 깊은 심장 모양을 하고 있다. 아래에는 적갈색의 곱슬곱슬한 털이 빽빽하게 나 있다. 6월경에 큰 원추꽃차례가 잎과 마주 달리며 꽃차례 아래쪽에는 1개의 덩굴손이 나 있는 경우가 많다. 꽃은 작고 황록색이며 꽃받침은 바퀴모양이다. 꽃잎은 끝이 맞붙어 있으며 아래쪽은 갈라진다. 꽃이 지면 꽃턱으로부터 이탈한다. 액과液果는 지름이 1㎝ 정도의 공 모양이고 짙은 자색으로 익는데 신맛이 강하다. 울릉도를 포함한 한반도 전역과 일본 각지에서 자생한다.

우리나라에 자생하는 머루에는 왕머루, 새머루, 까마귀머루, 개머루 등의 품종이 있는데, 왕머루가 가장 넓게 분포되어 있다. 그러니까 우리가 흔히 머루라고 부르는 것은 대부분 왕머루를 지칭한다. 한국의 주산지는 경기도 파주,강화, 강원도 평창,고성, 전북 무주, 경북 봉화,울진, 경남 함양,산청 등이다. 이중 전북 무주군이 지리적 표시 임산물로 머루를 등록했다.

머루는 포도의 조상으로서 포도보다 효과가 우수한 것으로 인정받고 있다. 칼슘, 인, 철분, 회분 등의 성분이 포도보다 10배 이상 많으며 특히 항산화작용을 하는 안토시아닌 성분이 다량 함유되어 있다. 머루의 효과는 저혈압, 혈액순환, 부인병에 좋고 성장기 어린이 두뇌 발달에 도움을 주며 머루의 신맛은 식욕촉진과 소화촉진을 돕는다. 또한 불면증, 변비, 피로회복, 숙취, 피부 미용에 탁월한 효능을 나타낸다고 조사되고 있다.

민간요법에는 머루를 강장제 및 보혈제로 먹으며 음위에도 쓰인다고 한다. 열매를 말려 꿀에 잰 후 졸여서 머루정과를 만들어 복용하면 혈액순환을 좋게 하고 몸을 튼튼히 한다. 열매 이외에 잎과 줄기, 뿌리를 약으로 쓰는데 몸이 퉁퉁 붓는 부종에는 줄기를 잘게 썬 차를 조금씩 마시면 잘 낫는다. 옴이 번져 생긴 종기에는 뿌리를 말려 찧어서 가루로 만들어 꿀에 붙여도 좋으며 노인성 좌골 신경통에는 줄기를 썰어 푹 삶은 후 욕탕에 넣고 이 물로 매일 목욕을 하면 대단한 효과가 있다고 한다.

한방약재로는 열매로 종창, 화상, 동상, 식욕촉진, 해독, 보혈, 폐질환, 무독증, 지갈, 이뇨, 두통, 요통, 두풍, 대하증, 양혈, 폐렴, 폐결핵, 허약증 등에 널리 사용해 왔다. 〈동의보감〉과 그 밖의 문헌을 종합해 보면 잎이나 줄기는 여름이 지난 다음 채취하여 햇볕에 말려 쓰고 뿌리는 가을 이후에 채취하여 물로 깨끗이 씻은 후 건조하여 사용한다고 한다.

머루는 약 80%가 수분이고, 조단백질이 0.87-1.00%, 조지방이 0.25-0.60%, 환원당이 11.95-19.00%다. 머루에는 항암 및 심혈관 질환에 효과가 있는 것으로 알려진 레스베라톨을 비롯한 폴리페놀, 카테킨 등이 다량 함유되어 있다. 품종이나 지역에 따라 다소 차이가 있겠지만 카테킨은 약 50mg/kg, 폴리페놀은 약 $150\mu g/ml$ 착즙액, 레스베라톨은 약 $60\mu g/g$ 과피. 일반포도보다 10배 이상 함유이 들어있다. 레스베라톨은 머루뿐만 아니라 오디, 땅콩 등 최소 72종 이상의 식물체에 함유된 기능성 물질인데, 적포도주를 많이 마시는 프랑스 사람들의 심혈관계 사망률이 낮은 이유가 포도에 함유된 레스베라톨 성분 때문이라는 'French Paradox'가 알려지면서 이에 대한 연구가 활발히 이루어졌다.

레스베라톨은 강력한 항암 작용이 있다. 암화는 3단계를 거쳐 일어나는데, 레스베라톨은 암화의 3단계 모두에 작용한다. 즉 암 개시를 촉진하는 단계 I 효소인 CYP450를 저해하여 암 개시를 억제하고, 해독화와 관련된 단계 II 효소인 쿠논환원효소를 유도하여 DNA 변이를 억제하며 활성산소 소거에 의해 DNA 손상을 억제한다. 암 촉진 단계에서는 사이크로옥시게나제-2, 유도형 산화질소 합성효소[iNOS] 및 단백질 인산화효소 등을 저해하며, 암 진행단계에서는 미분화된 암세포의 분화를 유도하고 암세포의 세포주기 저해 및 세포 사멸을 유도한다. 이와 같은 화학적, 기능적 특성 성분을 함유하고 있는 머루는 주로 포도와 같이 생과나 열매를 착즙한 주스 또는 이를 발효시킨 와인의 형태로 섭취하는데 신맛이 강한 주스 대신 와인으로 마시는 경향이 점차 늘어나고 있다.

최근 전북 무주군이 의뢰한 연구결과에서도 머루와인이 에피카테킨 함량이 높아서 충치와 구취, 혈당, 혈압의 상승을 억제함은 물론 노화방지와 동맥경화 예방, 항암효과가 월등한 것으로 조사됐다고 밝혔다. 특히 머루는 포도에 비해 항산화성분인 폴리페놀이 1.8배, 플라보노이드가 1.8배, 안토시안이 3.3배나 높은 것으로 나타났으며 조 단백질과 조섬유 함량이 1.6배 높은 것을 비롯해 나트륨 함량은 3.1배가 낮고 칼륨과 칼슘 함량은 2배나 높은 것으로 밝혀졌다. 한국식품연구원 박용곤 박사는 "기능성 연구에서도 머루와인은 포도와인에 비해 항산화 활성을 나타내는 양이온 소거활성이 1.4배, 음이온 소거활성이 1.5배 높은 것으로 나타났다"고 말했다. 또한 "머루와인은 혈관 내피에 작용해 혈관확장 작용물질인 산화 질소를 분비하는데 이는 심장을 보호하는 것은 물론 콜레스테롤을 낮추며 당뇨병과 류머티스, 위궤양, 요실금, 알츠하이머병을 억제하는 효과가 있다"고 밝혔다. 머루와 머루와인의 효능이 과학적으로 증명되면서 포도와인이 주를 이루던 와인 시장에도 큰 변화가 일고 있다.

가정에서 손쉽게 담그는 머루주 만드는 법을 소개한다.

① 머루주를 담그려면 우선 잘 익은 머루를 골라 깨끗이 씻어 물기를 뺀 뒤 항아리나 독에 넣고 소주를 붓는다.

② 머루는 한 알 한 알 따서 넣는 게 좋지만 송이 째 그냥 넣어도 상관없으며, 소주는 머루 500g에 1.8ℓ가 적당하다.

③ 밀봉한 후 서늘한 곳에 보관하면 바로 발효를 시작하는데, 3~6개월 지나면 선홍빛으로 물든 향긋한 머루주를 맛볼 수 있다.

Tip. 항아리 개봉시 공기가 통하지 않도록 고무줄로 꽁꽁 밀봉해 놓은 비닐봉지를 풀고 고여 있던 알코올 가스를 충분히 날려 보낸 다음 마셔야 한다. 곧 바로 마시면 혼수상태로 병원 신세를 질 수 있으니 유의.

명이

제46호 지리적표시 임산물 - 홍천 명이

임자, 내가 뭐랬어?
그렇게 투자 좀 하자니까
내 말은 믿지도 않고…
후회되지?

　농촌진흥청 블로그기자단 문형명 주부의 남편이 이 말을 내뱉기만
하면 그녀는 무한히 쪼그라든다. 7년 전 강원 인제에 귀농하여 처음
심은 것이 명이나물이었다. 귀농 몇 해 전 울릉도 관광을 다녀온 후로
남편이 입버릇처럼 "명이, 명이" 노랠 불렀지만 그럴 때마다 "종근種根
값이 너무 비싸다"며 타박을 늘어놓았기 때문이다. 지금은 매년 판매
공지를 하기만 하면 대개 3일 만에 완판 되어 버리므로 이런 효자 작
물이 또 있을까 싶다.
　명이茗荑는 울릉도 사람들이 산마늘을 부르는 이름이다. 조선조 태

종 이후 공도空島 정책을 펴 오다 1882년 고종 19년에 한 무리의 본토인을 울릉도로 이주시켰는데, 이때 양식이 떨어진 이주민들이 추운 날씨에도 흰 눈을 뚫고 돋아나는 산마늘 싹으로 겨울을 넘기면서 '생명을 이을 수 있었다'고 붙여준 이름이다. 유래야 어쨌건 요즈음 최고의 웰빙 식품으로 각광받고 있으니 이름의 덕을 톡톡히 보고 있는 건 부인할 수 없다.

명이는 백합과에 속하는 다년생 식물로 시베리아, 중국, 한국, 일본 등에 분포하며 일본에서는 수도승들이 즐겨먹는 행자行者 마늘로, 중국에선 자양강장에 좋고 맛이 뛰어난 산채로 사랑받아 왔다. 우리나라에서는 오대산, 지리산, 설악산 등의 고산지나 북부 지방에 주로 자생하는데 이 중 울릉도는 명칭의 유래에서 알 수 있듯 산마늘 명이의 주산지로 손꼽혀왔다. 그런데 최근 황금약초로 불릴 만큼 그 수요가 폭증하자, 가파른 비탈에서 목숨 걸고 야생 채취하려는 사람들로 해서 현지에선 오히려 명을 줄인다며 '명줄' 나물로 불러야 한다는 우스갯말도 나오고 있다.

공급 부족의 가장 큰 원인은 자연 분주分株에 의한 산마늘 번식은 연간 2~3배밖에 되지 않으며, 실생實生 번식의 경우는 종자 파종에서 수확까지 4~5년이 소요되는 등 번식률이 매우 낮기 때문이다.

한정된 개체수로는 도저히 늘어나는 수요를 따라잡을 수 없던 차에, 강원 오대산 일대의 홍천군 내면 주민들이 20년 전부터 오대산 계통의 야생 명이를 이식 재배하는데 성공하여 '홍천 명이'를 2013년 산림청 지리적표시 임산물 46호로 먼저 등록시켰다. 이곳은 예로부터 일교차가 크고 여름에도 해발 600m 이상의 산간 고지대 기후가 서늘하여 명이가 자라기엔 최적지다. 뒤늦게 울릉도도 지리적표시 단체표장 특산물로 특허청에 신청 중이라니 그 명성을 이어가기에 부족함이 없을 듯하다.

생육환경은 토양의 부엽질이 풍부하고 약간 습기가 있는 반그늘에서 잘 자란다. 키는 25~40cm이고 잎은 2,3장이 줄기 밑에 붙어서 난다. 잎은 약간 흰 빛을 띤 녹색으로 길이는 20~30cm, 폭은 3~10cm가량이다. 꽃은 5~7월 사이 줄기 꼭대기에서 흰색 또는 연한 자색으로 뭉쳐 피고 모양은 둥글다. 일반 마늘과 다른 점은 잎을 주식으로 한다는 점이고 전체에서 마늘 냄새가 난다. 뿌리가 한줄기로 되어 있어 일반 마늘과는 쉽게 구분된다. 단군신화에 나오는 마늘은 바로 이 산마늘이었다. 요즘 우리가 먹고 있는 육쪽마늘은 훨씬 후에야 한반도에 전래되었다.

명이는 인경鱗莖; 땅속줄기의 하나. 줄기가 짧고 그 둘레에 두꺼운 잎이 둘러싸여 둥글게 덩어리 모양이 된 줄기를 말함, 잎, 꽃 등 식물 전체를 이용한다. 3~6월 사이 어린싹에서부터 잎이 굳어지기 직전까지 잎줄기 등을 이용하고, 뿌리와 인경은 1년 내내 이용할 수 있으며, 꽃과 봉오리는 6~7월에 이용한다. 비늘줄기는 생약명으로 각총茖葱이라 하여 구충, 이뇨, 해독 및 감기 증상 제거에 사용하고 중국에선 최고의 자양강장제로 애용되고 있다.

일찍이 허준의 〈동의보감〉에는 "소산小蒜이라 하여 매운맛이 있고 비장과 신장을 돕고, 몸을 따뜻하게 하고 소화를 촉진시킨다. 토사곽 란^{吐瀉癨亂;음식이 체하여 갑자기 토하고 설사하는 급성 위장병}을 멈추며 뱃속의 기생충을 없애고 뱀에 물린데 효과가 있다."고 기술하였다. 실제 명이에는 섬유질이 많아 장운동을 활발히 하여 장내 독성을 배출시키고 콜레스테롤을 정상화시켜서 대장암 발병률을 낮출 뿐만 아니라 변비를 없애준다. 또한 비타민 A가 많아 피부를 매끈하게 하고 감기에 대한 저항력을 높이며 호흡기 및 시력을 강화시킨다. 잘 알려진 대로 마늘에는 독특한 냄새를 내는 알린^{Alliin}이란 성분이 들어있는데, 이는 유황성분이 많은 아미노산의 일종으로 비타민 B1을 활성화시키고 일부 병원균에 대해 항균작용을 나타낸다.

지금까지 밝혀진 명이나물의 주요 효능을 요약 정리해 보면,

1. **면역력 증진**. 풍부한 비타민과 무기질이 면역력을 향상시켜 주므로 감기나 각종 질병으로부터 몸을 보호해 준다.

2. **혈관질환 개선**. 혈관 내에 쌓이는 콜레스테롤과 노폐물 등 이물질들을 제거하여 혈관질환의 예방 및 치료효과를 보인다.

3. **타박상, 염증 해소**. 타박상을 입거나 몸에 염증이 생겼을 때 명이나물을 섭취하거나 나물을 빻아서 몸에 발라주면 빨리 낫게 된다.

4. **소화 식욕 촉진**. 명이는 위를 튼튼하게 하여 소화기능을 향상시켜주며 입맛을 돋우어주는 효능이 있다.

그 외에 몸 안에 뭉쳐있는 어혈을 풀어주고 각종 성인병 예방, 항암효과, 신진대사 촉진, 자양강장 등에 두루 도움을 준다.

명이나물을 간장에 절인 것을 명이장아찌라 하는데, 새콤달콤한 맛 덕분에 수육 삼겹살 등 고기쌈으로 잘 어울린다. 입맛이 떨어지는 여름철 밑반찬으로도 안성맞춤이다. 명이장아찌 담그는 법을 소개한다.

▶ 재료 : 명이나물 200 g, 간장 1.5컵, 조선간장 0.5컵, 식초 1컵, 설탕 1컵, 멸치다시마 물 2컵, 소금물 5컵

▶ 만드는 법
① 명이를 깨끗이 씻은 다음 물기를 빼준다.
② 물기를 쏙 뺀 명이를 약간 간간한 소금물에 담근 후 24시간 돌로 눌러 준다.
③ 소금물에 절인 명이를 씻은 뒤 물기를 빼고 항아리나 스테인리스 그릇에 차곡차곡 담는다.
④ 간장 · 식초 · 설탕 · 멸치다시마 물을 혼합해 팔팔 끓여서 명이나물에 붓는다.
⑤ 부었던 간장물을 3일 후 또 끓여서 식힌 후 다시 한 번 명이나물에 부어준다.
⑥ 1주일 지나 다시 간장물을 끓여서 명이나물에 부은 다음 냉장고에 한 달 동안 보관했다가 먹는다.

눈을 뚫고 올라오는 명이의 새싹을 '뿔명이'라 부른다. 웬만한 폭설과 서리에도 끄떡없이 솟구치는 뿔, 명이는 그렇게 세상을 견디는 힘을 지녔다. 여러분도 기운을 잃었을 때 각별히 명이 반찬을 찾아보기 바란다.

밤

제4호 지리적표시 임산물 - 정안 밤
제38호 지리적표시 임산물 - 충주 밤
제48호 지리적표시 임산물 - 청양 밤

이 사람아
산 채로 껍질을 벗겨내고
속살을 한 번 더 벗겨내고
그리고 새하얀 알몸으로 자네에게 가네.

박라연의 시 '생밤 까 주는 사람' 일부이다. 어렵사리 생밤을 까는 장면에서 비장함마저 우러나온다. 딱딱한 겉껍질을 벗겨내고 얇은 속껍질을 벗겨내야만 토실토실 알밤을 맛 볼 수 있기 때문이다.

밤은 밤나무의 열매이며 지름 2.5~4㎝ 크기에 짙은 갈색으로 익는다. 우리나라에서 재배하는 품종은 재래종 가운데 우량종과 일본 밤의 개량종으로서 주로 중·부지방에서 8월 하순~10월 중순에 수확되고 있다.

밤의 역사는 낙랑시대로 거슬러 올라간다. 이 시대의 것으로 추정되는 무덤에서 밤이 발견된 점으로 봐서 적어도 2천년 이상 된 것으로 보인다. 당나라 위징의 〈수서〉와 이연수의 〈북사〉에 '백제에는 큰 밤이 생산되고 있다'는 기록이 남아있고, 〈조선왕조실록〉 세종지리지에 공주 정안 밤에 대한 기록이 있는 점으로 보아 예로부터 지금의 충청 지역이 주산지였음을 엿볼 수 있다. 공주시 정안면은 온통 밤밭이라 해도 과언이 아닐 정도로 밤나무가 많다. 깨끗한 공기와 물, 토양, 일교차가 심한 산지 등 천혜의 조건을 갖추고 있다. 정안 밤은 당도가 높고 고소하며 알이 단단해 이곳을 대표하는 특산물로 지리적 표시 등록을 마쳤다.

한방 서적을 보면 '밤은 맛이 달고 성질이 따뜻하며 독이 없다'고 기록되어 있으며 〈동의보감〉에도 '밤은 기운을 돋우고 위장을 강하게 하며 정력을 보하고 사람의 식량이 된다.'고 적혀 있다. '양위건비養胃健脾'라 하여 위장과 비장의 기능을 좋게 해 소화기능을 촉진시킨다. 또한 속을 편하게 하고 설사나 출혈을 멎게 하며 하체를 튼튼하게 하는 효과도 있다.

풍부한 영양은 동의보감을 열거하지 않아도 될 만하다. 특히 비타민C의 함유량이 많아 생밤을 술안주로 이용할 경우 숙취 해소에 큰 도움이 된다. 이 외에도 과당은 위장을 튼튼하게 해 주고 군밤은 설사, 배탈에 효과가 있으며 단백질과 탄수화물은 근력 강화에, 비타민과 단백질은 정력 보강제로 이용되고 있다. 이 뿐만이 아니라 밤은 쌀에 비해 비타민 B1이 4배 이상 함유되어 있어 피부를 윤기 있게 가꿔

주고 노화를 예방해 준다. 머리카락이 검어지고 머릿결을 부드럽게 하는 작용도 한다. 요즈음은 율피를 이용한 마사지가 피부 미용에 상당한 효과가 있는 것으로 알려져 있다.

그러나 밤의 최고 효능은 게르마늄이 다량 함유되어 있다는 것이다. 게르마늄은 신이 내린 선물로 만병통치약으로도 불린다. 유기게르마늄이 다량 함유된 재래식물로는 밤, 인삼, 구기자가 손꼽히는데, 2005년 일본 가공밤 수입업자협의회 마사모토 회장은 일본식품안전청을 통해 일본이나 중국 밤에 없는 게르마늄이 한국산 밤 속에서는 kg당 0.1mg이 포함된 것을 확인해 주었다. 게르마늄의 가장 큰 효능은 산소의 공급이라 할 수 있다. 최근 여성의 유방암 환자가 급증하고 있는데 이는 모유의 기피 현상에 의한 유선의 막힘에서 비롯되었다고 한다. 게르마늄은 인체 내 산소공급이 원활하지 못하여 발생되는 질병들에 대하여 치유 및 예방이 가능할 것으로 기대된다.

열량 160kcal의 밤 100g 중에는 탄수화물이 34.5g, 단백질이 3.5g, 기타지방, 칼슘, 비타민A, B, C 등도 듬뿍 들어 있어 인체 발육 및 성장에 도움을 준다. 특히 밤에는 비타민 C가 많이 함유되어 있어 피부미용, 피로회복, 감기예방 등에 효험이 있는데, 생밤을 술안주로 이용할 경우 비타민 C가 알코올의 산화를 도와주는 것으로 밝혀졌다.

밤에 들어 있는 당분은 소화가 잘되는 양질의 당분으로서 위장기능을 강화하는 효소가 있으며 배탈이 나거나 설사가 심할 때 군밤을 잘 씹어 먹으면 낫는다고 한다. 특히 최근에는 성인병 예방, 기침 예방, 신장 보호 등에 약효가 있고 소화가 잘되는 특성으로 인해 가공식품 원료나 병후 회복식 또는 어린이 이유식 등으로도 널리 이용되고 있다. 이제는 밤이 쓰이지 않는 곳이 없을 정도다.

밤의 주요 효능을 살펴보면,

1. **위장 기능 촉진**. 밤의 과당에는 위장을 튼튼하게 해 주는 성분이 들어 있다. 장기간 복용하면 위장 기능이 활발해져 소화력이 왕성해진다.

2. **설사 · 배탈에 효과**. 밤을 불에 구우면 과육이 부드러워져 생밤보다 소화가 잘된다. 배탈이 나거나 설사가 심할 때 군밤을 씹어 먹으면 냉한 속이 따뜻해지면서 치료 효과를 볼 수 있다.

3. **근력 강화**. 밤에 함유되어 있는 양질의 단백질과 탄수화물은 근력을 키우고 근육을 생성하는 데 도움을 준다. 성장기 아이들의 신체 발육에 좋으며 운동선수 등 근육을 많이 쓰는 사람들의 근육통이나 사지무력감을 치료하는 데도 효과적이다.

4. **정력 보강**. 비타민과 단백질이 몸의 근력을 강하게 해줄 뿐만 아니라 갱년기 이후 약해진 정력을 보강해준다.

5. **하체 강화**. 걸음마가 느린 어린아이나 나이가 들어 하체에 힘이 빠진 노인들에게 껍질 벗긴 밤을 두충과 함께 달여 먹이면 다리에 힘이 생긴다. 혹은 그냥 밤을 꾸준히 먹게 해도 다리 힘이 길러진다.

6. **피부 미용 효과**. 밤은 쌀에 비해 비타민 B1이 4배 이상 함유되어 있어 피부를 윤기 있게 가꿔주고 노화를 예방해준다. 머리카락이 검

어지고 머릿결을 부드럽게 하는 작용도 한다.

7. **숙취 해소.** 밤에 풍부하게 함유되어 있는 비타민 C는 알코올 분해를 돕는다. 술을 마실 때 안주로 생밤을 먹으면 다음날 숙취가 없다.

8. **신장 강화.** 한의학에서는 밤을 '신장의 과실'이라고도 한다. 이 뇨작용에 효과적이어서 신장병에 특히 좋기 때문이다.

다른 식물의 경우 나무를 길러낸 첫 씨앗은 땅속에서 썩어 없어져 버리지만 밤은 땅 속의 씨밤이 생밤인 채로 뿌리에 달려 있다가 나무가 자라서 씨앗을 맺어야만 씨밤이 썩는다. 그래서 밤은 자신과 조상과의 영원한 연결을 상징한다. 자손이 수십 수백 대를 내려가도 조상은 언제나 자신과 연결되어 함께 이어간다는 뜻이다. 신주를 밤나무로 깎는 이유도 바로 여기에 있다.

산수유

제15호 지리적표시 임산물 - 구례 산수유

남자한테 참 좋은데
남자한테 정말 좋은데
어떻게 표현할 방법이 없네.
직접 말하기도 그렇고

    요즘 뜨고 있는 모 식품회사의 산수유 제품 광고카피이다. 효능 표기를 함부로 할 수 없는 산수유 가공식품을 우회적인 방법으로 재미나게 표현한 것인데, 뭇 남성들의 호기심을 자극하면서 근래 최고의 히트 강장식품으로 불타나게 팔리고 있다 한다. 그런데 산수유가 남자에게 그렇게 좋을까? 답은 '그렇다'에 가깝다. 〈동의보감〉에서는 산수유를 '몸을 살찌게 하고 원기를 돋우며 정액을 보충한다.'고 하여 대표적인 강정제로 소개하고 있고, 십전대보탕 못지않게 일반에 널리 알려진 육미지황탕六味地黃湯은 여섯 가지 약재가 들어간 보혈보음제인데 가장 중요한 역할을 하는 재료가 바로 산수유이기 때문이다.

산수유와 관련한 재미난 설화 한 토막. 신라 48대 임금인 경순왕은 귀가 당나귀 귀처럼 너무 커서 항상 복두幞頭를 쓴 채 생활했으므로 아무도 몰랐지만 복두장이만은 이 사실을 알고 있었다. 비밀을 가슴에 품고 살자니 죽을병이 든 복두장이는 도림사 뒤켠의 대밭에 들어가 "임금님 귀는 당나귀 귀"라고 외치다 죽었다고 한다. 그 뒤로 바람만 불면 대나무들이 "임금님 귀는 당나귀 귀"라고 아우성을 질렀고 이를 참다못한 경문왕은 대나무를 모조리 뽑아버린 뒤 그 자리에 산수유나무를 심게 하였다 한다. 자신의 치부를 가려주기에 산수유나무만한 게 없다는 판단이었을까.

산수유는 층층나무과에 속하는 갈잎작은키나무이다. 층층나무속은 북반구 온대에 40여종이 분포하고 우리나라에는 약 7종이 있다. 높이는 4-7미터 정도 자라고 개화기는 3, 4월경이며 결실기는 9-11월경이다. 이른 봄철에 노란 꽃을 화사하게 피웠다가 늦가을에 빨간 열매로 익는다. 열매가 닭발 같아서 '계족'이라고도 하고 약으로 이만한 게 없다 하여 '약조'라고도 불린다. 10월 중순 상강 이후가 수확기인데, 씨앗을 분리시킨 육질은 술과 차, 한약의 재료로 사용된다.

타원형의 과육에는 코르닌Cornin, 모로니사이드Morroniside, 로가닌Loganin, 탄닌Tannin, 사포닌Saponin 등의 배당체와 포도주산, 사과산, 주석산 등의 유기산이 함유되어 있고 비타민 A와 다량의 당분도 포함되어 있는데, 이 중 코르닌은 부교감신경 흥분작용이 있는 것으로 알려져 있다. 종자에는 팔미틴산, 올레인산, 리놀산 등이 함유되어 있다.

한의학에 등장하는 산수유의 대표적인 약리작용을 살펴보면,

첫째, 생리기능 강화와 정력증강 작용

산수유의 가장 큰 약리작용으로는 허약한 콩팥의 생리기능 강화와 정력증강 효과를 꼽는다. 산수유를 오랜 기간 먹을 경우 몸이 가벼워질 뿐만 아니라 과다한 정력소모로 인한 요통 무기력증으로 조로현상, 이명현상, 원기부족 등에도 유익하다. 원기를 올려주고 신장 기능을 강화해 정기를 북돋워주기 때문이다. 이런 효능은 남성의 조루현상이나 발기부전, 또는 몽정이나 지나친 수음 행위 등으로 정신이 산만하거나 집중력이 떨어졌을 때도 적용된다.

둘째. 통증 완화, 시린 데에 효과

수렴성 강장약으로 신장의 수기를 보강하고 남성의 정수精水를 풍부히 하여 정력을 유지하는데 효능이 탁월하고 성인남녀의 허리와 무릎 등의 통증 및 시린 데에 효능이 있고 여성의 월경과다 조절 등에 좋다.

셋째, 요실금, 야뇨증에 효과

산수유의 신맛은 근육의 수축력을 높여주고 방광의 조절능력을 향상시켜 어린 아이들의 야뇨증을 다스리며 노인들에게서 많이 나타나는 요실금 증상에도 효능이 있다. 노인이나 어린아이가 이런 증상을 보일 때 인삼과 오미자, 진피, 익지인을 함께 쓰면 잘 낫는다.

그 외에 산수유는 간과 콩팥의 강음 강정을 보하여 과로하거나 신체

가 노화되어 나타나는 빈뇨^{頻尿}에 효과가 있다. 〈동의보감〉에서는 정력을 보강시켜 주고 성 기능을 높이며 뼈를 보호해 준다고 하고 허리와 무릎을 덮어주며 오줌이 잦은 것을 낫게 한다 라고 기록하고 있다.

그런데 중국에서 펴낸 〈중약대사전〉에 의하면 산수유 열매과육은 원기를 강하게 하고 정액을 거두어 간직하게 하는 효과가 있지만 씨는 반대로 정액을 빠져 나가게 한다. 이처럼 과육과 속씨의 효능이 정반대가 되므로 사용할 때는 반드시 핵인 속씨를 제거해야 한다. 속씨에 들어있는 떫은맛의 수렴 성분이 소변을 불편하게 만들고 원기를 빠져나가게 하기 때문이다. 따라서 차를 달일 때나 술을 담글 때에는 익은 산수유 열매를 따서 불에 쬐거나 뜨거운 물에 담갔다가 굳은 씨를 빼낸 후 말려서 사용하면 된다.

한편 산수유는 설사할 때, 감기로 오한과 발열이 있거나 땀을 많이 흘리거나 소변이 잘 나오지 않거나 배뇨통이 있을 때, 정력이 너무 왕성할 때에는 쓰지 않고 도라지와는 상극이라 함께 사용하지 않는다.

산수유는 가정에서 차로 복용하면 좋다. 산수유 150g을 맑은 물 10리터(5되)에 넣고 높은 불에 1시간, 낮은 불에 2시간 정도 끓인다. 물의 양이 30% 정도로 졸여졌을 때 건더기를 건져내어 마시면 된다. 냉장고에 보관하여 차게 마셔도 좋다. 신맛이 강하므로 약간의 설탕이나 꿀을 가미하여 복용하거나 대추, 곶감, 계피, 감초, 오미자, 구기자, 인삼 등과 함께 달여 장복하면 보혈강장^{補血强壯}의 효과를 볼 수 있다. 산수유차는 신장 요로계통과 성인병, 부인병 등에 효능이 있으며, 특별히 성기능 회복에 도움을 주고 땀을 멎게 하며 열을 내리고 음기를 보충해 준다. 소변을 자주 보는 빈뇨 증상에도 효과적이다.

매년 3월이면 우리나라 최대의 산수유 군락지인 지리산 기슭의 전남 구례 산동면과 산내면에서는 산수유꽃 축제가 열린다. 그런데 유독 남성보다 여성들의 유람행렬이 잦다. 노란 꽃이 정력의 화신인 산수유 열매로 붉게 잘 맺히기를 바래서일까.

산채나물

제5호 지리적표시 임산물 - 울릉도 삼나물
제6호 지리적표시 임산물 - 울릉도 미역취
제7호 지리적표시 임산물 - 울릉도 참고비
제8호 지리적표시 임산물 - 울릉도 부지갱이

울렁울렁 울렁대는 가슴 안고 연락선을 타고가면 울릉도라
뱃머리도 신이 나서 트위스트, 아름다운 울릉도.
붉게 피어나는 동백꽃잎처럼 아가씨들 예쁘고
들이 먹다가 하나 죽어도 모르는 호박엿,
울렁울렁 울렁대는 처녀가슴 오징어가 풍년이면 시집가요,
육지손님 어서 와요 트위스트, 나를 데려가세요.

　　대중가요의 가사처럼 동쪽 먼 심해선 밖의 한 점 섬 울릉도는 그
생경함으로 우리를 가슴 설레게 한다. 70년대 말 대학시절 어렵사리
둘러보았던 내게도 여전히 환상의 섬으로 남아있다. 울릉도에 사람
이 살기 시작한 것은 BC 500년경 청동기시대로 추정되며 AD 512년
신라 지증왕 때 이사부가 당시의 우산국을 정벌한 사실이 문헌에 남
아있다.

　　울릉도는 중위도 권에 속하는 온대해양성 기후지역으로 고유의 생
태적 특성을 지닌 식물들이 많이 자생한다. 육지로부터 고립된 섬의

환경은 독자적인 식물분포를 형성하였으며 그 중 대표적인 것이 산채류다. 산채는 우리나라 전역에 널리 분포하는데 예로부터 구황식품이나 미각식품으로 많은 사랑을 받아왔다. 울릉도에 자생하는 산채류는 20종이 넘으며 이곳만의 고유한 산채만도 10여종에 이른다.

이른 봄 눈 속에서 싹을 틔우는 울릉도 산채는 맛과 질이 매우 뛰어나다. 성인봉 아래 원시림의 비옥한 토질과 수확기까지 이어지는 서늘한 기후조건은 산뜻한 미각과 진한 향기를 머금은 무공해 식품을 탄생시키는 필요충분조건이 되고 있다. 이곳의 여러 산채 중에서 삼나물, 미역취, 참고비, 부지갱이 4가지가 지리적표시 임산물로 지정받았다.

이들을 간략히 소개하면,

1. **삼나물**. 장미과에 속하는 다년생 숙근초로서 울릉군 산야에서만 자생한다. 공식명칭이 눈개승마인 삼나물은 어린순이 삼蔘잎 같다 하여 붙여진 이름이다. 주로 어린순을 밑동의 질긴 부분을 제거한 후 초무침으로 먹거나 육개장에 넣어 이용하는데 울릉도에서는 잔치 때나 명절날 쇠고기국을 끓이거나 제수용 나물로 쓰고 있다. 쫄깃쫄깃한 것이 쇠고기 맛이 난다 하여 이곳에서는 고기나물로도 불리며 모 특급호텔 주방에서 비빔밥의 주된 재료로 쓸 만큼 고급 산채로 알려져 있다. 전초全草를 말려 해독, 정력, 편도선염, 지혈 등 약용으로도 쓰인다.

2. **미역취**. 국화과에 속하는 취나물의 일종으로서 돼지나물이라고

도 한다. 볕이 잘 드는 풀밭에서부터 해발 1,000m의 고지대까지 널리 분포한다. 줄기는 곧게 서고 윗부분에서 가지가 갈라지며 짙은 자주색이고 잔털이 있으며 높이가 30~85cm이다. 꽃이 필 때 뿌리에서 나온 잎은 없어진다. 잎에서 미역 냄새가 난다 하여 붙여진 미역취는 고유의 식미와 향취가 최고조인 봄철에 경엽莖葉; 줄기와 잎을 산채로 이용한다. 약효 성분이 뛰어나 감기, 두통, 진통, 건위, 폐렴, 황달 및 항암 치료 약재로 이용되고 있으며 최근에는 관상용으로서의 가치를 인정받아 화단花壇 및 꽃꽂이 장식으로도 개발되고 있다.

3. 참고비. 울릉고사리라고도 불리는 참고비는 울릉도에서는 제사상에 빼놓지 않고 올리는 고비류 산나물로 어린잎이 동그랗게 말려 있고 줄기에는 흑색 인편鱗片이 있어 고사리와는 확연히 구별된다. 고사리와 채취시기가 비슷한데 4-5월 사이에 어린순의 연한 부분과 잎을 채취하여 식용한다. 다량의 섬유질과 양질의 단백질, 지방질, 칼슘, 인, 비타민 A, B2, C 등이 골고루 든 참고비의 생채는 떫고 쓴 맛이 강해 반드시 삶아 말린 후 물에 불려먹어야 한다. 먹을 때에는 물에 불려 번철燔鐵에 기름을 두르고 볶다가 양념을 해 먹는다. 이때 보리쌀가루나 밀가루를 물에 잘 풀어서 나물에 넣어 먹으면 좋다. 고사리와 같이 비타민 B1을 분해하는 아네우리나아제라는 효소가 들어 있으므로 고사리처럼 묵은 나물로 먹는 것이 안전하다. 뇌신경병, 간질, 임질, 성기능감퇴 등에 효험이 있으나 많이 먹으면 비타민 B1이 결핍되어 기력이 떨어질 수 있으므로 유의해야 한다.

4. 부지갱이. 울릉도와 일본 등지에서 자라는 다년초로서 섬쑥부

쟁이가 공식 명칭이다. 부지갱이는 울릉도 방언으로 이곳의 대표적인 특산품이다. 근경根莖: 뿌리줄기이 옆으로 뻗고 굵으며 잔털이 있으며 위쪽으로는 가지를 친다. 어린잎과 줄기를 나물로 이용하는데 섬쑥부쟁이의 지상부地上部는 산백국山白菊이라고 하여 소염과 천식을 가라앉히는 생약으로도 이용되고 있다. 부지갱이나물은 비타민 A,C가 풍부하고 단백질, 지방, 당질, 섬유질, 칼슘, 인 등이 다량 함유되어 있는 산나물로서 전초에는 사포닌이 함유되어 있고 뿌리에는 프로사포게닌이 함유되어 있다. 튀김, 깨무침, 쑥부쟁이밥, 된장국 등 다양하게 이용되고 정유를 함유하고 있어 쑥갓 같기도 한 독특한 향기가 입맛을 돋우어 준다.

지리적표시 상품으로 등록되진 않았지만 울릉도 산나물로 빼놓을 수 없는 것이 바로 명이 나물이다. 명이는 백합과의 산마늘을 일컫는데 울릉도 개척 당시 봄철 먹을거리가 없을 때 뿌리가 마치 마늘처럼 생긴 산마늘을 캐먹으며 '명을 이어나갔다'고 해서 붙여진 이름이다. 농촌진흥청은 명이의 향이 강해 육고기 특유의 비린내를 줄여주므로 고기류와 함께 먹으면 좋다고 소개한다. 명이의 잎과 줄기는 고추와 마늘과 설탕을 혼합한 듯한 묘한 맛을 내며 성분도 이와 비슷해 혈액순환 및 정력에 좋고 돼지고기마늘의 알리신이 돼지고기에 풍부한 비타민 B1이 잘 흡수되도록 도와주는 작용와 궁합이 잘 맞는다. 생채보관이 어려워 명이 절임이 인기를 끌고 있지만 울릉도 사람들은 잎을 피우기 전의 뿌리를 통째 삶아서 무쳐 먹거나 다 자란 명이 잎을 싸 먹고 줄기를 김치로 만들어 먹기도 한다.

산채나물은 무침으로 해 먹는 것이 일반적인데 성장함에 따라 섬유질의 함량이 많아지고 풍미가 떨어지므로 어리고 연한 산채를 골라야 한다. 데칠 때는 끓는 물에 소금을 약간 넣은 후 살짝 데쳐야 색깔이 곱고 향미와 영양 상태가 잘 보존된다. 떫거나 쓴 맛이 나는 것은 데친 후 여러번 물에 헹궈 독한 맛을 뺀 다음 조리하도록 한다. 산채는 대개 알칼리성 식품이기 때문에 간을 약간 짭짤하게 맞추고 조리할 때에는 기름을 많이 사용하여 지용성 비타민의 흡수를 돕도록 하는 것이 좋다.

여담으로 울릉도 호박엿의 유래를 소개한다. 울릉도가 개척될 당시 이곳 사달령 고개에 사는 과년한 한 처녀가 육지에서 호박씨를 가져와 심었는데 채 열매도 맺기 전에 처녀는 멀리 떨어진 마을로 시집을 가게 된다. 남은 식구들이 주렁주렁 열린 호박으로 그해 겨우내 죽을 쑤어 먹었더니 그 맛이 엿처럼 기막히게 달아서 죽 이름을 아예 호박엿이라 이름 짓고 해마다 호박농사를 시작하였다 한다. 처녀의 효심이 달디 단 호박엿을 탄생시킨 것인데, 언제부턴가 죽이 엿 이름으로 와전되더니 마침내 맛있는 엿의 대명사로 군림하게 된 것이다.

송이버섯

제1호 지리적표시 임산물 - 양양 송이
제10호 지리적표시 임산물 - 봉화 송이
제14호 지리적표시 임산물 - 영덕 송이
제21호 지리적표시 임산물 - 울진 송이

숭어와 소고기를 다져 전을 부친 뒤
닭육수에 넣고 끓였다.
마지막에 송이버섯을 넣어
오감을 깨우도록 했다.

　한 미식쇼에 출품된 어육전 전골을 맛보고 음식스토리텔러 김용철은 이렇게 표현했다. 마지막으로 넣은 송이가 전골 국물의 오감을 깨우도록 했다. 송이버섯에 대한 최고의 예찬이자 송이버섯이기에 가능한 맛이다. 향기롭고 솔 냄새가 나는 송이는 그 어떤 양념보다 맛의 오감을 살리기 때문이다.

　송이에 대한 가장 오래된 기록은 신라 성덕왕 3년^{A.D 704년}에 왕에게 진상했다는 〈삼국사기〉로서 '송이의 맛은 무독하며 달고 솔향이 짙다'고 기록하고 있다. '세종 원년에 명나라에 송이를 보냈다'는 〈조선왕조실록〉의 기록도 남아있다. 허준의 〈동의보감〉에서는 '솔 기운을 받으면서 돋는 송이는 버섯 가운데 제일'이라고 표현했고, 〈증보산림경제〉에서는 '꿩고기와 함께 국을 끓이거나 꼬챙이에 꿰어서 유장을 발라 반숙에 이르도록 구워 먹으면 채중선품'이라고 그 맛을 칭송했다.

버섯의 계절은 가을철이다. 그 중에서도 9월 말부터 10월에 걸쳐 만날 수 있는 송이버섯은 버섯의 황제라 불린다. 인공재배가 되지 않아 희소가치가 높고 자연채취가 어려워 가격이 비싼 게 흠이지만 맛과 향이 뛰어나 황제의 자리를 굳건히 지키고 있다. 강원도 양양을 필두로 경북의 봉화, 영덕, 울진을 잇는 동해안 산맥 벨트가 최고의 산지로 꼽히는데 네 곳이 나란히 지리적 표시 임산물로 등록되어 있다. 양양 시내와 설악산 사이 송이버섯마을 찾으면 으뜸 메뉴는 단연 소고기가 들어간 송이전골이다. 유독 버섯불고기, 소고기산적 등 소고기가 들어가는 메뉴가 많은데 이 둘은 찰떡궁합으로 알려져 있다. 고기의 기름으로 인해 혈중 콜레스테롤이 높아지는 것을 송이의 풍부한 식이섬유소가 낮춰주기 때문이다.

송이버섯Tricholoma matsutake은 주름버섯목 송이과의 여러해살이 식용버섯 중 하나이다. 전 세계에 골고루 분포하며 살아있는 소나무뿌리에 붙어 자란다 하여 '송이松栮'라 이름 붙여졌다. 우리나라에서 자라는 송이버섯은 맛과 향이 뛰어나 세계적으로 손꼽히는 명산물로 알려져 있다. 송이는 활물기생균으로서 산 소나무의 털뿌리에 붙어서 뿌리로 이동되는 탄수화물을 섭취하며 살아간다. 이렇게 영양을 섭취하여 균뿌리양을 늘린 송이버섯균실은 자실체로 발육하고 버섯균이 활발히 번식하는 권역, 즉 활성균권대를 형성한다. 활성균권대는 소나무뿌리가 자라는데 따라서 1년에 10-20cm 정도 확장하는데, 버섯이 한 번 돋은 자리에는 다시 돋지 않는다. 싹이 난 후 10-15일 지나면 버섯이 땅 위에 나타나고 20일 정도 되면 수확한다.

송이버섯이 돋은 자리에는 여러 개의 싹이 존재하는데 땅을 파헤쳐 따내면 소나무뿌리가 끊어져 거기 붙어있던 싹들이 죽고 만다. 그러므로 송이를 딸 때는 끝이 납작한 나무칼로 밑부분을 조심스럽게 파낸 뒤 원래대로 흙을 묻고 가볍게 다져 주어야 한다. 따낸 송이는 통풍이 잘되는 바구니에 담고 솔잎을 갈피갈피 넣어서 손상을 막아준다. 주로 날것으로 이용되는 송이는 즉시 저장고에 운반하거나 사흘 이내 먹어 치우고, 벌레 먹은 불량품은 소금에 절여 보관한다.

한편 송이버섯균은 낮은 온도에 잘 견디는 반면 높은 온도에는 취약하다. 땅 속 온도가 섭씨 20도 이상으로 3일간 지나면 싹이나 어린 버섯은 썩어버린다. 그러니 송이가 많이 돋으려면 8월 하순부터 월 300mm 이상 비가 내려 땅속 온도가 급격히 낮아지고 습도도 높아져야 한다. 송이는 주로 20-100년 수령의 송림에 돋는데 그 중에서도 40-80년 된 송림에 가장 많이 돋으며 소나무 이래 진달래, 참나무, 싸리나무 등이 드물게 있으면 더 많이 돋는다. 토질로는 각암이나 화강암 등이 풍화작용으로 형성된 산성 토양에 잘 돋으며 석영반암, 석영조면암, 규암 등을 생성 모암으로 하는 땅에서도 잘 돋는다. 일반적으로 경사 10-30도의 산허리 윗부분에 많이 돋으며 남〉서〉동〉북 쪽의 순으로 발생량이 많은 특징을 보인다.

송이버섯에는 향기 성분을 이루는 계피산 메틸에스테르와 단맛을 내는 불포화지방산 알코올이 들어 있어 이를 추출한 고급 향미료가 이용되고 있고, 20여 가지의 미량원소가 들어 있어 여러 가지 질병을 예방하거나 치료하는데 효과를 보인다. 특별히 송이버섯은 살아있는 소나무에서 직접 영양을 섭취하기 때문에 자연산 장수식품으로 진가를 발휘한다.

송이버섯은 수분함량이 89.9%로 적은 편이다. 단백질 2%, 지방 3.5%, 당질 6.7%, 섬유질 0.8%, 회분 0.8%, 그밖에 비타민B2, 나이아신, 에르고스테롤 등이 많이 포함되어 있다. 송이는 버섯 가운데 항암효과가 가장 높은 것으로 밝혀졌다. 다당류 성분인 글루칸이 흰쥐 실험에서 100%의 항암활성을 보인 반면 팽나무버섯은 86.5%, 표고버섯은 80.7%의 종양억제 효과를 보였고 암에 특효가 있다고 알려진 상황버섯은 64.9%에 불과했다. 특히 인후암, 뇌암, 갑상선암, 식도암 등 몸의 상단부위 암에 효과가 높은 것으로 나타났다. 송이에는 면역체계를 강화하는 강력한 항균물질인 렌티난 성분도 있어 질병에 대한 치유력을 높인다.

이밖에도 송이에는 셀라제, 헤밀라제, 벤트라제 등 섬유분해효소가 많아 소화를 촉진하고 송이의 식이섬유가 콜레스테롤과 담즙산에 달라붙어 이를 배설시키므로 혈중 콜레스테롤 수치를 떨어뜨리고 혈액순환을 도와 각종 심혈관 질환을 예방한다. 햇빛에 말린 송이는 비타민D 덩어리라 할 만큼 영양분이 많아서 호르몬의 균형을 유지하고 면역력을 증진하는데 도움을 준다.

좋은 송이를 고르는 법은 광택이 나고 색상이 자연스러우며 균체가 알맞게 자라 손상이 없을 것, 향미가 좋고 육질이 두터울 것, 은백색이며 토사가 없을 것을 따지면 된다. 구입한 송이는 물로 씻지 말고 젖은 행주로 닦고 열처리나 화학조미료는 가급적 피하여 신선한 상태로 빨리 먹어치우는 게 좋다. 보관시에는 공기를 차단하고 습도를 유지해 주어야 한다. 장기보관을 하려면 랩으로 씌워 냉동보관하거나 쪼개서 건조한 상태로 보관하며 냉동보관시에는 통풍, 습도 상태를 자주 확인하여 부패를 막도록 유의한다.

다양한 요리법들이 있지만 약한 화롯불에 살짝 구워 먹는 송이버섯구이가 단연 최고가 아닐까. 기름을 두르지 않은 팬이나 석쇠에 잠시 노릇하게 구워 소금을 뿌린 참기름에 찍어 먹으면 OK, 약간 심심하다 싶으면 얇게 썬 소고기를 같은 방법으로 구워 내 함께 먹으면 찰떡궁합의 송이요리를 즐길 수 있다.

오미자

제19호 지리적표시 임산물 - 문경 오미자

오미자 한 줌에 보해소주 30도...
매일 색깔 보며 더 익기를 기다린다.
내가 술 분자 하나가 되어
그냥 남을까말까 주저하다가
부서지기로 마음먹는다.
가볍고 떫고 맑은 맛! ...

개인적으로 가장 좋아 하는 황동규 시인의 〈오미자술〉의 몇 대목
이다. 젊은 날 가슴 저미게 했던 시인의 감성은 무덤덤하게 변해 버렸
지만 '욕을 해야 할 친구 만나려다... 내가 갑자기 환해진다.'는 결구
에서 제대로 발효되어 말갛게 익은 오미자술 색깔을 헤아리게 된다.

오미자는 낙엽 넝쿨성의 다년생 목련과 식물로 6,7월경에 잎겨드
랑이에서 긴 꽃자루가 나오고 6~8개의 꽃잎을 갖는 홍백색의 향기로
운 꽃이 아래로 매달려 핀다. 과실은 원형의 장과로 8,9월에 붉게 익
는다. 동북아 일대에서 자생하며 우리나라 북부와 중부의 산기슭이

나 골짜기의 나무숲에서 자란다.

전국 45% 생산량을 차지하는 국내 최고의 오미자 산지인 문경은 백두대간의 중심지이자 소백산맥 준령에 둘러싸인 해발 500~700m 산간지역을 형성하여 기후, 일조량, 강수량 등에서 천혜의 자연조건을 갖추고 있다. 매년 9월 중순께 이곳에서는 오미자축제가 열리는데, 와인, 초콜릿 등 다양한 음식개발과 체험행사가 어우러져 대표적인 지역 축제로 자리잡고 있다.

이름에서 알 수 있듯 오미자^{五味子}는 다섯 가지 맛이 난다. 시고^酸 쓰고^苦 맵고^辛 짜고^鹹 단^甘 맛이 나는데 풍부한 유기산으로 인해 신 맛이 가장 강하다. 이 중 신맛은 간장에, 쓴맛은 심장에, 단맛은 비장에, 매운맛은 폐에, 짠맛은 신장에 각각 도움이 되는 것으로 알려져 있다. 〈동의보감〉에 오미자는 '가쁜 숨을 바로 잡고 피를 맑게 하며 식은 땀 흘리는 것을 막아주고 갈증을 해소한다. 콩팥을 보호하고 오장을 튼튼하게 하며 여자의 냉을 없앤다'고 기술되어 이를 뒷받침하고 있다.

오미자의 일반성분은 수분이 80%, 지방 1%, 단백질 1.2%, 당 함량 14%로 구성되어 있으며 과즙내 당은 fructose, sucrose, glucose, maltose가, 유기산은 citric acid, tartaric acid, malic acid, oxalic acid, succinic acid, acetic acid, lactic acid가 함유되어 있다. 또한 열매에는 6.8%의 수지, 5% 정도의 사포닌, 아스코르빈산 등이 함유되어 있다. 한편 중요한 약리작용을 하는 종실^{從實}에는20-30%의 기름이 수지,

1.6~2%의 정유와 리그난 화합물로 분리되는데 기름성분을 종류별로 분리해 보면 리놀레인 56~60%, 올레인 28~34%로 분리된다. 유효물질로 지목되는 리그난 화합물은 최근 많은 연구를 통해 시잔드린 schizandrin A,B,C, 시잔드롤 A,B, 고미신 B,C,D,F,G, 시잔드렐 A,B 등으로 밝혀졌다.

지금까지 밝혀진 오미자의 효능을 짚어보면,

1. **간 보호 및 해독작용**. 시잔드린은 GPT 상승을 뚜렷이 저하시켜 간을 보호한다.

2. **간염 치료작용**. 전염성 간염환자에서 85.2%의 치료효과를 보였다.

3. **스트레스성 궤양 예방, 진통, 위액분비 억제작용**. 시잔드린, 고미신A에 의해 나타나는 작용이다.

4. **중추 증강작용**. 호흡중추를 자극하고 중추신경계의 반응성을 높인다.

5. **항균작용**. 각종 병원균에 대해 억제작용을 갖는다

6. **진해거담작용**. 해소중추에 억제작용을 나타내 진해효과를 가진다.

7. **혈액순환장애 개선작용**. 심장혈관계통의 생리적 기능을 조절하고 혈액순환을 돕니다.

8. **자궁수축작용**. 분만기의 자궁에 작용하여 생리기능을 항진시킨다.

민간요법에서 오미자는 팔방미인이다. 몸이 나른하거나 피부가 거칠 때, 성인병으로 인한 어지럼증이 있거나 소아발육 부전 시, 불면이나 일사병, 출산 후 조리에 이르기까지 차와 술을 담그고 화채로도 만

들어 먹었다. 장기간 꾸준히 복용하는 게 무엇보다 중요한데 집에서 쉽게 해 먹을 수 있는 오미자차 끓이는 법과 오미자원액 만드는 법을 간단히 소개한다.

◎ 오미자차 끓이는 법.

① 오미자를 깨끗이 씻은 후 적당히 말려 물기를 뺀다.

② 오미자 4작은 술에 물 4컵 정도의 비율로 찻주전자에 넣고 중불로 은근히 끓이면 OK. 한 가지 주의사항은 오래 끓이면 신맛이 강해지므로 물이 끓으면 불에서 바로 내려야 한다. 신맛이 나는 오미자차에 꿀을 조금 넣어 마시거나 차를 끓일 때 배를 조금 넣어도 신 맛이 가신다.

◎ 오미자 엑기스 만드는 법

① 오미자를 깨끗이 씻은 후 적당히 말려 물기를 뺀다.

② 물기가 빠질 수 있는 소쿠리에 담아 2~3시간 정도 말린다.

③ 물을 팔팔 끓인 후 80°C 정도 까지 식힌다.

④ 오미자를 물이 잠길 정도로 넣은 후 랩을 씌워 따뜻한 곳(보온밥솥의 보온 온도 정도)에 24시간 정도 보관한다.

⑤ 하루가 지난 후 오미자를 채로 거른 후 오미자를 꼭 짜서 엑기스를 담아낸다.

⑥ 냉장고에 보관한 후 물과 오미자 엑기스를 3~4 : 1 정도로 희석한 후 식성에 따라 꿀이나 설탕을 타서 하루 2~3회 복용한다.

요즘처럼 더운 여름, 새콤달콤 오미자 화채 한 그릇으로 더위와 갈증을 시원하게 날려보자.

옻

제44호 지리적표시 임산물 - 원주 옻

옻칠이야말로 가장 현대적인 소재이며
진정한 전통은 전통을 바탕으로
시대의 변화를 충실히 담아냈을 때만이 가능하다

옻칠예가인 전용복이 한 말이다. 일본의 유서 깊은 연회장인 메구로가조엔의 옻칠작품을 3년 만에 완벽히 복원해 냄으로써 세계적인 명장 대열에 오른 그는 스스로 조선의 옻칠쟁이임을 자랑스러워한다. 연결을 미덕으로 삼는 전통 의식이 그의 장인 정신에 의해 재현되는 모습이 무척 아름답다.

그런 그가 원주시가 마련한 사단법인 원주옻산업명품화사업단의 이사로 동참하여 2012년 9월 '원주 옻'을 지리적표시 임산물 제44호로 등록시키는데 일조했다. 원주는 현재 750여 농가 300ha에서 80만

그루의 옻나무를 재배하고 있고 옻칠기공예관, 옻산업보육센터, 옻문화센터 등의 지원시설을 통해 향토특산품으로 품질과 명성을 쌓고 있다.

옻^{학명 Rhus verniciflua}은 무환자나무목 옻나무과^{Anacardiaceae}에 속하는 식물에서 나오는 진액을 일컫는다. 옻나무는 중국이 원산이며 야생상태로 번져나가 우리나라에는 키가 작은 개옻나무와 키가 큰 참옻나무 두 종류가 자란다. 잎은 어긋나고 9-11개의 작은잎으로 된 깃꼴겹잎 형태를 띤다. 꽃은 단성화로 녹황색이며 5월에 원추꽃차례를 이룬다. 수꽃은 5개씩의 꽃받침조각, 꽃잎 및 수술이 있고 암꽃에는 5개의 작은 수술과 1개의 암술이 있다. 10월에 익는 열매는 핵과^{核果}로 편원형이며 연한 노란색에 털이 없다. 나무껍질에 상처를 내어 나오는 진액을 옻이라 하는데 나무를 심은 후 4년째부터 10년째까지 수액을 채취한다. 7-10월 사이 옻나무에 V자 모양의 상처를 낸 후 수취용기에 받아내는데 보통 10년생 나무에서 나오는 옻의 양은 250g 정도이다. 바로 채취한 것은 생옻^{생칠:生漆}, 건조시켜 굳힌 것은 마른옻^{건칠:乾漆}이라 하여 약재, 식재, 도료 등 쓰임새가 다양하다.

옻의 주성분은 우루시올^{Urushiol}로서 처음에는 무색투명하나 공기와 접촉하면 산화효소의 작용으로 검게 변한다. 경도^{硬度}가 높고 아름다운 광택을 낸다. 또한 오래 저장해도 색깔이 변하지 않으며 산, 알칼리 및 70도 이상의 열에도 변하지 않는 특성을 나타내어 다른 색소와 섞어 여러 가지 기구나 기계의 도료, 목제품의 접착제로도 사용한다.

우리나라를 대표하는 공예품 나전칠기에 옻칠을 하는 것은 너무도 유명하다. 종자에는 왁스가 많이 들어 있어서 목랍木蠟을 만들 때 쓰이고, 목재는 가볍고 무늬가 고와서 가구재나 부목을 만들 때 쓰인다.

한방에서는 일찍부터 통경通經, 구충驅蟲, 복통腹痛, 변비便秘, 진해제鎭咳劑 등에 사용해왔다. 중국의 〈본초강목〉과 우리나라의 〈동의보감〉에 '성질은 따뜻하고 맛은 매우며 독이 있다. 어혈나쁜피을 삭히므로 오래 먹으면 몸이 가볍고 늙지 않는다'고 하였고, 인산죽염의 창시자인 김일훈도 그의 저서 〈구세심방〉에서 '옻은 산삼과 비견할 정도로 중요하고 효과가 높다. 위장에서는 소화제가 되고 간에서는 어혈약이 되어 염증을 다스리고 심장에서는 청혈제가 되어 결핵균을 멸하고 콩팥에서는 이수약이 되어 오장육부를 다스린다.'고 극찬한 바 있다. 곰의 쓸개 등에서 추출되는 우루시올은 노화를 유발하고 각종 질병을 일으키는 원인물질인 유해활성산소를 제거하는 능력이 토코페롤보다 2배나 높다. 산림청 임목육종연구소의 나천수 박사팀이 우루시올을 분석해 항암 효과가 뛰어난 MU2 성분을 추출하는데 성공했는데, 열처리 과정을 통해 화칠火漆에서 추출된 MU2는 항암, 항산화, 숙취해소 효과 등은 뛰어난 반면 옻의 알레르기 현상과는 무관한 특징을 갖는 것이 밝혀졌다. 옻 잘 오르는 사람들도 옻의 신비를 체험할 수 있게 된 것이다.

이처럼 옻은 예로부터 신비의 약재로 알려져 왔지만 피부 알레르기를 일으키는 옻독으로 인해 꺼리는 사람들이 적지 않았다. 즉 페놀 계통의 항원, 그중에서도 옻 성분 중의 펜타데실카테콜^{Pentadecylcatechol}이 중요한 항원으로 작용해 열에 한 사람 꼴로 알레르기성 접촉성 피부염이 유발된다. 옻이 피부에 닿거나 옻이 들어간 음식을 먹은 후 수일 내에 피부가 가렵거나 따갑고 붉은 구진^{丘疹; 1cm 미만 크기로 피부가 솟아오름}이나 반점 등이 생기고 진물이 날 수 있다. 음식물이 원인인 경우 항원이 몸 전체로 퍼져나가게 되므로 시간이 지날수록 더 악화될 수 있다. 그러니 옻에 예민한 사람은 옻과의 접촉을 무조건 피해야 한다. 옻을 만질 때는 손과 얼굴에 기름^{식물유 또는 광물유}을 바르고 해야 하며 작업이 끝난 다음에는 따뜻한 비눗물로 씻거나 염화철 5g, 글리세린 50mℓ, 물 50mℓ를 섞은 물을 바른다. 옻이 이미 올랐을 때는 따뜻한 비눗물로 씻은 다음 생리식염수 등을 거즈에 적셔 습포치료를 시행하면 진물 해소에 도움이 된다. 반점이나 구진 등에는 부분적으로 스테로이드^{부신피질호르몬} 연고 등 약제를 바르면 되고 가려움증을 호전시키기 위해서는 항히스타민제를 복용하거나 심할 경우 스테로이드제를 단기간 복용하면 도움이 된다.

잃는 것이 하나이고 얻는 것이 열이라면 열의 효능을 잘 살려 요긴하게 써야 한다. 옻은 알게 모르게 우리 실생활에 많은 혜택을 제공하고 있다. 다양한 옻의 용도를 살펴보면

1. **약용.** 여러 옻나무 중에 참옻은 독성과 함께 약효가 뛰어나서 진액, 나무껍질, 목질부 등을 각기 용도에 맞게 가공해 사용하고 있다.

- 약효: 혈액촉진, 구충제, 위산과다, 생리불순, 기침, 상처치료, 내장기능보호, 노화방지

2. 식용. 옻나무의 껍질, 열매, 옻순, 꽃잎을 이용한 식품으로 옻닭, 차, 나물, 술 등에 이용되고 있다.

3. 접착제. 옻의 내구성, 내수성, 내약품성이 뛰어나 접착력이 강하여 변색되지 않고 금속박 혹은 금속분 접착에 사용되며 칠기나 도자기의 수리 및 제작과정에서도 접착제로 사용되고 있다.

4. 내약품성. 옻의 강한 내약품성은 황산, 초산, 염산 등에도 이상이 없을 정도로 강하다. 이와 같은 내약품성, 내구성을 이용하여 비행기, 자동차, 선박의 도료와 특수 전자제품 및 해저 광케이블 등에 사용되고 있다.

또한 연구와 실험이 거듭되면서 옻의 효능이 속속 밝혀지고 가운데 지금까지 밝혀진 옻의 효능을 정리해 보면, 1. 위암을 포함한 복강내의 종양성 질환위암. 난소나 자궁의 종양 등 2. 냉증이 심하거나 월경불순일 때 3. 술로부터 간을 보호하고 간의 해독 4. 남성들의 강장 효과 5. 우루시올 성분의 뛰어난 항암작용 6. 뼈에 영양분을 보급해 골수염, 관절염 예방 7. 심장병, 결핵, 신경통, 간병, 늑막염, 간경화 예방 8. 소화불량, 위염, 위궤양 예방 9. 담낭결석이나 신장, 방광결석 방지 등 '위를 보호하고 어혈을 풀어주는' 대표적인 약용 식물이다. 항산화 수치만을 비교해 보았을 때 원주옻(5.18)〉가시오가피(1.43)〉구기자근피(1.30)〉천마(1.11)〉황기(0.97) 순으로 나타나 쟁쟁한 타 약용식물에 비해 무려 3-4배 이상의 항산화 효과를 보이는 것을 알 수 있다.

여름철 보양식으로 유명한 옻닭 만드는 법을 소개한다.

▶ 주재료 : 토종닭 1마리, 참옻진액 1.5L, 밤5톨, 대추4개, 은행4개, 찹쌀1컵, 율무조금, 감
　　　　자2개, 소금1큰술

▶ 조리법

① 닭은 장을 제거하고 깨끗이 씻어 옻물에 20분간 재운다.

② 깨끗한 면보자기에 불린 찹쌀과 율무, 밤, 대추, 은행을 담아 묶는다.

③ 압력솥에 옻물에 재운 닭과 감자를 넣고 소금으로 간한다.

④ 준비한 ②를 넣어 압력솥 뚜껑을 닫은 뒤 센불에서 끓인다.

⑤ 다 끓으면(휘슬이 울릴 때) 불을 줄이고 25분정도 더 끓인다.

⑥ 뜸을 들인 후 닭과 육수, 감자를 오목한 그릇에 담아낸다.

⑦ 남은 육수에 면보자기 속 찹쌀밥을 풀어 끓인 후 개인 그릇에 담아낸다.

작약 · 목단

花强妾貌强　꽃이 예쁘나요, 제가 예쁘나요

强道花枝好　그야 물론 꽃이 더 예쁘고말고..

花若勝於妾　진정코 꽃이 더 좋으시다면

今宵花與宿　오늘밤은 꽃을 안고 주무시구려.

落苤隨風擧　떨어지는 꽃잎, 바람 따라 날아가고

殘紅待日明　스러지는 붉은 빛깔 햇빛 받아 타오르네.

客中無意緖　나그네 생활, 시 지을 뜻 별로 없었는데

照眼句還成　그대 모습에 저절로 한 편을 이루었네.

고려 때 이규보[1168-1241]가 지은 목단화와 조선 중기 장유[1587-1638]가 지은 작약꽃을 노래한 두 편의 한시 일부이다. 한쪽은 목단화를 시샘하는 새색시의 속마음을 담았고 한쪽은 길 가던 나그네의 마음을 사로잡은 작약꽃을 노래한 것이니 두 꽃 모두 사람들의 환심을 사기에 부족함이 없다는 뜻이다.

꽃의 왕花王으로 불리는 모란은 중국식 표기인 목단牧丹의 한국식 이름이다. 굵은 뿌리 위에서 새싹이 돋아나므로 수컷의 형상인 모牡자를 붙였고 붉은 꽃을 피우므로 란丹자를 붙였다. 지름 15cm 이상의 탐스럽고 화려한 꽃을 피워 5월을 계절의 여왕으로 만드는 일등공신이 기도 하다. 모란이 뚝뚝 떨어져 버리면 작약이 연이어 핀다. 모란보다 조금 작은 지름 10cm 정도의 희고 붉은 작약꽃이 6월까지 피어 봄을 여읜 설움을 달래준다고나 할까. 그러니 김영랑의 시처럼 모란이 지고 말면 그 뿐이 아니다. 사촌지간인 작약꽃이 바통을 이어받기 때문.

목단과 작약은 미나리아재비과에 속하는 낙엽관목과 다년생 초본 식물로 분류된다. 학명이 Paeonia로 시작되는 만큼 서로 닮은 점이 많지만 모란은 엄연히 나무이고 작약은 풀이라는 점이 다르다. 모란은 다른 나무와 마찬가지로 줄기가 땅 위에서 자라서 겨울에도 죽지 않고 남아 있지만, 작약은 겨울이 되면 땅 위의 줄기는 말라죽고 뿌리만 살아 이듬해 봄에 새싹을 돋는다.

둘 다 중국이 원산지이고 신라 진평왕 때 목단이 처음 들어왔다고 알려져 있다. 모란의 꽃말은 '부귀'이다. 설총의 [화왕계花王戒]에서는 모란을 꽃들의 왕으로 지칭했고, 강희안의 [양화소록養花小錄]에서는 9 품으로 나눈 꽃 중에 모란을 최고 등급인 2품으로 꼽았다. 그러다보니 왕비나 공주와 같은 귀한 신분의 의복 외에도 사대부 가정의 수병풍이나 결혼 생일 등의 잔치 예복, 심지어 원앙금침 베갯머리에도 빠지지 않았다. 국보인 고려청자에도 모란꽃 문양이 장식되어 있을 정도로 부귀와 영화를 염원하는 상징물로 많은 사랑을 받아왔다.

이에 반해 작약의 꽃말은 '부끄러움'이다. 영국의 전설에 의하면 잘못을 범한 요정이 볼 면목이 없어 작약 그늘에 숨었고 이때 꽃이 빨강게 물들었다는데서 유래한다. 작약의 영어명 Peony는 그리스 신화의 의술신 파이온^{Paion}에서 따 온 것이다. 파이온이 작약의 뿌리를 이용해서 하데스^{플루톤} 등 많은 신들의 상처를 낫게 했다는 전설이 전해온다. 이처럼 고대 그리스 때부터 중세에 이르기까지 작약은 최고의 효능을 가진 약초로 이용되었다.

작약과 목단의 뿌리는 동서양 모두에서 약재로 이용되었다. 주요 성분은 배당체로서 파이오니플로린^{paeoniflorin}과 알칼로이드인 파에오닌^{paeonine}이며 탄닌, 수지, 안식향산도 함유하고 있다. 밝혀진 약리작용을 살펴보면

* 여러 종류의 당, 점액질, 유기산과 미량 미네랄을 함유하여 영양 부족으로 인한 도한$^{盜汗; 수면 중에 나오는 식은땀}$을 완화하는 수렴작용이 있다.

* Paeoniflorin의 혈관 운동능 강화작용이 Cinnamic aldehyde의 혈관작용에 힘입어 혈액순환을 원활히 하고 소화관 운동능을 항진시켜 소화 흡수를 돕는다.

* Paeoniflorin이 중추신경 흥분을 억제시켜 진통 진경 진정작용이 있으며 위산분비 억제작용도 있다.

* 방광을 튼튼히 하여 빈뇨를 개선하고 자궁, 신장 근육의 운동능을 강화하여 자궁 신장 하수로 인한 요통을 완화한다.

* Paeoniflorin이 정맥 근육의 운동능을 강화하고 d-catechin이 정맥모세혈관의 혈소판 응고를 막아 혈류정체를 개선하므로 혈관울혈로 인한 자반병을 치료한다.

* 관상동맥을 확장하여 혈류를 원활히 하여 심장질환에 도움을 준다.
* 이질 간균, 황색포도상구균, 녹농균, 대장 간균 등에 대한 항균작용이 강하고 소염 해열작용을 한다.

황도연의 [방약합편方藥合編]을 비롯한 여러 한방에서는 백작약과 적작약을 다음과 같이 처방하고 있다. 즉 적작약은 과민성대장증후군, 사지경련, 복통, 진경 진통 완화, 부인병, 항알러지, 소염 치료에, 백작약은 부인병, 복통, 진경 진통, 두통, 해열, 지혈, 대하, 객혈, 이뇨 등에 쓴다는 것이다. 작약감초탕, 사물탕, 당귀작약산, 작약감초부자탕 등 다양한 탕제에 사용하는데, 냉성 체질이나 소화기 계통 또는 부인병 치료시 작약을 쓸 때는 술에 적신 다음 살짝 볶아 사용해야 한다. 약성의 찬 기운을 제거하기 위함이다.

최근 전남 화순군의 작약과 목단이 지리적표시 임산물 제42호와 제 43호로 지정되었다. 화순군은 풍부한 일조량과 유기질 토양, 물빠짐 등 지리적 특성으로 인해 국내 최대 한약재 생산지로 이름을 날리고 있다. 역사적으로 [세종실록지리지]와 [만기요람], [조선환여승람] 고서에는 '화순에서 작약과 목단이 자생한 지 오래'라고 기록하고 있으며, 진통 진정 해열 등의 효능을 인정받아 조선시대 혜민서에 공물로 진상되기도 했다.

한미 FTA가 발효되면서 우리 농산물에 대한 걱정이 이만저만 아니다. 모든 것이 개방되는 시대에 우리 특산물에 대한 관심이 절실하다. 경쟁력을 갖는 특수작목이 FTA의 파고를 뛰어넘을 수 있는 해답이 될 수 있기 때문이다. 내가 지리적 표시 작물에 관심을 갖는 이유도 바로 여기에 있다.

'모란이 피기까지는 / 나는 아직 기다리고 있을테요. / 찬란한 슬픔의 봄을.' 김영랑 시인의 항일 정신에서 우리 농업의 미래를 읽어 본다.

잣

잣나무처럼 그냥 존재하라
잣나무는 어떠한 분별이나 망상도 없다

뜰 앞의 잣나무를 보고 조주 스님은 있는 그대로를 보고 배우라고 일렀다. 불립문자^{不立文字}, 문자를 세우지 말아야, 즉 '개념적 분석'을 내려놓아야 '참나'를 찾을 수 있다는 선사의 가르침을 새삼 깨닫게 된다.

잣^{Pine nuts}은 소나무속에 속하는 상록교목인 잣나무의 씨앗이다. 잎은 솔잎과 비슷하니 좀 더 푸르고 굵다. 두 잎이 나오는 소나무와는 달리 한 군데서 다섯 잎이 나오기 때문에 오엽송이라고도 한다. 잣나무는 한반도 전역, 중국, 시베리아, 일본 관동 고산지대 등에서 자생한다. 우리나라 잣나무는 지름 1-1.5m, 높이 30-40m에 달하고 수령도

500년에 이르는 것이 많다. 15년 정도 자라면 열매가 열리는데 5월경에 노란색, 분홍색의 꽃을 피우고 9월 이후에 수확한다. 잣은 소나무와 마찬가지로 지름 6-10cm, 길이 9-15cm의 솔방울 속에서 형성되며 100알 정도가 결실을 맺는다.

잣이 기록된 최초의 고문헌은 일연이 지은 〈삼국유사〉에서 찾을 수 있다. 34대 효성왕 때 신충이라는 신하가 왕과 바둑을 두는 일화에서, 그리고 35대 경덕왕 때 승려 충담사가 화랑이던 기파랑을 잣나무에 비유하여 그의 이상과 절조를 찬미한 대목에서, 잣나무를 상록의 상징이자 절개의 표상으로 여겼음을 알게 된다. 이시진은 〈본초강목〉에서 신라송자新羅松子 즉 우리나라 잣의 약효가 당나라까지 널리 알려져 그곳에 간 유학생들이 잣을 팔아 학비와 생활비로 썼다고 전하고 있다. 고려시대에는 인삼과 함께 서역에까지 수출되는 최고의 특산품으로 인정받기도 하였다.

경기도 가평과 강원도 홍천이 연이어 잣을 지리적표시 임산물로 등록했다. 잣은 하천과 계곡을 끼고 있으면서 안개가 잦고 사양토질의 온대 산악지역에서 최상품이 나오는데 이곳의 지형이 최적지로 꼽힌다. 이 중 가평잣은 국내 잣 생산량의 35%를 차지할 만큼 명성이 자자하다. 〈조선왕조실록〉, 〈신증동국여지승람〉, 〈대동지지〉 등 여러 문헌에 가평현 지역이 해송자 즉 잣의 특산지로 유명하다고 기록하고 있다.

불로장생 신선식품으로 알려진 잣은 100g에서 약 670kcal의 열량이 나오는 고칼로리 식품으로, 기운이 없을 때나 입맛을 잃었을 때 유용한 것으로 알려져 있다. 비타민 B가 풍부하며 호두나 땅콩에 비해 철분이 많이 함유되어 있어 빈혈의 치료와 예방에도 좋다. 인이 많고 칼슘이 적은 산성식품으로 해초, 우유 등 칼슘이 풍부한 식품과 함께 먹는 것이 좋다.

잣이 지니고 있는 성분 중 가장 중요한 것은 자양강장제의 역할을 하는 우수한 지방 성분이다. 잣에 함유된 지방은 올레인산과 리놀산, 리놀레인산 등 불포화 지방산으로 이루어져 있는데 이들 불포화 지방산은 피부를 아름답게 하고 혈압을 내리게 할 뿐만 아니라 스태미너를 강화시키는 것으로도 알려져 있다. 특히 동물성 지방과는 달리 혈액속 콜레스테롤 양을 줄이므로 동맥경화는 물론 각종 성인병을 예방하는 효과도 거둘 수 있다. 또한 잣은 혈색을 좋게 만들고 피부를 매끄럽게 해 동안 외모를 가꾸는데 큰 효과를 발휘한다. 이 외에도 마음을 안정시켜 주며 불면증, 피부의 가려움증, 빈혈 등에 도움을 준다. 입안이 헐거나 헛바늘 돋는 증상을 치료하는데도 잣이 효과적이다.

폐질환, 당뇨병, 심장병, 중풍 등의 예방 및 치료에도 도움을 주는 잣은 두뇌발달을 도와 기억력 향상 및 체력 강화를 위해 권장되는 건강식품이다. 단 고열량식품이다보니 과다 섭취시 비만을 유발할 수 있으므로 주의하는 것이 좋다.

한방에서는 심장과 간장, 신장의 경락에 작용해 진액을 생기게 하고 풍을 가라앉히며 폐를 튼튼하게 하고 양기를 돋우어 오장을 이롭게 해 준다, 기운을 생기게 하며 비위를 따뜻하게 해 소화기능을 돕고 장을 부드럽게 해 준다, 눈과 귀를 밝게 하고 피부를 윤택하게 하는 효과가 있다, 마른기침, 천식, 토혈, 코피, 변비, 식욕부진, 저린 증상, 가슴이 두근거리는 증상, 전신의 통증, 관절통, 허리 아픈 증상, 소변을 자주 보는 증상, 식은땀이 나는 증상을 치료한다, 중풍 예방 및 허약체질 개선과 환자의 회복을 돕고 수명을 연장시킨다는 등 불로장수의 묘약으로 널리 쓰여졌다.

민간에서는 출산 후 부인병의 치료와 회복을 위해 잣죽을 쑤어 먹기도 하고, 기침 치료를 위해 호두, 찹쌀 등과 함께 끓여 먹기도 하였다. 수정과에 잣을 몇 알 띄우는 것은 철분이 많은 잣이 빈혈을 막고 고소하게 씹히는 맛이 단맛과 잘 어울린다는 선조들의 지혜에서 비롯되었다. 잣을 고를 때는 하얀색보다 누런색을 골라야 하는데 갓 수확한 잣보다 1-2년 된 잣이 맛있고 영양도 풍부하기 때문이다.

영양죽의 대명사인 잣죽 끓이는 법을 소개한다.
▶ 재료 : 잣 반 컵, 쌀 2컵, 소금 약간

▶ 만드는 법
① 잣은 고깔을 떼어내고 젖은 행주로 깨끗이 닦는다.
② 쌀을 깨끗이 씻어 물에 2시간 정도 불린다.
③ 잣은 믹서에 물을 1/2컵 정도 섞어 믹서에 간다.

④ 불린 쌀도 물을 1컵반~2컵 정도 부어 곱게 간다.

⑤ 두터운 오지솥에 쌀물과 물을 3컵 정도 붓고 어느 정도 데우다가 나무주걱으로 서서히 저으면서 끓인다.

⑥ 쌀죽이 끓어 엉기기 시작하면 잣물을 조금씩 부어 가면서 주걱으로 재빨리 저어 멍울이 지지 않게 골고루 풀어 준다. 저을 때는 한쪽 방향으로만 젓는다.

⑦ 뭉근한 불에서 잠시 끓게 두었다가 뜸이 들어 걸쭉해지면 불을 끄고 소금으로 간한다.

Tip. 쌀을 불릴 때 쌀과 물의 비율은 1 : 6이 적당하다. 도중에 물을 더 부으면 맛이 덜하므로 처음부터 정확히 계량하는 게 좋다. 잣과 쌀을 한데 섞어서 갈면 죽이 쉽게 삭으므로 따로 갈아야 하고 소금 간을 미리 해도 삭으므로 먹을 때 하도록 한다.

10여 년 전 러시아 연해주 한인들을 도와 준 적이 있었다. 현지 의사를 고용해 왕진을 다니게 하던 중 어느 날 의사가 증발해 버린 사건이 벌어졌다. 알고 보니 의사 일을 잠시 접고 수입이 짭짤한 잣 수확에 나선 탓이었다. 잣을 떠올리면 그 때의 러시아 의사가 생각난다.

죽순

제30호 지리적표시 임산물 - 거제 맹종죽순

제36호 지리적표시 임산물 - 담양 죽순

우후죽순(雨後竹筍)

죽순은 대나무의 땅속줄기로부터 가지가 갈라져 나온 어리고 연한 싹인데, 말 그대로 비 온 뒤 여기저기 삐죽이 돋아나 '어떤 일이 한때에 많이 일어남'을 비유하는 말이다. 비 온 뒤에 쑥쑥 자라는 특성 때문에 죽순 채취는 5월이 가장 활발하다. 대는 편의상 나무로 부르지만 땅위에 난 부분이 해마다 말라죽는 풀의 특성을 지니고 있어 나무도 풀도 아닌 것非木非草이라 했고 거꾸로 된 풀이란 뜻으로 '풀 초草'를 거꾸로 하여 '대 죽竹'자를 쓴다는 말도 있다.

대는 아열대성 식물로 동남아시아를 중심으로 아프리카, 북남미 대륙에서 자라지만 유럽과 남극 대륙에는 없다. 원산지는 수마트라와 하와이, 폴리네시아의 여러 섬으로 추정되고 온대지역에는 사람들이 옮겨 심은 것이 추운 기후에 적응한 것으로 본다. 전 세계에 50속 1,200여 종이 자라는데, 우리나라에는 19종 정도가 주를 이루고 임업시험장에서 시험재배 중인 것을 포함하면 70여종에 이른다. 주요종을 살펴보면 맹종죽, 왕죽, 솜죽, 시누대, 조릿대, 오죽 등을 들 수 있다.

　맹종죽에는 훈훈한 일화가 전해온다. 옛날 중국에 맹종이라는 효자가 있었는데 늙으신 어머니가 한겨울에 죽순요리를 찾자 눈 쌓인 대밭에 꿇어앉아 눈물로 천지신명께 빌었더니 그 눈물이 땅에 떨어진 자리에 죽순이 돋아나 이때부터 맹종죽으로 불리게 되었다는 것이다. 대나무 중 가장 굵게 자라 지름이 20cm에 이르고 마디가 짧고 잎이 작아서 섬세하고 아름답다. 마디에 테가 하나만 생기며 죽피는 녹색을 띠고 흑갈색 반점이 생긴다. 맛이 뛰어나 식용죽으로도 불린다. 중국 원산으로 1898년 일본에서 들여와 남해안 일대에 심었으며 거제 하청면이 유명산지다. 대의 왕으로 불리는 왕죽은 우리나라에서 가장 흔한 종이다. 키가 30m까지 자라고 마디 사이가 길고 마디에 테가 두 개씩 생긴다. 껍질 색깔은 엷은 갈색이고 죽순 맛이 쓰므로 고죽苦竹이라 불린다. 가공이 쉽고 탄력성이 뛰어나 여러 용도로 쓰인다. 솜죽은 담죽 또는 분죽으로도 불리는데 껍질에 반점이 없고 마디 사이가 짧은 편이며 왕죽보다 줄기가 가늘다. 추위에 강해 중부지방에서도 잘 자라며 광주리, 바구니, 우산대, 부채살 감으로 쓰기 좋다. 화살을 만드는 시누대^{箭竹}는 오구대 또는 이대라고도 하며 제주와 남부지방에서 나고 얇은 갈색껍질이 줄기를 싸고 있다. 키 5m, 지름 5-15mm 정도 자라고 붓대나 화살, 담뱃대 등으로 쓴다. 가장 넓게 분포하는 조릿대는 중 남부의 산 수림 아래에서 나며 키 1-2m, 지름 3-6mm로 가장 작은 대나무이다. 조리나 소쿠리 등을 만들며 한라산, 지리산 고운동이 명산지로서 차를 끓이면 단맛이 난다. 오죽^{烏竹}은 이름대로 줄기가 검다. 흑죽 또는 자죽으로도 불리며 죽순이 난 첫해에는 줄기가 푸르다가 갈수록 검게 변한다. 추위를 잘 견디며 키가 20m까지 꽤 높이 자란다.

대는 가장 빨리 자라는 식물로 유명하다. 하루에 1m가 넘게 자란 맹종죽이 관측될 정도로 일반 나무보다 무려 200배 성장속도가 빠르다. 죽순은 땅속줄기에서 올라온 지 10일만 지나면 대나무로 변해 먹지 못한다고 한다. 한 달을 셋으로 나누어 초순, 중순, 하순이라고 하는데 이 때 순^旬도 죽순에서 유래한 말이다. 대의 놀라운 신장력은 오랜 기간 뿌리에 저장된 영양분을 한꺼번에 밀어올리기 때문이다. 5월 중순 무렵부터 죽순이 올라오기 시작해 30-50일만에 성장을 끝내는데 이후로 더 커지거나 굵어지는 대신 해가 갈수록 줄기가 단단해지고 색깔이 누렇게 변한다.

짧은 기간에 성장을 끝내고 나면 햇빛에 의해 탄소동화작용을 하여 영양분을 다시 땅속줄기로 보내 저장한다. 잎이 생산하는 양분을 통해 줄기가 굵어지고 키가 커지는 일반 식물과는 달리 대는 후세를 위해 땅속줄기에 몰빵하는 것이다. 죽순은 땅속줄기 마디에서 난다. 마디에는 눈芽이 하나씩 있어서 죽순으로 올라오기도 하고 땅속줄기로 뻗어나가기도 한다. 3-5년간 비축된 영양분을 흠뻑 머금고 올라온 죽순은 그야말로 영양 덩어리인 셈이다.

죽순을 식재료로 사용한 역사는 꽤 오래되어 중국 한나라 때 발간된 『주례周禮』에 기록이 남아 있고 우리나라의 경우 고려시대 때 제사음식으로 죽순이 사용된 기록이 있다. 또한 조선시대 발간된 『증보산림경제』, 『임원경제지』에도 죽순을 사용한 밥, 정과, 나물 등 다양한 죽순음식이 등장하고, 조선 후기 문헌인 『시의전서』에도 죽순 다루는 법이 수록되어 있어 즐겨 사용해 온 식재료임을 알 수 있다.

〈동의보감〉에는 죽순이 '성질이 차고 맛이 달며 빈혈과 갈증을 없애 주고 체액 순환을 원활하게 하고 기운을 돋운다. 죽순은 주로 찌거나 삶아 먹으며, 시원하고 맛이 좋아 사람들이 좋아한다.'고 기록하고 있다. 중국의 〈본초강목〉에도 '담을 없애고 변비, 종기, 두드러기를 고치며 소화를 돕고 신진대사를 활성화시키는 등의 작용을 한다.'고 언급하고 있다.

죽순의 성분은 수분 93%, 단백질 3.3%, 지방 0.3%, 당질 2.3%, 섬유소 1.6% 등으로 탄수화물이 풍부하고 단백질, 비타민B1, B2, C를 함유하고 있다. 단백질의 약 70%는 티로신, 아스파라긴산, 발린, 글루타민산 등의 아미노산과 약간의 베타인, 콜린 등으로 구성되어 있으며 이것들이 당류나 유기산 등과 어울려 죽순의 독특한 감칠맛을 낸다. 죽순에 함유된 칼륨은 체내에 있는 여분의 나트륨을 배출시키기 때문에 고혈압에 효과가 있다. 죽순의 아삭아삭 씹히는 맛은 풍부한 섬유질 성분에 의한 것으로 혈당과 콜레스테롤을 저하시키고 중성지방의 흡수를 방해하며 장내 유익균 조성에 영향을 준다. 게다가 칼로리가 적어 다이어트 식품으로 적당하다. 단백질 함량은 같은 경엽채류에 속하는 양파의 4배, 양배추의 2배 정도로 풍부하여 노약자나 회복기 환자의 건강식으로 많이 이용된다. 단 결석이 있는 사람에게는 좋지 않으므로 너무 많이 섭취하지 않도록 한다.

죽순에서는 특유의 아린 맛이 난다. 주범인 호모젠티신산^{homogentisic} ^{acid}과 옥살산은 죽순을 파낸 순간부터 티로신이 산화되어 증가하므로 아침에 파내어 그날 안에 먹는 게 좋다고 한다. 시간이 지날수록 떫은맛과 쓴맛이 강해지며 수분도 줄어들고 풍미가 저하된다. 파낸 즉시 생으로도 먹을 수 있지만 대부분 데쳐서 먹는다. 바로 먹지 않을 때는 삶아서 밀폐용기에 넣어 냉장 보관한다. 죽순이 잠길 정도로 삶은 물을 함께 부은 후 냉장고에 넣어두면 1주일 정도는 보존할 수 있다. 이삭 끝이 황색이고 외피가 광택이 있으며 절단면이 싱싱한 것이 신선한 것이다.

죽순을 맛있게 먹는 간단한 비결 하나. 앞서 언급한대로 약간의 아린 맛을 느낄 수 있는데 이런 아린 맛을 없애는 데는 바로 쌀뜨물이 최고. 쌀뜨물에 씻게 되면 아린 맛 등 잡맛 성분이 줄어들고 죽순의 조직감이 부드럽게 된다. 또한 쌀뜨물에 담가 놓으면 죽순의 유해 성분인 수산 성분이 빠져 나오게 된다. 죽순을 씻을 때 꼭 이용해 보시라.

죽순은 제철에 수확한 싱싱한 것을 밑간을 연하게 조리하여 그 자체의 식감을 살려 먹는 것이 최고다. 그러나 제철이 아닌 때에도 두고두고 먹기에는 장아찌만한 게 없다.

죽순장아찌 만드는 법을 소개한다.

▶ 재료 : 죽순 10개, 진간장 5컵, 생강3쪽

▶ 만드는 법

① 죽순은 껍질째 쌀뜨물에 푹 삶아 껍질을 벗긴 후 차게 식혀 물기를 뺀 다음 항아리나 유리병에 차곡차곡 담고 돌로 꼭 눌러 둔다.

② 진간장은 미리 한번 끓여 차게 식힌 후 죽순이 잠길 정도로 붓는다. 이때 생강도 편으로 썰어서 함께 넣는다.

③ 4-5일쯤 지나면 간장을 따라내고 다시 끓여서 식힌 후에 붓는다. 이런 식으로 2-3회 반복하고 1개월쯤 삭힌 후 먹는다.

참숯

제35호 지리적표시 임산물 - 횡성 참숯

불길이 한참 이글거릴 때
바람구멍을 꽉 막아야 참숯이 된다고
참숯은 냄새도 연기도 없다고
숯가게 할아버지 설명이 길다
참숯은 냄새까지 연기까지
감쪽같이 태우나 보다

　　정양 시인의 '참숯' 일부이다. 아내 심부름으로 간장독에 띄울 숯을
사러 갔다가 듣게 된 이야기를 시로 형상화했다. 냄새도 연기도 없이
완전 연소하는 참숯의 속성을 통해 시인 자신도 열정적으로 삶을 살
겠노라 다짐한다.

　　목탄木炭이라고도 불리는 숯은 재질이 단단한 나무를 태운 것이다.
우리나라에서는 기원전 600년경부터 숯을 이용해 왔던 것으로 추정
되는데 숯불로 밥을 지어먹고 차를 끓여먹었던 신라시대의 기록이

남아있다. 또 장을 담글 때 독안에 숯덩이를 띄우고 배탈이 났을 때는 숯가루를 탄 물을 마셨으며 숯다리미로 옷을 다려입었다. 아기를 낳은 집에서는 문간에 숯덩이를 단 금줄을 걸었으며 아기를 처음 외가에 데리고 갈 때에도 이마에 숯검정을 칠했다. 잡귀로부터 아기를 지켜줄 것이라 믿었기 때문이다. 서양에서는 히포크라테스 시대에 간질, 현기증, 빈혈, 탄저병 등의 치료에 이용했다는 기록이 있다. 프랑스 화학자 베르낭은 몸소 치사량의 150배에 해당하는 비소 5g을 숯과 함께 먹음으로서 숯이 뛰어난 해독제임을 입증하기도 했다.

동양의 한방에서는 숯으로 중풍^{뇌졸증}, 소갈증^{당뇨} 등 열성 질환을 치료하였고, 민간에서는 어린이 경기^{驚氣} 등에 사용하였다. 한방에서 먹는 숯은 주로 차콜^{Charcoal}이라 불리는 소나무^{赤松} 숯가루를 이용하는데 현미경으로 볼 수 있는 미세입자의 가는 구멍들이 마치 블랙홀처럼 불순성분을 흡착한다. 즉 소화가 잘되지 않고 장내에서 부패하는 단백질 찌꺼기와 지방 알갱이, 야채나 과일에 잔류할 수 있는 농약 성분이나 중금속, 색소나 식품첨가제, 인공조미료 등을 흡착하는 역할을 하여 내장과 혈액이 깨끗하게 되므로 병에 대한 저항력이 강해지는 것이다.

숯은 굽는 온도에 따라 모양과 성분이 달라지지만 보통 탄소 90%, 수분 9%, 회분 3% 정도로 이루어져 있고 가로 세로 어디로나 통하는 가느다란 파이프를 한데 묶은 것과 같은 모양의 수많은 구멍으로 형성된다. 이 구멍의 내부면적을 측정해 보면 숯 1g당 약 100평^{약330제곱}

^{미터}이나 된다. 구멍의 크기는 수 미크론에서 수백 미크론으로 박테리아, 방사균 등 미생물이 서식하기에 적당하고 흡착력이 강해 물이나 공기의 정화에 알맞으며 습도 조절기능도 탁월하다. 숯의 pH는 8-9의 약알칼리성인데 숯을 구울 때의 온도와 숯 속에 포함된 회분의 양에 따라 달라진다. 일반적으로 저온에서 구운 숯^{검탄, 흑탄}은 약산성이지만 높은 온도에서 구운 숯^{백탄}은 알칼리성이다.

숯은 제조방법에 따라 크게 검탄^{黔炭}과 백탄^{白炭}, 활성탄^{活性炭}으로 나뉜다. 숯가마에 나무를 넣은 후 400-700℃ 온도에서 구멍을 막아 자연 연소시킨 것이 검탄이다. 탄질이 부드럽고 짧은 시간에 많은 열을 내므로 제련이나 대장간 등에서 많이 사용한다. 백탄은 1000℃ 이상의 고온을 가한 다음 재빨리 꺼내 축축한 재와 흙을 덮어 인위적으로 불을 꺼 만들어 겉에 묶은 재가 하얗게 보여 붙여진 이름이다. 두들기면 금속음이 나고 화력이 강하고 오래 가 요리에 주로 이용된다. 활성탄은 숯의 흡착력을 높이기 위해 600-900℃ 온도에서 수증기를 가해 재가공한 것이다.

우리나라에서는 참나무류^{갈참나무·굴참나무·물참나무·줄참나무 등}가 주로 사용되는데. 이처럼 참나무류로 만든 숯을 특별히 참숯이라고 한다. 강원도 횡성은 목질이 좋은 참나무류 재배환경과 일제강점기 때부터 형성된 숯 가마터로 전국 생산량의 1/4을 차지하는 참숯의 1번지이다. 명성만큼이나 횡성 참숯은 타 지역의 것보다 회분함량이 높고 고정탄소량이 월등히 높아 불순물이 적고 단단한 특징을 보인다.

참숯의 효능은 보기보다 꽤 다양하다.

1. 음이온 효과. 탄소 덩어리인 참숯은 음이온을 증가시키는 작용이 있다. 음이온은 부교감 신경에 영향을 주어 기분을 좋게 하고 몸의 긴장을 풀어주는 효과가 있다. 숲이나 바닷가에 가면 기분이 평온해지는 이유는 음이온이 많이 발생되기 때문이다. 숯 속의 탄소가 음이온을 완전 방전하는 데는 4500만년이나 걸린다고 한다.

2. 원적외선 방사 효과. 원적외선은 물질을 따뜻하게 하는 힘을 강하게 방사하는 유익한 광선이다. 긴 파장^{3.6~16미크론}의 열에너지는 피하 40mm까지 침투하여 온열작용을 통해 인체의 모세혈관을 확장시킨다. 황토, 돌, 세라믹 등도 방사율이 높지만 참숯이 방사하는 원적외선은 40°C에서 방사율 93% 정도로 엄청나 혈액순환, 신진대사를 촉진시키고 세포기능 및 생육촉진, 물 분자를 활성화하는 효과가 탁월하다.

3. 유해 전자파 차단 효과. 참숯은 우수한 흡착성과 통전성 및 축전성^{전기가 통하고 담는 성질}으로 인해 유해 전자파를 차단하거나 흡수해 준다. 따라서 VDT증후군^{유해 전자파가 유발시키는 두통 및 시각장애 등의 증세}에 큰 효과를 보인다.

4. 공기정화, 탈취, 여과, 정수 효과. 참숯은 미세 다공질로써 미생물의 서식처가 된다. 특히 유기물 분해력이 뛰어난 방선균이 공기 중에 오염된 성분이나 유해한 불순물을 흡착 분해하여 공기를 정화시키고 부패균의 발생을 억제하여 냄새를 탈취 제거시켜 준다 .

5. 제습 및 습도조절, 방부 효과. 참숯은 미세한 구멍이 고밀도로

분포되어 있어서 훌륭한 제습 및 습도조절 효과를 갖는다. 고온에서 구워진 참숯은 수분을 거의 함유하고 있지 않아 주위의 습도를 줄여 주지만 너무 건조하면 수분을 방출하여 자연스럽게 습도를 조절해 준다. 씽크대 밑에 놓아두면 수분을 차단하여 바퀴벌레 등 곤충의 서식을 막을 수가 있고 옷장 안에 넣어두면 습기를 제거하고 곰팡이 등의 서식을 막아 준다.

6. **미네랄의 보고**寶庫. 나무속에는 0.3~0.6% 정도의 미네랄류가 함유되어 있다. 이 미네랄 성분은 숯으로 구워질 때 약 4~5배로 농축되어 회분으로 남게 된다. 숯의 미네랄은 칼슘, 나트륨, 철, 마그네슘, 칼륨, 인 등인데, 장을 담글 때 숯을 넣으면 물을 정화해 세균의 번식을 막고 미생물을 활발히 번식시킬 뿐만 아니라 탄소와 미네랄 공급원 역할도 한다.

7. **항균, 해독 및 질병의 치료 효과.** 숯은 뛰어난 흡착성 때문에 숯가루를 물에 타서 마시거나 상처부위에 뿌려주면 체내로 흡수되어 유해 바이러스 등에 항균작용을 하거나 체외로 배출시키는 작용을 한다. 참숯은 의학적으로 진통, 해열, 해독, 공해물질 및 농약성분의 제거 효과 등이 있는 것으로 밝혀졌다. 또한 새집증후군과 집먼지, 진드기, 곰팡이균 등에 의한 피부염, 알레르기성 비염, 천식, 기침, 가려움 등의 예방과 치료에도 큰 효과를 보인다.

8. **산화방지 및 환원작용.** 병이 나거나 아픈 것은 전자의 이탈현상이라고 말할 수 있는데, 전자 밀도가 낮은 사람에게 무한정의 전자를 공급하는 환원작용으로 몸을 상쾌하고 개운하게 해준다. 참숯으

로 만든 침대, 매트, 베개를 사용하면 음이온이 환원되어 잠을 조금만 자도 개운함을 느낄 수 있다. 또한 숯은 산성을 알칼리화 하는 효능이 있어 아토피성 피부염, 노인성 건조피부염, 만성 습진, 옴, 무좀 등 각종 피부질환의 치료에 큰 도움을 준다.

세계 문화유산으로 지정된 팔만대장경은 7백년이 넘었지만 목판의 보관 상태는 원형 그대로 잘 유지되어 있다. 제작 과정에서 나무를 바닷물에 담갔다가 건조하기를 여러 번 반복하고 보관시설인 장경각 설계의 과학성에 그 비밀이 있다고 하지만 비결은 그뿐만이 아니다. 장경각 주변에 묻혀 있었던 대규모의 '숯'. 신비한 숯의 마술이 빚어 낸 위대한 문화유산이 바로 팔만대장경인 것이다.

천마

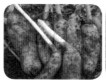

제45호 지리적표시 임산물 - 무주 천마

옛날 예쁘고 총명한 한 효녀의 홀어머니가 갑자기 반신마비가 되었다.
그때 산신령이 나타나 "산꼭대기에 가면 하늘에서 떨어진 약초가 있으니 그
것으로 치료하면 되느니라. 산이 매우 험하니 건강한 젊은이에게 부탁을 하
라"고 일러주었다.
마침내 한 젊은이가 구해준 그 약초로 어머니가 낫게 되었고 효녀는 그 젊
은이와 결혼까지 하게 되었다.

이처럼 '하늘에서 떨어져 마목麻木:마비가 되는 증상을 치료하였다'는 뜻으
로 지어진 이름이 천마天麻다. 또 다른 유래로 고대 중국 신농가神農架: 중
국 호북지역의 원시림 산기슭의 부잣집 외동딸이 두통에 시달리고 있었는데,
산 속의 신마神馬만이 고칠 수 있다는 소문을 듣고 젊은 사냥꾼이 나섰
다. 아깝게 신마를 놓치고 말았지만 신마가 사라진 땅 속에서 나온 이
상한 뿌리를 달여 먹였더니 병이 씻은 듯이 나았다는 이야기다. 마목
과 두통의 차이는 있지만 예로부터 매우 효험이 뛰어난 약재로 쓰였
음을 알게 된다.

천마는 난초과의 여러해살이 기생식물로서 참나무 종류의 썩은 그루터기에 나는 버섯의 균사에 붙어산다. 굵고 긴 덩이줄기를 가지고 있으며 덩이줄기로부터 높이 60cm~1m쯤 되는 줄기가 자라난다. 덩이줄기는 긴 타원형이며 길이 10~18cm, 지름 3.5cm 정도로 뚜렷하지 않은 테가 있다. 줄기의 빛깔은 주황 또는 붉은 밤색이고 조그만 잎이 듬성하게 난다. 6~7월에 피는 꽃은 줄기 끝에 곧게 선 이삭 꼴로 모여 핀다. 3장의 꽃잎이 서로 달라붙어 불룩한 단지 모양을 이루는데 주둥이 부분은 세 개로 갈라져 있다. 꽃의 길이는 2cm 안팎이고 빛깔은 노랗다.

한국 일본 중국 타이완 등지에 분포하며, 다른 명칭으로 수자해좃, 적전赤箭이라고도 한다. 전자는 한자로 수자豎子 즉 '더벅머리 수'에 '아들 자'를 사용하여 마치 우둔한 더벅머리 총각의 거시기를 닮았다 하여 붙여진 별칭이고, 후자는 붉은색의 줄기로 해서 붙여진 이름이다. 늦가을에 파내어 줄기를 따버리고 물로 씻은 뒤 속이 흐무러질 정도로 쪄서 햇볕이나 불에 말린다. 보통 잘게 썰어 쓰는데 때로는 잘게 썬 것을 볶거나 뜨거운 재 속에 묻어 구워 쓰기도 한다.

천마는 제주도를 포함한 전국에 분포하며 깊은 산 숲속에서 잘 자라는 편이다. 이 중 전라북도의 천마 재배면적은 75ha로 전국 110ha의 68%를 차지하고 있다. 특히 덕유산 일대의 무주군 안성면 지역은 1992년 40여명의 작목반이 자연산 천마를 재배하기 시작한 이래 전국 생산량의 50% 이상을 차지하며 국내 최대 산지로 군림하고 있다.

이곳은 해발 400~600m 내외의 산악 지형과 고랭지, 마사토^{화강암이 풍화}
^{되어 생성된 흙으로 화강토라고도 함} 등의 재배 여건이 좋아 천마 자생지로 완벽하
다는 평가를 받고 있다.

일반적으로 천마는 고혈압, 뇌졸중, 불면증, 경기, 두통, 현기증, 중
풍, 신경성 질환의 예방과 치료제로 이용하며 당뇨병 등의 성인병과
간 기능 회복, 피로, 스트레스 해소 등에도 효험이 있는 것으로 알려
져 있다. 또한 학습 능력과 기억력 증가에도 효과가 있어서 총명탕의
주재료로 사용되기도 한다. 천마의 이러한 효능은 대부분이 천마가
함유하는 항산화물질과 관련이 깊다. 성분을 분석해보니 단백질 함
량이 5.4%, 회분 2.6%, 지방 3.6%, 섬유질 3.3%, 수분 8.1%이었으며
전분이 77%로 가장 높았다.

〈동의보감〉에 의하면 "천마는 맛이 맵고 독이 없어 오래 먹으면 기
운이 나고 몸이 거뜬해져서 오래 살 수 있다"고 하고, 〈신농본초경〉
에는 "천마를 먹으면 무병회춘 한다"고 기록하고 있어 예로부터 중풍
을 비롯한 심혈관 질환 계통의 명약이자 두통, 불면증, 고혈압, 우울
증 같은 질환에도 좋은 효능을 발휘하였다. 더욱이 자연산 천마를 먹
으면 고혈압, 당뇨, 고지혈증 같은 질환을 예방하는 효능도 있다고 알
려져 있다. 자연산 천마의 경우 신경계 질환에 효능을 지닌 것으로 보
고되어 풍을 멈추게 하고 놀란 것을 진정시킴은 물론 현기증, 두통,
신경통, 지체마비, 반신불수, 언어장애, 불면, 소아의 간질 등에 특효
를 지닌 것으로 알려져 있다. 다시 말해 뇌의 혈액순환을 돕고 신경

증상을 완화시켜주는 약물 효능이 있다는 것이다.

천마의 효능을 순위별로 매겨보면 첫 번째, 뇌질환 계통의 질환에 신기하리만큼 효과가 있다(예: 중풍이나 두통, 손발 저림, 우울증 등). 두 번째, 무릎이나 허리에 좋다(관절염, 요통 등). 세 번째는 간과 쓸개에 좋다(간질환. 지방간. 간경화 등). 네 번째는 혈액순환계통에 좋다. 지난 2006년 11월에 방영된 KBS TV 프로그램에서 혈압상승효소의 작용을 억제하고 콜레스테롤 수치를 감소시키는 효과가 있다고 보도된 적이 있다.

흔히 천마를 산삼에 견준다면 일반 마^麻는 도라지에 비유될 정도로 그 생김새와 부르는 이름은 비슷할지 몰라도 효능에는 차이가 많다. 천마는 타 작물에 비하여 단백질 함량이 높고 불포화지방산으로 구성되어 있으며 칼슘, 마그네슘, 칼륨 등의 함량이 높은 것으로 알려져 있다. 최근 여성의 골다공증 치료, 체액의 산성화 방지, 학습능력의 증진 및 혈중 콜레스테롤 함량의 감소에 대한 효과가 인정되는 등 건강기능식품으로 자리를 잡아가고 있는 매우 유용한 식품입니다.

이렇게 좋은 천마를 먹는 방법에는 어떤 것들이 있을까? 첫째 방법으로는 자연산 천마에 산조인^{酸棗仁; 멧대추의 씨 속에 있는 알맹이}, 백복신^{白茯神; 소나무의 뿌리를 싸고 뭉쳐서 덩이진 담자균류 구멍장이버섯과에 속한 버섯} 같은 약재들을 함께 섞어 복용하면 특별히 뇌 건강에 좋다. 다음 방법으로는 천마를 35도 소주에 담가 40℃ 이상 온도로 1년간 숙성시키는 천마주를 만들어 먹거나 얇게 썬 천마에 꿀을 재워 1년 이상 발효시켜 영양제처럼 먹는 꿀절임 방법이 있다. 보다 간편하게는 엑기스나 즙으로 만들어 먹어도 소화가 용이하고 몸에 흡수가 잘되게 해준다. 현재 무주군은 천마를 가공해 냉면·국수·초콜릿 등 다양한 천마상품을 개발하는데 열을 올리고 있다.

매년 6월 무주 읍내에서 개최되는 반딧불이축제 때 '화이트푸드 페스티벌'이 함께 열린다. 먹거리 부스에는 천마, 호두, 더덕, 도라지, 마늘과 양파, 감자, 무, 양배추, 인삼, 반딧불 쌀 등 흰색을 띠는 재료로 요리한 음식들이 다양하게 선보인다. 이곳의 대표 특산품인 천마와 호두 요리가 빠지지 않음도 당연하다. 호두정과와 천마즙을 맛 볼 좋은 기회, 부디 놓치지 마시라.

☞ 참고 : 마는 덩굴성 여러해살이풀로 학명은 Dioscorea opposita이다. 산우山芋·서여薯蕷·산약山藥이라고도 한다. 한국·일본·중국에 분포하며, 산지에서 자라고 포지에서 재배하기도 한다. 식물체에 자줏빛이 돌고 뿌리는 육질이며 땅 속 깊이 들어간다. 품종에 따라 긴 것, 손바닥처럼 생긴 것, 덩어리 같은 것 등 다양하다. 잎은 삼각형 비슷하고 심장밑 모양이며, 잎자루는 잎맥과 더불어 자줏빛이 돌고 잎겨드랑이에 주아(珠芽)가 생긴다. 꽃은 2가화로 6-7월에 피고 잎겨드랑이에서 1-3개씩의 수상꽃차례가 발달한다. 수꽃이삭은 곧게 서고 암꽃이삭은 밑으로 처지며, 열매에는 3개의 날개가 있다. 덩이뿌리는 식용하거나 강장·강정·지사제 등의 약재로 사용한다.

- 출처: 위키백과 -

표고버섯

제2호 지리적표시 임산물 - 장흥 표고버섯
제47호 지리적표시 임산물 - 청양 표고

草松蕈竹摠無聊　송이버섯, 죽순인들 모두 다 별맛 없으이.
不可一餐無此燒　밥 한 끼로 모자라 불 지필 수도 없네.
乞與人家小木林　남의 집에서 빌려 온 작은 잡목 더미
三朝風霧養新苗　그 해 아침 안개 바람 새싹 돋아 자란다네.

　　조선시대 영남지방에 유배 중이던 이학규의 〈낙하생집〉에 나오는 歧城蘑菰詞기성마고사 일부이다. 거제의 표고버섯을 예찬한 싯구로서, 마고蘑菰, 즉 표고버섯 앞에선 천하의 송이버섯도 안중에 없다. 참고로 땅에서 돋는 버섯은 균菌이라 하고, 나무에서 돋는 버섯은 심蕈이라 하는데 송이버섯松蕈과 표고버섯香蕈이 대표적이다.

　　민주름버섯목 송이과에 속하는 표고버섯의 학명은 Lentinus edodes이다. 고대 그리스에서는 신이 내린 식품이라고 했고 중국에서는 불로장수 식품으로 불렀을 만큼 영양학적 가치가 높다. 〈삼국사기〉에 웅천주^{지금의 공주}, 사벌주^{지금의 상주} 등지에서 진상되었다는 기록과 성덕왕 시대에 이미 목균과 지상균을 이용한 사적이 남아있어 우리나라에서의 재배역사도 오랠 것으로 추정된다. 인공재배는 10세기경 중국에서 시작되어 현재는 한국, 일본을 포함한 동아시아 지역에서 주로 재배되고 있다.

우리나라에선 1957년 이후부터 농촌 부업의 하나로 장려되어 왔으며 한라산, 지리산, 오대산 등 전국 유명산 일대에서 활발히 인공 재배되고 있다. 이 중 국내 총생산량의 40% 이상을 차지하는 전남 장흥이 표고버섯을 지리적 표시 특산물로 이름을 올렸다. 이곳의 토양은 고생대부터 한 번도 침식작용을 받지 않은 순상지대로서 유황화합물 등 몸에 이로운 물질이 많이 함유돼 있어서 이곳의 대표 특산품으로 자리 잡게 되었으며 2009년부터 2년 연속 청와대 명절 선물로 선정되기도 했다.

송이가 소나무에서 자라듯 표고는 활엽수에 기생하여 자란다. 칠음삼광, 즉 70% 정도의 차광 조건과 우기에 나무가 썩지 않도록 비가림이 가능한 곳을 우선 골라야 한다. 낙엽 진 10월말 이후 겨울 동안에 벌채한 참나무 원목을 길이 1.2m, 직경 15cm 크기로 잘라 22-25mm 깊이로 드릴을 뚫는다. 뚫린 구멍 속에 벚꽃 필 무렵에 맞추어 접종^{종균 심기}하는데 종균심기를 끝낸 구멍에는 잡균이 들어가지 않도록 스티로폼으로 막아 마감한다. 여름 장마 전에 뒤집기를 한 두 차례

한 다음 6개월 이상 배양시킨다. 균이 나무의 영양을 섭취하게 되는 배양 시기는 매우 중요한데 온도는 22도 내외, 습도는 70% 내외가 적당하다. 배양 도중 나무를 뒤집어주면 균이 먹는 속도가 빨라지므로 이렇게 잘 배양된 표고는 그 해 가을에 수확할 수 있다. 보통 나무 한 그루에 2kg 정도의 표고가 열린다. 품종이 고온성인가 저온성인가에 따라 재배시기가 달라지는데, 저온성은 한 겨울에도 조금씩 나오지만 고온성은 봄이 되어야 나온다. 저온성이 더 질기고 중량이 많이 나가는 반면 고온성은 연하고 가벼운 특징을 보인다.

〈동의보감〉에 '표고는 입맛을 좋게 하고 구토와 설사를 멎게 한다.'고 표현하고 있다. 표고는 미국 식품의약품안전처FDA가 10대 항암식품으로 꼽을 만큼 영양학적 가치가 높다. 단백질과 지방질, 당질이 많고 비타민 B1, B2도 일반 야채의 두 배나 되며 나이아신도 다량 함유하고 있다. 칼슘, 칼륨, 인, 셀레늄, 철분 등 미네랄이 많고 혈액의 대사를 돕는 엘리타데닌 성분도 풍부하다. 독특한 감칠맛을 내는 구아닐산에 들어있는 엘리타데닌은 콜레스테롤 수치를 떨어뜨려 고혈압, 동맥경화, 심장병을 예방하고 치료하는 효과가 있다. 항암물질로 밝혀진 렌티난은 베타글루칸 성분의 일종으로서 천연의 방어물질인 인터페론을 생성함으로써 암세포의 증식을 직접적으로 억제하지는 않지만 림프구의 기능을 자극해 우리 몸이 스스로 암세포와 싸워 이길 수 있도록 면역력을 높여준다. 한편 건표고는 생표고에 비해 햇빛을 쬐는 과정에서 에르고스테롤이 비타민 D로 전환되어 칼슘의 흡수

이용을 촉진하므로 구루병 및 빈혈, 골다공증 예방에 큰 도움을 준다. 섬유소 역시 100g당 생표고 0.7g이던 것이 건표고 상태에서는 6.7g으로 대폭 늘어나 대장암은 물론 변비와 숙변을 예방하는 효과가 매우 커진다. 이처럼 표고를 말리면 영양소 함량이 8-9배 정도 높아지고 보관도 용이해지다보니 생표고 보다 건표고를 더 쳐주는 것이다.

표고는 갓의 형태에 따라 몇 가지 등급으로 나뉜다.

1등급 **화고**. 연중 봄에만 수확되는 귀한 버섯인 백화고가 성장기간이 길고 영양과 맛이 뛰어나 최고로 꼽힌다. 갓이 피지 않은 상태로 고유의 모양을 갖추고 연갈색 바탕에 거북등처럼 흰줄 무늬가 많으며 검은 부분은 극히 적다. 봄, 가을에 채취되는 흑화고 역시 버섯 등이 약간 갈라지고 갓이 예쁘게 안으로 감아져 소비자의 선호도가 매우 높다.

2등급 **동고**. 봄, 가을 수확하며 종균을 접종해서 정상적으로 자란 가장 흔한 표고이다. 갓 표면에 흰 균열이 많이 있는 천백동고와 천백동고가 비를 맞아 흰 부분이 갈색으로 변한 다화동고가 있으며 생표고로도 많이 이용된다.

3등급 **향고**. 기온이 높고 습한 계절에 생기나 채취시기를 약간 넘긴 것으로 갓이 엷고 벌려져 있다. 약한 노란빛을 띠고, 고유의 형태를 갖추지 못해 동고보다는 조금 크다.

4등급 **향신**. 향고가 크게 자라서 채취시기를 넘긴 것으로 여름철 우기에 생산된다. 갓이 90% 이상 핀 상태로 모양이 넓고 크며 두께가 얇다. 색깔은 누런빛을 띤다.

5등급 등의. 일정한 형태 없이 갓이 만개하여 옆으로 퍼지고 두께가 가장 얇다.

요즈음 건강을 생각하는 주부들이 늘면서 화학조미료 대신 천연조미료를 많이 찾는다. 표고버섯분말은 특유의 향미와 높은 영양가로 추천 0순위다. 건표고를 곱게 갈아 가루를 내면 그 자체로 훌륭한 천연조미료가 된다. 가정에서 쉽게 만들어 먹을 수 있는 또 다른 메뉴로 표고버섯차를 추천한다. 건표고 적당량을 주전자에 넣고 약한 불에 달인 후 버섯을 빼 낸 물을 냉장고에 보관하여 하루 3-4번 정도 마시면 건강에 최고. 단 표고버섯 달인 물은 쉽게 상할 수 있으므로 한 번에 3일 이내 분량을 만들지는 말 것.

호두

제18호 지리적표시 임산물 - 천안 호두
제49호 지리적표시 임산물 - 무주 호두

동글동글 호두과자,
금방 구워서 겉은 바삭하고 속은 뜨끈하고
팥앙금과 호두가 오독오독 씹혀
먹고 또 먹어도 질리지 않아요.

　　고속도로 휴게소에서 맛보는 호두과자에 대한 일반인의 평이다.
한 때 무늬만 호두과자인 팥과자가 기승을 부린 적이 있다. 요즘은 전
국 어딜 가나 호두알이 박혀있긴 해도 국내산이 비싸서인지 수입산
호두가 적지 않다. 그러나 천안휴게소에 가면 100% 국내산 호두과자
를 맛 볼 수 있다. 이곳이 국산 호두의 본 고장이기 때문이다.

　　호두胡桃나무는 가래나무과에 속하는 갈잎 큰키나무이다. 학명은
Juglans regia이다. 발칸 반도에서 페르시아, 히말라야, 동쪽으로는 중
국에 이르는 유라시아 대륙 일대가 원산지이다. 우리나라에는 고려

충렬왕 16년[1290년] 때 영밀공 유청신이 중국 원나라를 통해 처음 묘목을 들여와 충남 천안 광덕사 경내에 심은 것이 시초. 지금도 이곳에 가면 천연기념물 제398호로 지정된 400년 된 호두나무와 함께 안내문을 통해 호두나무의 시배지임을 확인할 수 있다. 이후 그의 후손과 지역민들이 25만 그루 이상의 호두나무 군락지를 조성하여 천안 호두의 명성을 지켜나가고 있다.

우리나라 경기 이남에서 흔히 볼 수 있는 호두나무는 높이 18~20m까지 자라며 꽃은 4~5월에 피고 열매는 9월말께 익는다. 열매는 식용이나 약용으로 두루 이용되지만 단단한 껍질이나 기름 외에 나무의 껍질도 향유, 화장품, 그림물감용으로 널리 활용된다. 예로부터 음력 정월 대보름날 부럼으로 깨먹는 호두는 두뇌를 명석하게 해주고 자양강장에 효험이 뛰어난 건강식품으로 정평이 나 있다. 〈동의보감〉에서는 '호두는 살이 찌게하고 몸을 튼튼하게 한다. 피부를 윤택하게 하고 머리털을 검게 하며 기혈을 보호하여 하초명문下焦命門을 보한다.'고 기록하고 있다. 여기서 명문命門이란 호두가 고지방 고단백, 마그네슘, 망간, 철, 칼슘, 비타민 등을 함유하여 엄청난 열에너지를 간직하는 생명의 문이라는 의미이다.

호두는 알칼리성 식품으로 100g당 690kcal의 높은 열량을 가지고 있다. 영양분 가운데 지방이 약 60% 정도로 가장 많이 함유되어 있으며 단백질[15-18%], 탄수화물[15%], 수분, 회분, 칼슘, 인, 철 등 무기질이 골고루 들어있다. 체중증가에 필요한 단백 아미노산인 트립토판과 디

아미노산이 듬뿍 들어있는데 식물성 식품으로는 보기 드물게 단백질이 육류보다 많은 편이다. 지방도 돼지고기보다 2배가량 많다. 일반적으로 육류 속에 들어있는 지방은 포화지방산이라서 심장병, 고혈압, 동맥경화증, 비만 등을 유발하지만 호두의 지방은 불포화지방산이 대부분인 데다가 혈중 콜레스테롤의 양을 감소시키는 필수 지방산이 많기 때문에 콜레스테롤의 혈관벽 부착을 억제하여 각종 성인병을 예방해 준다.

특히 호두의 불포화지방산 가운데 리놀산과 리놀레인산은 필수지방산으로서 '비타민 F'로도 불린다. 리놀산은 혈압을 떨어뜨리는 효능이 뛰어나 고혈압 예방에 좋다. 겨울철 동상 예방과 추위를 이겨내는데 큰 도움이 되며 각종 피부병과 탈모증 치료에도 널리 이용되고 있다. 한편 호두에는 비타민 B1과 칼슘, 인, 철분이 골고루 들어있어 자주 먹으면 피부가 윤기 나고 고와지며 노화방지와 강장에도 두드러진 효과를 나타낸다. 더욱이 호두는 중년층에게 장수의 비결이 된다. 성인이 매일 호두 3개씩 먹으면 1일 필요한 지방량을 충분히 공급받을 수 있고, 중병을 앓고 난 환자가 계속적으로 호두를 먹으면 기력 회복이 빠르고 불면증이나 신경쇠약이 치료되며 조혈작용이 왕성해질 뿐 아니라 감기나 천식 등으로 오는 기침이 씻은 듯 가라앉기 때문. 이밖에도 호두는 콩팥의 기능을 강화시켜 이뇨작용이 촉진되고 요통, 관절통, 변비 등의 치료에 두드러진 효과를 보인다. 또한 수험생들에게는 두뇌를 건강하게 하고 정신을 맑게 해주는 등 남녀노소

누구에게나 널리 활용할 수 있다.

임상적으로 밝혀진 호두의 효능을 열거해 보면,

* **채식 위주 식단의 최고 영양소.** 채식 위주로 식사를 하면 자칫 철, 칼슘, 아연 및 리놀레인산 등의 영양소가 부족할 수도 있다. 놀라운 것은 이 모든 영양소가 호두에 들어 있다는 사실. 아미노산의 경우 육류 28g에 포함된 양이 45g의 호두에 들어 있다. 미 농무성 표준 참고용 영양소 분석 자료 13집 - 1999

* **당뇨환자의 혈중 콜레스테롤 수치 개선.** 하루에 호두 한 움큼씩 섭취할 경우 2형(성인형) 당뇨환자의 혈중 콜레스테롤 수치가 개선된다. 미국당뇨협회 정기 간행물, 2004년 12월호

* **심장질환 예방.** 미국식품의약품안전처[FDA]에서는 단일식품으로는 처음으로 '콜레스테롤 수치를 낮추는 불포화지방이 함유된 호두를 매일 42.53g 섭취하면 심장질환을 예방하는 데 도움이 된다.'는 문구를 호두를 함유하는 제품 겉면에 표기할 수 있도록 허가했다.

* **다량의 산화방지제 함유.** 미네소타대학과 오슬로대학에서 실시한 연구 결과, 호두가 들장미 열매 다음으로 많은 산화방지제를 함유하고 있는 단일식품임을 밝혀냈다.

* **건강한 동맥 지킴이.** 건강한 동맥은 고무관처럼 탄력성이 있어 그 안을 통과하는 혈액의 양에 맞춰 원활한 팽창/수축 활동을 한다. 하지만 혈중 콜레스테롤이 높거나 나쁜 콜레스테롤 수치가 높을 경우 팽창 활동을 원활하게 수행하지 못한다. 호두에는 동맥의 탄력성을 개선하는 성분이 함유되어 있다. 스페인 바르셀로나병원 에밀리오 로스 박사

* **심장 발작과 뇌졸중, 돌연사, 협심증 예방 및 개선.** 오메가-3 지방산[DHA/EPA]은 심장 보호물질로 전환되는 과정에서 부정맥을 예방하고 혈소판의 응집을 줄여 동맥경화증에 걸리는 것을 지연시킨다. 호두에 특히 많은 알파-리놀레인산은 DHA와 EPA 생성에 결정적인 도움을 주어 심장 발작과 뇌졸중, 돌연사, 협심증, 심혈관질환의 예방 및 개선에 도움을 준다. 펜실베이니아주립대 데니 크리스 에서턴 박사

* **암 발생 억제.** 오메가-3 지방산, 항산화성분, 피토스테롤[phytosterols] 등을 함유한 호두는 암이 자라는 것을 지연시키는 효과가 있다. 미국 마샬 대학연구팀

* **파킨슨병과 알츠하이머 예방.** 호두의 멜라토닌은 유해 활성산소를 없애는 항산화물질로 작용하며 파킨슨병과 알츠하이머를 예방하는 데 큰 효능이 있다. 텍사스대학 건강과학센터 러셀 J. 라이터 박사

* **대표적인 브레인 푸드.** 뇌와 비슷하게 생긴 호두에 함유되어 있는 식물성 오메가-3 성분은 두뇌에 영양분을 공급해주어 기억력과 집중력 강화에 도움을 준다. 호두에 포함된 불포화 지방산에는 혈액을 깨끗이 하고 피부를 맑게 하는 효능까지 있다.

질 좋은 호두는 껍질이 연한 황색이며 깨물어 보면 속이 꽉 차 있고 껍질이 얇은 것이다. 표면에 울룩불룩한 곳이 많은 것일수록 대개 맛이 좋다. 껍질이 있는 채로 냉장고에 넣어두면 2~3개월 장기 보관할 수 있으나 껍질을 벗긴 것은 지방성분이 변질되기 쉬우므로 껍질은 깐 호두는 단시간에 먹어치우는 것이 좋다. 호두는 열량과 지방이

강한 성질을 지니고 있으므로 몸에 열이 많은 사람이나 설사, 대변이 묽은 사람에겐 권하지 않도록 유의한다.

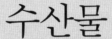

수산물

/ 굴 / 굴비 / 김 / 꼬막 / 낙지 / 넙치 / 다시마 / 매생이 / 미꾸라지 / 미더덕 / 미역 / 전복 / 키조개 /

굴

빚쟁이로 전락했다 다시 일어나
70개가 넘는 프랜차이즈 본사를 운영하게 된 건
순전히 굴 덕분이었죠.

굴국밥 전문점 〈굴마을낙지촌〉 장기조 회장의 말이다. 거듭된 식당사업 실패로 거액의 빚을 진 그에게 굴은 생명의 은인이다. 보글보글 끓인 시원한 국물 맛의 굴국밥 한 그릇은 당시 막막했던 그에게 재기의 돌파구를 마련해 주었고, 이를 찾는 손님들에게는 따뜻한 온기를 불어넣어 주었기 때문이다.

굴은 겨울이 제철이다. 12월과 2월 사이 지질이나 글리코겐 함량이 증가할 때 채취한 것이 가장 맛있고 영양도 뛰어나다. 반면에 산란기인 5월과 8월 사이에는 아린 맛이 나고 영양 상태도 떨어지며 쉽게 상해 배탈이 날 수 있으므로 먹지 않는 것이 좋다. 벚꽃이 피기 시작하면 굴을 삼가라는 일본 속담이 있고, R자가 들어가지 않는 달$^{5-8}$월에는 굴을 먹지 말라는 서양 속담도 있다. 1599년 W. Butler가 펴낸 〈Diet's Dry Dinner〉에 'It's unreasonable and unwholesome in all the months that don't have a R in their name to eat oysters' 대목에서 유래했다는데 애석하게도 그 이유는 밝혀져 있지 않다 한다.

성숙한 굴은 내만의 수온이 2-5도가 되는 5-8월이 산란기이다. 바닷속을 부유하는 유생이 0.4mm 정도 자라면 바위에 부착하기 시작하는데 이 시기에 굴껍데기나 큰가리비의 조가비를 연결한 부착기를 바닷속에 넣어 치패稚貝를 부착시켜 채묘採苗한다. 부착된 치패는 4,5일 정도 지나면 깨알 정도로 커지는데 이것을 종種굴이라고 한다. 수하식 양식은 종굴이 언제나 바닷속에 잠겨 있으므로 간조에 노출되는 바위굴보다 성장이 빠르다.

국립수산과학원에 따르면 자연산과 양식산 간에 영양학적인 차이는 별로 없다 한다. 자라는 환경에 따라 밀물과 썰물에 적응하다보니 자연산은 껍데기가 길쭉하고 물결무늬가 있는 반면 양식산은 동그랗고 물결무늬가 없다. 크기 면에서는 1년에 5cm쯤 자랄까말까 하는 자연산에 비해 양식산은 10cm 이상 자라고, 속을 까 보면 자연산은 테두리가 누르스름한 옅은 색을 띠는 데 반해 양식산은 거무스름한 짙은 색을 띤다.

굴은 서양인들이 거의 유일하게 생식하는 식품일 정도로 그 역사도 오래되었다. 기원전 1세기경 이탈리아 나폴리에서 양식한 기록이 남아있으며, 고대 중국에서도 굴양식이 이루어졌으며 한국에서는 선사시대 패총에서 가장 많이 출토되는 조개가 굴이고 〈동국여지승람〉에는 굴이 강원도를 제외한 전국 70고을의 토산품이었다고 기록하고 있는 점을 보아 동서고금을 막론한 인기식품이었음을 알 수 있다. 그리스로마 신화에서 아프로디테^{비너스}가 굴 조개껍질에서 탄생하였다는 점을 들어 스태미너식으로 알려지게 되었는데 실제 이탈리아의 바람둥이 카사노바는 매일 한번에 12개씩 하루 4번 50여개의 굴을 먹어치웠고 스페인의 돈주앙도 굴을 즐겼다고 한다. 이외에도 나폴레옹 황제, 철혈재상 비스마르크, 대문호 발자크 등도 굴의 광팬이었다.

굴의 한약명은 모려육^{牡蠣肉}으로 판새목 굴과에 속하는 이매패^{二枚貝}의 총칭이다. 세계적으로 30여종이 있는데 우리나라에는 참굴, 바위굴, 벗굴이 서식한다. 이 중 양식한 참굴을 흔히 먹는다. 구한말부터 시작해 지금은 한산도를 중심으로 통영과 거제, 여수 등 남해에서 양식이 성행하고 있다. 자연산 굴은 서해에서 주로 나오는데 충남 보령 천북굴이 유명하다. 여수시 가막만 7군데 굴양식조합이 전국 최초로 친환경 품질인증을 획득하며 지리적표시 수산물로 등록하였다. 용존산소, 대장균, 중금속, 유해물질 등 미국 식품의약품안전청^{FDA}의 까다로운 패류양식장 수질검사 기준을 통과하여 해외 수출 전망을 밝게 하고 있다.

굴의 100g당 열량은 85kcal, 수분 81.56%, 단백질 11.6%, 지질

3.2g, 당질 1.5g, 회분 2.2g, 칼슘 109mg, 인 204mg, 철분 3.7mg, 비타민A 27R.E, 레티놀 11ug, 베타카로틴 11ug, 비타민B1 0.22mg, 비타민B2 0.03mg, 니아신 4.2mg, 비타민C 4mg 등이다. 단백질은 히스티딘, 라이신, 글리신, 글루탐산 같은 아미노산이 풍부하고 살이 부드러워 소화되기 쉽다. 아미노산은 우리 혀가 느끼는 감칠맛 성분이다. 영양도 탁월하지만 워낙 맛이 좋아 굴을 즐겨 찾는 이유가 여기에 있다. 굴의 아미노산은 날씨가 추워지면서 함량이 크게 늘어난다. 맛을 더하는 글리코겐 역시 겨울에는 4-6%까지 상승하지만 산란기인 5월에는 1% 이하로 떨어진다. 겨울이 제철인 건 그런 까닭이다.

굴은 완전식품으로 바다에서 나는 우유로 불린다. 3대 영양소 외에도 비타민과 무기질의 보고라 할 정도로 철분, 아연, 인, 칼슘 등이 고루 들어있다. 빈혈치료에는 철분과 촉매역할을 하는 구리가 필요한데 굴에는 흡수가 잘되는 유기동이 들어있어 빈혈치료에 도움을 준다.

굴은 자연에서 아연을 가장 많이 함유한 식품으로 유명하다. 굴 하나에는 아연의 1일 권장섭취량에 버금가는 양이 우유의 200배 이상 들어 있어 남성 호르몬인 테스토스테론 분비를 촉진, 성기능 개선에 큰 도움을 준다. 천하의 바람둥이들이 굴을 즐긴 이유와 무관치 않다. 굴은 땀을 많이 흘리거나 두통, 불면증에 효과가 있을 뿐만 아니라 가슴이 답답하고 마음의 안정을 찾지 못하는 경우에도 좋다. 술 마신 뒤 갈증이 날 때 굴을 먹으면 증상이 완화되고 피부색도 고와진다.

반면 굴에는 콜레스테롤 함량이 100g당 50-100mg 정도로 꽤 높은 편이다. 하지만 식품이 혈중 콜레스테롤에 영향을 주는 정도를 나타 내는 지표인 CSIC$^{holesterol\ Saturated\ fat\ Index}$가 굴은 3인 반면 콜레스테롤이 거의 없는 아이스크림은 19나 된다. 혈중 콜레스테롤은 섭취하는 포화지방산의 함량에 영향을 많이 받는다는 뜻이다. 따라서 굴을 매일 주식처럼 먹지 않는 한 염려할 필요가 없다.

최근 미국 공익과학센터^{CSPI}는 질병을 야기하는 위험한 음식 10가 지 중에 4위로 굴을 선정한 바 있다. 이는 변패되어 노로바이러스나 비브리오에 쉽게 감염되기 때문이다. 굴은 죽으면 자기소화가 일어 나 단시간 내에 맛, 냄새, 조직감 등에 변화가 생기므로 가급적 싱싱 한 굴을 골라 빨리 먹도록 해야 한다. 부득불 굴을 저장해야 할 경우 냉장고 보다는 냉동고에 얼렸다가 소금물에 담가 해동해야 삼투압에 의한 터짐을 방지하고 향미성분을 보존할 수 있다.

한편 굴과 함께 먹을 때 피해야 하는 음식으로 감을 꼽을 수 있다. 감의 탄닌 성분은 철과 반응하여 탄닌산철이라는 물질로 결합되어 철분의 흡수를 방해하기 때문이다. 반면에 굴에는 섬유소가 없으므 로 채소와 함께 먹는 게 좋다. 김장을 담글 때 굴이 들어간 김치속은 그래서 찰떡궁합이다. 또한 레몬이나 식초와 같은 산성 성분^{구연산}은 철분 흡수를 촉진하므로 생굴은 초장에 찍어 먹는 것이 좋다.

추워지는 날씨에 개운하게 입맛을 돋울 수 있는 초간편 굴국밥 만 드는 법을 소개한다.

① 굴을 소금물에 씻는다. (껍질을 잘 걸러 내고 맹물에 씻지 말 것)

② 미역은 물에 10~30분 정도 불린 후 아주 잘게 썬다.

③ 달군 냄비에 참기름을 두르고 미역을 볶는다.

④ 물을 넣고 10분 정도 끓인 후 국물이 허여멀겋게 나오면 국간장으로 간을 맞추고 굴을 넣는다.

⑤ 국밥그릇에 밥을 한 공기 떠 넣고 국을 부어 담은 후 부추 송송 썬 것을 뿌리면 끝.

굴비

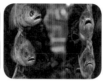

지리적표시 수산물(신청중) - 영광 굴비

누가 굴비를 낚겠는가.
생선이면서 생선도 아닌 것을 어디 가서 낚겠는가.
그저 낚싯대 하나 드리우고 낚이지도 않을 굴비를 상상하며
나름의 생각에 빠져 허우적대는 것,
그게 내가 상정한 내 글쓰기의 모습이다.

영화이야기를 담은 수필집 〈굴비낚시^{2000년 출간}〉에서 작가 김영하가 밝힌 소감이다. 조기에서 둔갑한 굴비는 생선이면서 생선이 아닌 것이라서 낚시는 하나의 구실에 불과하다. 단지 손질하고 말리는 가공 방식에 따라 값이 천차만별로 달라지는 굴비처럼 본질적 핵심에 집착할 따름이다.

굴비는 조기를 소금에 절여 말린 것이다. 전 세계에 130여종이 있고 우리나라 연해에는 13종이 있다. 농어목 민어과에 속하는 바닷물고기의 총칭으로 참조기·보구치·수조기·부세·흑조기 등이 이에

속하며 머리가 단단해 석수어^{石首魚}로도 불린다. 이 중 굴비는 대개 참조기로 만들어지는데 몸이 길고 옆으로 납작하며 꼬리자루가 가늘고 길다. 몸빛은 회색을 띤 황금색이며 몸길이는 30㎝ 내외이다. 겨울에 제주도 서남방, 상해 동쪽의 난해^{暖海}에서 월동한 뒤 북상하여 3월 하순에서 4월 중순경에 위도 칠산탄 부근에 이르고 4월 하순부터 5월 중순 사이에는 연평도 근해에 이른다. 6월 상순경에는 압록강 대화도 부근에 이르고 하순에는 발해만에 도달하여 천해 간석지에서 산란하는 것으로 추정하고 있다. 회유할 때 개구리가 떼를 지어 우는 것 같은 소리를 내면서 물 위로 튀어 오르는 습성을 지니고 있다.

조기라는 이름에 대하여 〈화음방언자의해^{華音方言字義解}〉에는 우리말 석수어는 곧 중국어의 종어인데, 종어라는 음이 급하게 발음되어 '조기'로 변하였다고 하고, 〈고금석림^{古今釋林}〉에는 석수어의 속명이 '조기^{助氣}'인데 이는 사람의 기^氣를 돋우는 것이라고 하였다. 〈자산어보^{玆山魚譜}〉에는 석수어에 속하는 어류로서 대면^{속명 애우질;艾羽叱}, 면어^{속명 민어;民魚}, 추수어^{속명 조기;曹機}를 들고 추수어 중 조금 큰 것을 보구치^{甫九峙}, 조금 작은 것을 반애^{盤厓}, 가장 작은 것을 황석어^{黃石魚}라고 하였다.

조기어업의 역사는 매우 깊어 〈세종실록지리지〉에 의하면 '석수어는 영광군 서쪽의 파시평에서 난다. 봄과 여름이 교차하는 때에 여러 곳의 어선이 모두 여기에 모여 그물로 잡는다. 관에서는 세금을 거두어 국용^{國用}에 쓴다.'고 하였다. 조기어업은 조선시대 전반을 통하여 성하였으며 전라도 지방에서는 함경도의 명태처럼 많이 잡힌다고 하여 '전라도 명태'라는 별명을 얻기도 하였다.

조기는 여러 가지로 가공되어 소비되었지만 그 중에서도 말린 조기, 곧 굴비가 가장 유명하였다. 〈증보산림경제增補山林經濟〉에 의하면 소금에 절여 통째로 말린 것이 배를 갈라 말린 것보다 맛이 낫다고 하였는데 그것이 바로 굴비이다.

굴비屈非라는 이름에 얽힌 재미난 일화를 소개하면, 고려시대의 척신 이자겸이 왕을 모해하려다가 탄로 나 1126년인종 4년 전라도 정주靜州:지금의 영광로 유배되었는데 그 곳에서 말린 조기를 먹어 보고는 탄복하여 임금에게 진상하게 된다. 그는 말린 조기를 보내며 자신의 뜻을 '굽히지屈 않겠다非'는 의미의 '굴비'라는 이름을 붙였다. 이때부터 말린 조기는 굴비가 되었고 영광굴비는 수라상에 올라가기 시작했다는 것이다.

곡우 때 잡힌 산란 직전의 조기는 '곡우살 조기' 또는 '오사리 조기'라 하여 일품逸品으로 치고 있으며 이것으로 만든 굴비는 '곡우살 굴비' 또는 '오가재비 굴비'라 하여 특품으로 취급된다. 조선시대 문헌에 굴비·구비석수어仇非石首魚·구을비석수仇乙非石首 등으로 기재되어 있는 것이 모두 굴비이다. 이는 공상품供上品의 하나이기도 하였다.

조기를 소금에 절여 말린 굴비는 전남 영광굴비가 가장 좋은 것으로 알려져 있다. 영광굴비는 위도 칠산 앞바다에서 잡히는 특대형의 조기로 만드는데 알이 찬 기름진 조기를 잡아 3월경 굴비건조에 적합한 시기에 독특한 건조법으로 제조하기 때문이다. 조기의 아가미를 헤치고 조름을 떼어낸 후 깨끗이 씻어 물기를 뺀 다음 아가미 속에 가득히 소금을 넣고 생선 몸 전체에 소금을 뿌려 항아리에 담아 이틀쯤 절인다. 절인 조기를 꺼내어 보에 싸서 하루쯤 눌러 놓았다가 채반에 널어 빳빳해질 때까지 말린다. 타 지역에서 소금물에 조기를 담갔다 말리는 방법을 사용하는 것에 비해 영광굴비는 섶간이라 하여 1년 넘게 보관해서 간수가 완전히 빠진 천일염으로 조기를 켜켜이 재는 것이 특징이다.

예전에는 "돈 실로 가세. 돈 실로 가세. 영광 법성으로 돈 실로 가세."라는 뱃노래가 있을 만큼 참조기 어업이 성행했으나 이제는 참조기나 굴비 값이 올라 모양이 비슷한 수조기를 참조기로 속여 파는 일도 더러 있다. 좋은 굴비는 머리가 둥글고 두툼하며, 비늘이 몸통에 잘 붙어 있고 배나 아가미에 상처가 없다. 또한 특유의 윤기 있는 노란빛을 띠고 있다. 보관 시 공기가 잘 통하는 그늘진 곳에 두고, 오래 두면 배에서부터 누런 기름기가 배어 나와 맛이 변하므로 적당한 시기에 냉장보관 한다.

찌개, 조림, 찜, 구이 등 다양한 조리가 가능하며 그냥 쭉쭉 찢어서 먹거나, 고추장에 재어두었다가 밑반찬으로 사용하기도 한다. 18%나 되는 양질의 단백질과 비타민 A와 D가 풍부하여 몸이 쇠약할 때나 야맹증, 피로해소에 도움이 된다. 지방질이 적어 소화가 잘되므로 발육기의 어린이나 소화기관이 약한 노인에게도 좋다. 몸에 이로운 생선이라는 이름처럼 조기는 죽을 쑤거나 굽거나 맛이 매우 좋은 물고기이다. 소화를 돕는 식품으로도 알려져 한방에서는 배탈이나 설사하는데, 배가 부글부글 끓어오르는 소화불량에 순채와 함께 끓여 먹었다. 또한 대가리 속의 돌 같은 뼈는 갈아서 결석증을 치료하는데 이용되었다.

굴비의 5대 효능을 정리해 보면,

1. **성장발육.** 단백질, 칼슘, 철분이 풍부하여 성장기 어린이의 성장 발육을 돕는다.

2. **원기회복.** 단백질, 무기질, 비타민 등이 병후 원기회복을 돕는다.

3. **야맹증예방.** 풍부한 단백질과 비타민 A,D가 야맹증을 예방한다.

4. **요로결석치료.** 전립선을 강화하고 소변을 원활하게 하여 요로 결석을 배출시킨다.

5. **식체/기체.** 기가 허해 발생하는 신경성 위장병에 도움을 준다.

굴비와 잘 어울리는 궁합음식으로는 고사리를 들 수 있다. 굴비찌개에 고사리를 넣으면 굴비에 부족한 섬유소를 보충해 준다. 굴비는 9월에서 이듬해 2월 사이가 제철이다.

자주 대하는 구이 대신 굴비찜 요리를 소개한다.

▶ 재료 : 굴비 1마리, 설탕 2작은술, 레몬 1개, 다진마늘 1작은술, 참기름 1/2작은술 깨소금 1/2작은술

▶ 조리법
① 비늘을 벗기고 주둥이와 지느러미를 잘라낸다

② 두 군데 칼집을 내고 두 토막을 낸다.(다시마를 냄비바닥에 깔면 굴비가 들러붙지 않음)

③ 물을 다시마가 잠길 정도만 붓고 생강술을 살살 끼얹는다.

④ 고추가루, 참기름, 깨소금 순으로 위에서 아래로 살살 뿌린다.

⑤ 마늘채, 청,홍 고추채, 풋마늘채를 약간씩 흩뿌린 후 뚜껑을 닫고 센불에서 시작해 끓으면 불을 줄여 15분 정도 더 끓인다.

김

제8호 지리적표시 수산물 - 장흥 무산김
제9호 지리적표시 수산물 - 완도 김
제17호 지리적표시 수산물 - 신안 김
제18호 지리적표시 수산물 - 해남 김

잘 말아줘, 잘 눌러줘
밥알이 김에 달라붙는 것처럼
너에게 붙어있을래
날 안아줘, 날 안아줘
옆구리 터져버린 저 김밥처럼
내 가슴 터질 때까지

    한때 유행했던 자두의 노래가사 일부이다. 남녀의 애정행각을 김밥에 비유한 점이 무척이나 재미있다. 가사내용처럼 김은 종잇장처럼 얇아서 김밥을 잘못 말면 옆구리 터지기가 일쑤다. 김은 해조류를 일정한 크기의 얇은 낱장 형태로 말려서 그냥 먹거나 소금을 치거나 참기름을 발라 구워 먹는 음식이다. 해태海苔, 해의海衣로도 불리는 김은 한국, 일본에서 매우 인기 있는 음식재료이다. 삼국시대 때부터 먹었으며 조선시대에는 왕실 진상품과 무역품으로 귀하게 여겨졌다.

    17세기 중엽부터 양식되기 시작했는데 전남 광양의 김여익1606-1660

이 처음으로 양식법을 창안하였으나 마땅히 부를 이름이 없어 그의 성을 따서 '김'이라 부르게 되었다. 전남 영암 출신의 그는 병자호란 때 의병을 일으켰으나 조정이 항복하자 이곳 태인도에 숨어살다가 소나무와 밤나무 가지를 이용한 김 양식에 성공을 거두었고 왕실에도 특산품으로 바쳐졌다. 어느 날 광양 김을 반찬삼아 수라를 맛있게 드신 인조 임금이 음식 이름을 물었으나 아는 사람은 없고 김 아무개가 만든 음식이라 신하가 답하자 그럼 앞으로 이 바다풀을 그 사람의 성을 따서 김이라 부르도록 하라는 데서 유래한다는 것이다. 우스갯말 같지만 전남 광양 태인동에 그를 기리는 유지가 도 기념물로 지정되어 있는 만큼 정설에 가깝다.

삼국유사에 처음 등장하는 김은 '신라시대 왕의 폐백 품목'이라고 기록되어 있고, 〈경상지리지〉, 〈동국여지승람〉 등에도 토산품으로 소개되어 있다. 1429년 〈세종실록〉에는 명나라에 보낼 물건 중에 해의, 즉 김이 포함되어 있을 만큼 귀한 음식이었는데 1650년대 김 한 첩의 값이 목면 20필에 달했다. 〈동의보감〉에서는 김을 감태라 하여 '성질은 차고 맛이 짜면서 토하고 설사에 탁월한 효능이 있고 답답한 속을 풀어준다'고 기록하고 있다. 전해오는 풍습으로 정월대보름 풍습 중에 '복쌈'이라는 것이 있다. 예부터 우리 선조들은 취나물, 배추잎과 함께 김에 밥을 싸서 먹으면 눈이 밝아지고 복이 들어온다고 여겼다.

김은 홍조식물 보라털목 보라털과 김속에 속하는 해조의 총칭으로 한국, 일본, 중국의 바다에서 암초 위에 자란다. 이끼처럼 자라나며 길이는 14-25cm, 넓이는 5-12cm 정도이고, 긴 타원모양에 가장자리에 주름이 있고 윗부분은 갈색, 아랫부분은 푸른 녹색을 띤다. 10월 무렵부터 생성되어 겨울에서 봄 사이 자라고 기온이 따뜻해지면 보이지 않는다.

우리나라 남해안과 서해안 전역에서 양식되는 김을 전남 완도와 장흥 무산이 지리적표시 수산품으로 등록하였다. 이곳에 오면 해안마을에서 허가한 구역 안에 대나무로 짠 김발을 설치한 김 양식장을 볼 수 있다. 대개 추석 전후로 설치하고 종자용 포자를 부착한 김발과 보통 김발 여러 개를 한꺼번에 바다에 넣고 포자가 붙도록 1주일쯤 놔둔 다음 말뚝을 박아 정식으로 설치한다. 한 달이 지나서부터 채취가 가능하고 이듬해 4월까지 7, 8회 정도 따 낸다. 채취한 김은 민물로 세척한 후 잘게 자르고 물통에 넣고 푼 다음 일정 크기의 김틀을 김발장 위에 올리고 뿌린다. 너무 두껍거나 얇지 않도록 푸는 과정이 끝나면 양지바른 건조장에서 말리면 작업 끝. 건조된 김은 40장을 한 톳으로 묶으며 20톳을 1통, 20통을 1척이라고 한다. 한편 자연산 돌김은 썰물 때 바위에서 긁어모아 말린 것이다. 세계적으로 80여종이 있으며 우리나라에는 20여종이 있다. 대표적인 김 종류로는 충남 서천, 전남 부안 등이 주산지인 재래김, 전남 완도, 해남이 주산지인 돌김, 전남 신안, 완도가 주산지인 파래김 등이 있다.

일반적으로 김은 눈의 각막을 재생시키는 비타민A가 풍부하여 눈에 좋은 식품으로 알려져 있다. 김을 상식^{常食}하는 완도 청학리 65세 이상 노인들의 시력과 시신경을 살펴 본 결과 노안이 오지 않음이 확인되었을 정도로 김 1장에는 달걀 2개와 맞먹는 다량의 비타민A가 들어 있다. 단백질도 김 5장의 양이 달걀 1개와 비슷할 정도로 많은데, 동물성에 비해 소화흡수와 칼로리가 뛰어난 특징을 지닌다. 채취시기에 따라 품질이 나뉘는데 한겨울 것을 최상품으로 치며 순수 단백질 함량이 30-35%에 달한다. 10종의 아미노산 중 메티오닌 등 필수아미노산이 골고루 풍부하게 들어있고 인, 마그네슘, 나트륨, 칼슘, 규소, 철, 망간 등 미네랄도 다양하게 들어있어 겨울철 최고의 영양식품으로 자리잡고 있다. 유일하게 김에서만 추출되는 포피란 성분은 지방을 분해하고 면역력을 높여 콜레스테롤 수치를 낮추는 효능이 있다.

김의 효능을 간단히 정리해 보면,

효능1. **다이어트**. 각종 영양소가 풍부한 반면 칼로리가 거의 없어 다이어트 식품으로 안성맞춤 .

효능2. **변비치료**. 알긴산이라는 식물성 섬유가 함유되어 있어 대변을 부드럽게 해줌.

효능3. **면역력향상**. 유산다당이라는 식물섬유가 우리 몸의 면역력을 높여줌.

효능4. **간기능강화**. 타우린 성분이 간 기능을 강화하고 활성화하는 효능이 있어 음주 전후에 먹으면 알코올이 원활하게 분해되어 숙취해소에 도움이 됨.

효능5. **야맹증예방.** 비타민A가 옵신이라는 단백질과 결합하여 생성되는 로돕신 성분은 눈의 빛을 감지하는 역할을 하여 야맹증 예방에 도움이 됨.

효능6. **골다공증예방.** 뼈와 이의 형성에 필수적인 칼슘 성분이 풍부하여 갱년기 여성의 골다공증 예방에 좋음.

효능7. **고혈압예방.** 칼륨이 많고 나트륨이 적어 혈압을 내리는 효능이 있음.

효능8. **갑상선 부종예방.** 갑상선 호르몬의 구성성분인 요오드가 풍부하게 함유되어 있어 갑상선을 보호해주므로 갑상선부종을 예방해주고 머리카락을 아름답게 가꾸어 줌.

김 하면 김밥을 떠올릴 정도는 둘은 불가분의 관계다. 김밥은 일본음식 김초밥에서 유래한다. 생선초밥의 원조가 관서지방인 것과는 달라 노리마끼, 즉 김초밥은 일본의 관동지방이 원조로 알려져 있다. 에도시대 때 도박장에서 놀던 사람들이 색다른 간편식으로 생선초밥 대신 김에 싸서 먹은 것이 시초. 우리나라에는 근대 이후에 많이 먹기 시작했는데 크게 초밥을 만들어 싸는 김밥과 맨밥으로 싸는 김밥으로 나뉜다. 맨밥 김밥의 대표격인 충무김밥은 1960년대 통영당^{지지명 충무}에서 노점상 할머니들이 뱃사람들을 상대로 갑오징어를 양념에 절여 만든 김밥을 판 데서 유래한다. 햇살이 따가운 탓에 김밥이 쉬이 쉬어버리는 것을 방지할 요량으로 잘게 만 김밥에다 별도로 갑오징어무침과 넓적하게 썬 멸치젓 무김치를 내놓았는데 이게 대박을 친 것이다.

해외의 대표적인 김밥으로는 프랑스김밥과 캘리포니아김밥을 들수 있다. 비린 김맛을 감추려고 야채 속에 집어넣어 거꾸로 말다보니 프랑스김밥은 누드김밥의 시초가 되었고, 일본인 이주자들이 많았던 캘리포니아에서는 이 지역의 아보카도 열매와 날치알, 연어알 등을 주 재료로 퓨전김밥을 탄생시켰는데 이것이 그 유명한 캘리포니아롤 California Roll 이다.

좋은 김 고르는 법을 소개하면, 우선 잡티가 적어야 한다. 둘째 빛깔은 검고 광택이 많아야 한다. 셋째 연녹색 빛깔을 내는 파래가 적어야 한다. 끝으로 표면에 여백이 없고 균질하며 구울 때 청록색이 나는 것이 상품. 이렇게 구입한 김은 밀폐용기에 넣어 서늘한 곳에 보관하도록 한다. 냉동고에 보관하는 분들이 적지 않은데 실온에 내놓으면 더 빨리 눅눅해지므로 금물. 눅눅해진 김은 종이봉지에 5장씩 나눠 전자레인지에 30, 40초간 돌려주면 본래의 바삭함을 되찾을 수 있다.

꼬막

제1호 지리적표시 수산물 - 보성벌교 꼬막
제20호 지리적표시 수산물 - 여자만 새꼬막

"흐흐흐, 내 눈이 보배는 보배여
보기 존 떡이 묵기도 좋더라고
외서댁을 딱 보자말자 가심이 삐르르허드란 말이여
고 생각이 영축없이 들어맞어 부렀는디
쫄깃쫄깃헌 것이 꼭 겨울 꼬막 맛이시."

　　조정래의 대하소설 〈태백산맥〉에서 청년단 감찰부장 염상구가 외
서댁을 겁간하며 내뱉은 말이다. 전남 보성 벌교는 이 소설의 실제 무
대이고 주먹질과 부녀겁탈을 일삼던 염상구는 악한의 표상이다. 그
런 그가 여자 맛을 겨울 꼬막 맛에 빗댈 정도이니 이곳에선 꼬막 맛이
힘의 상징임에 틀림없다. '벌교에선 주먹자랑 하지 말라'는 옛말이 빈
말이 아닌 것이다.

　　이를 반증하듯 보성벌교 꼬막이 지리적표시 수산물 제1호로 지정
되었다. 이로써 보성군은 농산물 제1호인 보성녹차와 함께 농수산

물 두 분야에서 국내 최초의 지리적표시 특산품을 보유하게 되었다. 2014년 9월에는 전남 여수시가 여자만 새꼬막을 추가로 등재시켜 이곳이 꼬막의 본거지임을 명백히 했다. 꼬막 중에서도 이곳 꼬막이 최고로 대접받는 것은, 고흥반도와 여수반도가 감싸는 벌교 앞바다 여자만汝自灣의 갯벌이 모래가 섞이지 않은데다 오염되지 않아 꼬막 서식에는 최적의 조건을 갖추고 있기 때문이다. 국토해양부는 2005년 이곳 갯벌을 우리나라에서 상태가 가장 좋은 갯벌로 발표한 바 있다.

한국, 일본, 인도양, 서태평양 연안에 분포하는 꼬막은 사새목 꼬막조개과에 속하며 조간대에서 수심 10m까지의 진흙 바닥에 서식한다. 자웅이체이며 산란기는 지방에 따라 다르나 8-10월 사이이다. 다 자란 껍데기의 길이는 약 5cm, 높이는 약 4cm, 나비는 약 3.5cm로 피조개나 새꼬막보다 크기가 작다. 모양은 사각에 가깝고 매우 두꺼우며 각피에 벨벳 모양의 털이 없다. 껍데기는 흰색이고 각피는 회백색이며 살은 붉은 편이다.

꼬막은 크게 참꼬막과 새꼬막, 피조개로 나뉜다. 진짜 꼬막이란 의미로 '참'자가 붙은 참꼬막은 표면에 털이 없고 쫄깃쫄깃한 맛이 뛰어난 고급품종으로서 제사상에 올린다 하여 '제사꼬막'으로도 불린다. 이에 반해 껍데기 골의 폭이 좁고 털이 나 있는 새꼬막은 조갯살이 미끈한데다 다소 맛이 떨어지는 하급품으로 취급받아 '똥꼬막'으로 불린다. 성장기간도 참꼬막은 4년이 걸리지만 새꼬막은 2년이면 충분하고, 잡는 방법도 배를 이용하여 대량 채취하는 새꼬막과 달리 참꼬막은 갯벌에 사람이 직접 들어가 채취한다.

일반적으로 조개는 봄이 제철이다. 바지락을 비롯한 대부분의 조개가 5월 무렵 살이 통통하게 오르기 때문이다. 하지만 홍합과 함께 꼬막은 겨울이 제철이다. 산란기를 넘긴 11월부터 맛이 들기 시작해 설을 전후하여 속이 꽉 찬다. 이듬해 초봄까지가 제철인데, 겨울철 이곳을 찾으면 길이 2m에 폭 50cm 정도 되는 널배에 꼬막 채를 걸고 종횡무진 갯벌을 누비는 아낙들을 보게 된다. 허리까지 푹푹 빠져 드는 갯벌에서 칼바람을 맞으며 이루어지는 고된 작업 끝에 걷어 올리는 참꼬막은 쫄깃짭잘한 감칠맛으로 새꼬막보다 서너 배 비싸게 유통된다.

우리나라 최초의 어보인 김려 선생의 〈우해이어보〉에는 껍데기 표면의 17-18가닥 골모양이 기왓골을 닮았다 하여 와농자瓦蠪子라 하였고, 정약전의 〈자산어보〉에는 살이 노랗고 달다고 했으며, 〈신증동국여지승람〉에는 전라도의 토산물로 기록되어 있는데, 서민들은 물론 궁궐에도 8진미 중 1품으로 진상될 만큼 사랑을 받아왔다.

일반적으로 꼬막은 23%의 단백질과 필수 아미노산이 함유되어 있고 조혈성분인 철분과 각종 무기질이 다량 함유되어 있어 조혈강장제로 안성맞춤이며 풍부한 필수 아미노산으로 인해 어린이 발육에도 도움을 준다. 특별히 헤모글로빈과 철분, 비타민B군이 많아 빈혈이나 현기증에 효과 만점이다.

주요 성분의 효능을 정리해 보면,

1. **다른 조개류에 비해 단백질이 많다.** 필수 아미노산이 풍부하고

고단백 저지방 저칼로리의 알칼리성 식품으로 소화가 잘 되므로 병후 회복식으로 적당하다.

2. 비타민B$_{12}$와 철분이 많아 빈혈 예방에 효과적. 자주 섭취하면 혈색이 좋아지고 특히 칼슘이 많아 어린이의 성장발육에 도움을 준다.

3. 타우린과 베타인이 음주로 인한 간 해독 및 숙취해소에 도움을 주므로 겨울철 남성들의 술안주로 좋고 철분, 코발트 등이 겨울철 여성이나 노약자에게 보양식 역할을 한다.

4. 철분과 아연은 미각 장애 개선에 효과가 있고, 풍부한 타우린이 담석을 용해하거나 심장기능 향상, 체내 콜레스테롤 저하작용을 나타내어 당뇨병, 동맥경화 예방에도 도움을 준다.

꼬막은 씻고 삶는 것이 일의 전부이다. 온통 뻘투성이인 꼬막은 물에 넣고 여러 번 씻어야 한다. 씻으면서 흙만 찬 빈 꼬막도 골라내야 한다. 삶는 것은 더 중요한데, 물을 팔팔 끓여 꼬막을 넣자마자 휘휘 몇 번을 저어 꺼낸다. 이때 조개가 입을 벌리면 벌써 늦은 것이다. 껍데기를 깐 후에도 속살이 그리 많이 줄지 않은 채 촉촉하고 번드르르해야 하는데 입을 벌리지 않은 이 상태가 가장 맛있게 삶아진 것이다.

꼬막 까는 법은, 손가락을 누룽지 긁을 때처럼 잡고 꼬막 뒤편 양쪽 껍데기가 볼록 튀어나와 있는 사이에 숟가락을 넣어 돌린다. 그러면 딸각 하고 껍데기 한 쪽이 떨어져 나간다. 속살이 남은 쪽에 고춧가루, 파, 마늘, 깨소금을 섞어 만드는 양념간장으로 조리하면 끝. 이때 간을 짜지 않게 하는 게 팁이다. 그래야만 짭조름하고 쫀득하고 싱싱하기까지 한, 갯냄새를 풍기는 꼬막 맛을 제대로 맛 볼 수 있기 때문이다.

작가 조정래는 〈태백산맥〉에서 '간간하면서 쫄깃쫄깃하고 알큰하기도 하고 배릿하기 한 꼬막을 소복하게 밥상에 올리고 싶다'고 했다. 겨울이 다 가기 전에 여러분의 밥상에도 꼬막정식을 차려보시라.

낙지

지리적표시 수산물(신청중) - 무안 낙지

봄 주꾸미,
가을 낙지

　주꾸미와 낙지는 8개의 발을 가진 두족류 연체동물로 사촌지간인 셈이다. 3월 산란기가 시작되기 직전의 이른 봄 주꾸미 맛과 5-6월 산란기를 끝낸 가을 낙지 맛이 최고여서 붙여진 말이다. 이 둘을 식별하는 법을 간단히 소개하면 낙지는 몸길이가 70cm까지 자라고 발마다 1-2줄의 빨판이 있으며 발이 매우 가늘고 긴 반면, 주꾸미는 몸길이가 24cm에 불과하고 발마다 2-4줄의 빨판이 있으며 발길이가 몸통의 2배 정도로 짧다.

　우리나라, 일본, 중국 등지에 분포하는 낙지의 몸은 가늘고 길며

외투막 길이에 비해 발이 긴데, 특히 첫번째 발이 길고 굵으며 수컷의 세번째 발은 혀 모양으로 교접완이다. 몸은 몸통·머리·발로 나뉘는데 머리처럼 보이는 몸통은 달걀 모양으로 심장·간·위·장·아가미·생식기가 들어 있다. 연안의 조간대에서 심해까지 분포하지만 얕은 바다의 돌틈이나 갯벌 속에 굴을 파고 산다. 바위틈이나 갯벌에 판 굴 속에 있다가 발을 밖으로 내어 먹이를 잡아먹는다. 간의 뒤쪽에는 먹물주머니가 있어 쫓기거나 위급할 때 먹물을 뿜어 자신을 적으로부터 보호한다. 산란기는 5~6월이며 발 안쪽에 알을 낳는다.

한자어로는 보통 석거石距라 하고, 소팔초어小八梢魚·장어章魚·장거어章擧魚·낙제絡蹄·낙체絡締라고도 하였다. 방언에서는 낙자·낙짜·낙쭈·낙찌·낙치라고 한다. 중국의 의서 〈천주본초〉에서 낙지는 '익기양혈益氣養血, 즉 기를 더해주고 피를 함양해주기 때문에 온몸에 힘이 없고 숨이 찰 때 효능이 있다'고 했다. 〈동의보감〉에서도 '성性이 평平하고 맛이 달며 독이 없다'며 낙지의 효능을 입증하고 있다.

조선후기 실학자 형제인 정약전과 정약용은 낙지사랑이 대단했다. 동생인 다산 정약용은 〈탐진어가耽津漁歌〉라는 시에서 '어촌에서는 모두 낙지로 국을 끓여 먹을 뿐, 붉은 새우와 맛조개는 맛있다고 여기지도 않는다.'고 읊었다. 정약전은 한 술 더 떠 〈자산어보玆山魚譜〉에서 '영양부족으로 일어나지 못하는 소에게 낙지를 서너 마리만 먹이면 거뜬히 일어난다.'라고 소개하고 있다. 지금도 남도지방에는 출산이나 병치레하는 소에게 낙지를 먹이는 풍습이 남아 있을 정도다.

우리 선조들은 옛날부터 낙지를 즐겼던 것 같다. 광해군 때 허균은 팔도음식을 평가한 〈도문대작〉에서 '서해안에서 잡히는 낙지는 맛 좋은 것이 너무나 잘 알려져 있어서 특별히 따로 적을 필요가 없다'고 했으며, 특산품으로도 이름을 떨쳐 발해와 당나라 사이의 교역 품목에 낙지도 포함되어 있었다 한다. 이 때문에 옛날부터 산낙지를 즐겨 먹었을 뿐만 아니라 숙회, 연포탕 등 다양한 낙지 요리가 발달했다.

그 중에서도 세발낙지로 유명한 무안군이 무안낙지를 지리적표시 수산물로 신청했다. 이곳 현경면과 해제면 사이의 무안갯벌은 전남 순천만 갯벌에 이어 2008년 람사르 습지로 등록되었는데 게르마늄이 다량 함유된 생태갯벌이다. 낙지가 가장 많이 잡히는 음력 9월 보름 경 주낙^{줄낚시}를 들고 갯벌에 뛰어 들어보라. 야행성인 낙지가 보름달빛에 홀려 끌려올라 것을 눈으로 목격할 수 있을 것이다. 참고로 무안군이 자랑하는 '무안5미'는 세발낙지, 양파한우, 명산 장어구이, 사창 돼지짚불구이, 도리포 숭어회 5가지인데 이 중 으뜸이 세발낙지 요리이다.

낙지는 광활한 갯벌에서 자라 맛이 부드럽고 담백하다. 타우린을 다량 함유하고 단백질, 인, 철, 비타민 성분이 있어 콜레스테롤의 양을 억제하며 빈혈 예방의 효과도 탁월하다. 낙지는 바다 생물 가운데서 최고의 스태미나 식품으로 꼽힌다. 말린 오징어 표면에 생기는 흰 가루는 타우린이라는 성분인데, 강장제이자 흥분제에 속하는 것으로 일제가 2차 대전말기 가미가제 특공대원들에게 흥분제 대신 먹였다고 알려져 있다. 낙지에는 타우린이 무려 34% 들어있다. 낙지 반 마리에 해당되는 100g당 871mg이나 함유되어 있는데 같은 100g당 굴 396mg, 미역 200mg과 비교해 보아도 원기를 돋우는 음식으로 단연 으뜸이라는 평이 실감이 간다.

사람 몸에 스트레스가 가해지면 체내의 단백질은 평상시보다 더 많이 분해되므로 양질의 단백질 보충이 필수적이다. 또한 단백질이 부족하면 성호르몬의 분비도 줄어들므로 스트레스와 섹스에 약해질 수밖에 없는데 산 낙지의 단백질 함량은 14.6%에 달하고 필수 아미노산의 함량이 많아 갯벌 속의 인삼이라는 별명까지 얻게 되었다. 낙지의 5대 효능을 요약해 보면, 첫째 풍부한 영양성분으로 최고의 스태미너 식품으로 꼽히고, 둘째 콜레스테롤의 양을 조절하는 역할을 하며, 셋째 철분이 풍부해 빈혈을 예방하는 효과가 있고, 넷째 뇌기능을 돕는 DHA 성분이 풍부하고, 다섯째 각종 아미노산이 간 기능을 강화시킨다는 점이다.

낙지는 주로 나무젓가락에 돌돌 말아서 산 채로 먹기도 하는데 조리해 먹을 때 보다 칼슘과 비타민 파괴가 덜하다. 또한 낙지볶음을 먹을 땐 고추와 함께 먹으면 고단백 식품인 낙지와 고추의 매운 맛이 조화를 이뤄 맛도 더 좋아지고 낙지에 부족한 영양 성분인 비타민 A와 C를 고추가 채워주기 때문에 영양가도 높아진다. 양념을 거의 쓰지 않고 미나리, 대파 등 채소를 넣어 끓인 연포탕은 저칼로리 체중 조절식으로 인기가 높고 몸이 찬 사람들에게 좋다. 산낙지와 갈낙탕, 낙지볶음과 함께 대표적인 남도음식에 속한다. 조선시대 조리서 〈음식방문〉이라는 책에는 연포탕이 1800년대 중반의 음식으로 소개되어 있다. 연포라는 명칭은 낙지를 끓일 때 마치 연꽃처럼 발이 펼쳐진다고 해서 붙여진 이름이다.

낙지는 표고버섯과 음식궁합이 잘 맞는데 낙지에 부족한 식이섬유와 비타민D를 보충하고 콜레스테롤을 낮추는 역할을 하기 때문. 하지만 발음상 낙제어諾蹄魚라고도 불리는 점 때문에 수험생에게는 금기식으로 꼽히기도 한다. 낙지에 관한 속담은 대체로 낙지의 생태나 잡는 행위와 관련된 것이 많아 일이 매우 쉽다는 뜻으로 '묵은낙지 꿰듯 한다.'는 속담이 있고, 일을 단번에 해치우지 않고 두고두고 조금씩 할 때 '묵은낙지 캐듯 한다.'라 한다. 낙지머리와 남성의 성기를 동일시하는 음담패설도 전라남도 민간설화에 채록되어 있다.

서울에 무교동낙지가 유명하듯 청년시절을 보냈던 부산에서는 조방낙지가 유명했다. 옛날 조선방직이 있었던 곳에 자리했던 그 식당 할머니의 야들야들 탱글탱글 낙지볶음 솜씨는 영원히 잊을 수가 없다.

낙지볶음 만드는 법을 소개한다.

▶ 재료 : 낙지2마리, 양파1개, 대파2뿌리, 풋고추2개, 홍고추2개. 양념장 : 고추장3큰술, 고춧가루2큰술, 간장1큰술, 다진마늘1큰술, 다진생강1/3작은술, 설탕2큰술, 깨 · 참기름 약간씩

▶ 만드는 법
① 낙지는 머리를 뒤집어 내장을 제거하고 소금으로 문질러 씻는다.

② 손질한 낙지를 끓는 물에 살짝 데친다.

③ 양념장(고추장,고추가루,간장,깨,마늘,생강,설탕,참기름)을 만든다.

④ 실파는 4cm로 썰고, 양파, 홍고추, 풋고추는 채 썬다.

⑤ 프라이팬에 기름을 두르고 홍고추를 볶다가 양파, 낙지를 볶는다.

⑥ 양념장을 넣고 볶다가 풋고추, 실파를 넣어 다시 한 번 볶아낸다.

넙치

제10호 지리적표시 수산물 - 완도 넙치

우(右) 가자미
좌(左) 넙치

　가자미와 넙치는 그 생김새가 흡사하다. 구별하는 가장 손쉬운 방법으로 눈의 위치를 따진다. 즉 두 생선의 등 쪽을 위로 하고 아가미와 복부를 아래로 두었을 때 가자미는 눈이 오른쪽에, 넙치는 왼쪽에 위치한다. 그래도 헷갈리는 사람은 같은 글자수의 '오른쪽 가자미, 왼쪽 넙치'로 기억해두면 더 이상 헷갈리진 않을 것이다.

　넙치는 '넓다'는 형용사에다 물고기를 뜻하는 '치'자가 합쳐져 붙여진 이름으로서 몸이 넓적하여 광어廣魚로도 불리지만 표준말은 당연히 넙치이다. 이름의 유래를 좀 더 살펴보면, 고대 중국 사람들은 넙치를

413

접어鰈魚라고 했는데, 이는 동쪽에 접한 우리나라를 접역鰈域이라 부른 것처럼 우리나라를 상징하는 물고기란 뜻을 내포하고 있다. 정약전의 〈자산어보〉에도 '후한서 변양전주邊讓傳注에 이르기를 비목어比目魚를 일명 접어鰈魚라고 하고 강동에서는 판어板魚라고도 한다.'며 이를 뒷받침하고 있다. 현재 중국에서는 야핑牙魚+平, 일본에서는 히라메魚+平라 부르고 있어 3국이 모두 넓적한 물고기로 부르는 데에는 이견이 없는 것 같다.

넙치는 가자미목 넙치과에 속하는 해양생선이다. 연안의 조수가 고여 있는 곳에서부터 수심 1천 미터의 심해에까지 폭넓게 서식한다. 몸길이는 5cm 정도의 소형종에서 80cm를 능가하는 대형종까지 다양하다. 이름대로 몸은 납작하고 대개 원 또는 긴 타원형을 띤다. 꼬리지느러미는 등쪽과 뒤쪽이 명확히 분리되고 몸 색깔은 등 쪽이 갈색 또는 어두운 색이고 복부 쪽은 흰색이다. 여름철에는 모래 암초가 있는 연안에 살지만 수온이 낮아지는 겨울이 되면 깊은 곳으로 이동한다. 2-7월 사이 수심 20-70m 조수가 잘 통하는 모래진흙, 모래자갈 혹은 암초지대에서 산란하는데, 섭씨 15도 정도의 수온에서 60시간 정도 걸려 지름 1mm 전후의 둥근 알을 부화한다. 1년이 지나면 몸길이가 15-30cm이 되고 3년차에는 34-57cm, 5년차에는 50-76cm, 6년이 지나면 80cm 이상까지 자란다. 지금까지 잡힌 넙치 중 가장 큰 놈은 아이슬란드 피오르드에서 군터 헨젤이라는 독일 어부가 잡은 것으로서 길이가 무려 2.5m, 무게가 220kg에 달해 1천명이 한꺼번에 먹을 분량이었다 한다. 특이한 점은 새끼물고기일 때에는 몸 양쪽에 두 눈이 있고 머리에 가시가 있다가 자랄수록 오른쪽 눈이 왼쪽으로 이동Left eye Flounder하고 가시도 없어져 몸길이 16mm 정도까지 자라면 눈의 이동이 완전히 끝나고 바다 밑바닥 생활을 하게 된다는 것이다. 이와는 반대로 가자미는 왼쪽 눈이 오른쪽으로 몰리는Right eye Flounder이다.

넙치는 우럭이라 불리는 조피볼락과 더불어 우리나라의 대표적인 어류양식 어종이다. 연간 생산량이 5만여 톤약 1억 마리에 달해 전체 양식생산량의 50% 이상을 차지한다. 넙치양식 총생산량의 40%를 차지, 전국 최고를 기록하고 있는 완도산 넙치가 지리적 표시 수산물로 등록되었다. 육종연구를 통해 일반 넙치보다 성장이 빠르고 질병에도 강한 우량 넙치를 추운 겨울을 나며 양식하므로 타 지역 양식산에 비해 육질이 단단하고 맛있다는 것이 관계자의 설명이다. 최근 완도군이 앞장 서 '완도 넙치&LOVE'라는 전국단위 판촉행사를 벌여 좋은 반응을 얻고 있다.

넙치는 10월에서 2월 사이 늦가을과 겨울철이 제철이다. 육질이 단단하고 씹는 맛이 좋으며 지방질 함량이 적어 담백한 맛을 내기 때문. 넙치는 높은 콜라겐 함량으로 세포막을 튼튼하게 할 뿐만 아니라 탱탱하고 윤기 있는 피부를 만들어 준다. 국물음식을 식혔을 때 생기는 조린 국물의 엉김은 열에 녹아나온 콜라겐이 젤라틴으로 변형되었기 때문이다. 넙치는 날갯살이 가장 맛있는 부위인데 근육이 잘 발달되어 있는 지느러미 부위에는 세포와 세포를 연결하는 콜라겐과 콘드로이틴이 많아 피부미용에 매우 유효하다. 라이신을 비롯한 양질의 아미노산으로 영양균형이 잘 잡혀져 있으면서도 소화가 잘되는 저지방 저칼로리 고단백 식품이라서 노인과 환자 회복식, 산후조리에 안성맞춤이다. 하지만 '3월 넙치는 개도 안 먹는다.'는 속담이 있을 정도로 봄철 산란 후에는 맛이 크게 떨어진다. 반면 '봄도다리, 가을전어'로 불릴 만큼 가자미과에 속하는 도다리는 봄이 제철이다. 그러니 가을전어〉겨울넙치〉봄도다리로 이어지는 횟집 순례를 다녀도 좋겠다.

넙치하면 자연산을 떠올린다. 자연산과 양식산을 구별하는 가장 손쉬운 방법은 뱃살을 비교하는 것이다. 깊은 바다 속 모래바닥을 배를 끌면서 유영하는 자연산 넙치의 뱃살은 우윳빛처럼 하얀 반면 양식산에서는 파리똥 같은 반점이 발견된다. 재미난 것은 인공 수정한 치어를 바다에 방류하여 성장한 자연산에서도 반점이 발견된다는 사실이다. 자연산 활어 어획량이 크게 줄고 있어 순수 자연산 넙치(광어)를 찾기가 갈수록 어려워지고 있다. 다행인 것은 양식기술이 발달하여 양식산 넙치의 육질과 영양 상태가 자연산과 별반 차이가 없다는 점이다.

우리만큼이나 서양 사람들도 넙치 요리를 즐긴다. 수산강국인 노르웨이에서 생선3인방은 넙치, 대구, 연어이다. 깊은 곳에 서식하여 잡기가 힘들었던 넙치는 특별한 연회에서만 맛볼 수 있었던 귀한 음식[God fish]이었다. 이태리나 프랑스 사람들이 가장 즐기는 생선요리도 넙치^{halibut} 아니면 연어^{salmon}다. 비린내가 적고 맛이 담백하여 생선을 좋아하지 않는 사람들 입맛에도 잘 맞기 때문. 〈할리벗 요리책〉의 저자인 캐넌 바나비 쉐프는 "단단하면서도 살짝 달콤한 맛을 가진 넙치는 와인에 담아 끓이기만 해도 훌륭한 맛이 난다"며 다양한 종류의 요리에 이용하고 있다.

집에서 조리할 수 있는 이색적인 '버섯 넣은 넙치살 튀김 요리'를 소개한다.

▶ 재료 : 넙치살600g, 버섯소100g, 밀가루1큰술, 빵가루1작은술, 달걀1개, 당근20g, 표고버섯50g, 소금1/2큰술, 식용유, 케첩1.5큰술, 양파1개, 마늘1톨, 청홍고추 각1개, 참깨1작은술, 후춧가루 약간

▶ 조리법

① 손질한 양파, 버섯, 당근, 고추, 마늘을 각각 가늘게 채를 썬다.

② 1의 준비한 재료를 버터에 볶다가 케첩, 소금, 후춧가루를 넣고 양념한다.

③ 준비한 넙치살은 얄팍하게 저며 소금과 후춧가루로 간을 하고 밀가루를 골고루 바른 다음 버섯소를 넣고 싼다.

④ 3의 넙치살에 밀가루를 묻히고 달걀을 바른 다음 빵가루를 입히고 참깨를 뿌린다.

⑤ 섭씨 180도의 튀김기름에 4를 노릇하게 튀겨낸다.

다시마

제4호 지리적표시 수산물 - 완도 다시마
제6호 지리적표시 수산물 - 기장 다시마
제15호 지리적표시 수산물 - 고흥 다시마

방사능 괴담, 믿을래? 안 믿을래?
학자와 공권력은 방사능 공포를 괴담으로 규정하지만
편서풍이야말로 안전불감증이라고 주장하는 이도 있다.
정 못 견딜 사람이라면 다시마를 사재기하든지
미역줄기나 씹든지...

일본의 방사능 유출사고에 관한 언론보도 중 일부 내용이다. 침착한 일본인들마저 패닉 상태로 빠뜨린 방사능 오염 예방에 미역과 다시마, 김 등이 도움이 된다는 기사가 나가자마자 이들 식품들이 날개 돋힌 듯 팔려나가고 있다. 방사성 요오드에 오염되면 이에 맞서 안정화 요오드를 섭취해야 하기 때문이다. 하지만 방사능 사고 때 섭취해야 하는 요오드량은 한 알에 130mg으로 일반적으로 약국에서 파는 요오드 함유 영양제의 1천배에 이른다. 참고로 다시마 2g에는 3.5mg, 김 1장에는 0.071mg의 요오드가 들어있다. 통상적인 요오드의 1일

섭취권장량은 0.1-0.15mg, 상한섭취량은 3mg인 점을 감안하면 많은 양임에 틀림없다.

하지만 식품의약품안전처 관계자는 "미역과 다시마의 요오드 함량이 높은 것은 사실이지만 복용 단위 자체가 다르다. 방사성 요오드 노출을 치료하는 요오드화칼륨의 의약품 허가를 검토하고 있다. 그러나 요오드 성분 의약품을 오남용할 경우 위장장애, 알레르기반응, 발진 등 부작용을 유발할 수 있으므로 주의가 필요하다"고 경고했다.

어쨌든 방사능 사고로 일약 스타식품이 되어버린 다시마의 속살을 들여다 볼 기회를 갖게 되어 매우 흥미진진하다. 곤포로도 불리는 다시마는 삼국시대 때부터 널리 식용해 온 2-3년생의 다년생 갈조류다. 길이는 1.5-3.5m, 폭은 25-35cm 내외로 자라며 황갈색 또는 흑갈색의 띠 모양을 이룬다. 한반도, 일본, 캄차카반도, 사할린섬 등 태평양 연안에 20여 종이 분포하는 한해성寒海性 식물이다. 주요 종으로는 참다시마, 오호츠크다시마, 애기다시마 등이 있는데 양식하는 주종은 일본 홋카이도 원산의 참다시마이다. 국내 주요 다시마 양식장은 완도를 비롯한 전남 해역인데, 다시마를 먹이로 삼는 전복 양식단지와 깊은 연관성이 있다. 한류의 길목인 경남 기장도 다시마 양식으로 유명한데, 이들 두 곳이 지리적 표시 수산품으로 등록되어 있다.

문헌상 첫 기록으로는 AD 500년경 편찬된 도홍경의 〈본초경주〉에 '맛이 짜며 차고 독이 없다. 주로 12가지 수종, 앵류, 결기, 창 등을 치료한다. 원산 이북에서만 났으나 현재는 경상도와 강원도 연안에서도 자생한다.'고 밝히고 있다.

바다의 야채로 불리는 다시마는 식이섬유, 요오드, 칼슘, 셀레늄 등 다양한 기능성 성분을 함유하고 있어 다이어트, 각종 성인병과 대장암, 갑상선 질환 등을 예방하여 수명을 연장시키는 묘약으로 알려져 있다. 1986년 체르노빌 방사능 유출사고 때 인근의 유럽 각국에서는 요오드가 많이 든 다시마 등의 해조류 품귀현상이 빚어졌다. 방사선 누출이나 농작물을 통한 간접 오염에 가장 민감한 부위가 갑상선인데, 갑상선호르몬인 티록신을 만드는 기본성분인 요오드는 이러한 오염을 예방하고 해독한다. 요오드가 다량 들어있는 다시마가 요긴한 것은 이 때문이다.

다시마의 성분은 종류에 따라 다소 차이가 있지만 수분 16%, 단백질 7%, 지방 1.5%, 탄수화물 49%, 무기염류 26.5% 정도이며 탄수화물의 20%는 섬유소이고 나머지는 알긴산과 라미나린, 수용성인 후코이단 등 다당류이다. 끈적끈적한 해조류의 알긴산은 미끈거리고 쉽게 덩어리져 겔^{Gel} 상태를 이루는 특징이 있다. 이러한 특성은 중성지방이 몸속에 흡수되는 것을 막아 비만을 예방하고 장의 연동운동을 촉진하여 변비에도 좋다. 또한 다시마에 들어있는 라미닌이라는 아미노산은 혈압을 낮추고 혈액 속의 콜레스테롤이 혈관에 달라붙는 것을 막는 효과가 있다. 마른 다시마의 표면에 붙어있는 하얀 가루는 만니톨^{Mannitol}이라는 물질로서 단맛을 띤다. 점성이 뛰어난 알긴산의 나트륨염은 직물의 풀, 식품의 안정제로 쓰이고, 다량의 단백질 성분인 글루탐산과 아스파탐산은 국물맛을 내는 조미재료로 널리 이용되고 있다.

다시마의 대표적인 효능 8가지를 정리해 보면,

1. **콜레스테롤 및 혈압 저하**. 식이섬유인 알긴산이 콜레스테롤, 염분과 결합하여 이를 배설시키고 혈전 생성을 막는다. 아미노산인 라미닌은 혈압을 내리고 콜레스테롤이 혈관에 달라붙는 것을 막는다. 칼륨 역시 나트륨을 몸밖으로 배출시켜 혈압 강하를 돕는다.

2. **당뇨 예방**. 칼로리가 거의 없는 알칼리성 식품인 다시마는 풍부한 식이섬유가 포도당이 혈액 속에 침투하는 것을 지연시키고 당질의 소화흡수를 도와 혈당치를 내린다.

3. **갑상선질환 예방**. 갑상선호르몬이 부족하면 신진대사가 둔해져 기운이 없어지고 노화가 빠르게 진행된다. 다시마에는 갑상선호르몬의 주성분인 요오드가 많아 갑상선 질환을 예방하는 효과가 있다.

4. **변비 예방**. 변비는 장운동이 활발하지 못해 생긴다. 다시마에 듬뿍 들어있는 알긴산이 변비에 탁월한 효과를 발휘한다.

5. **대장암 예방**. 다시마는 변비를 예방하는 동시에 대장에 존재하는 발암물질의 농도를 묽게 하고 이를 흡착하여 배설시키므로 대장암이나 직장암을 예방한다.

6. **탈모 예방**. 건강한 머리카락을 유지하려면 단백질과 비타민이 꼭 필요하다. 다시마에는 단백질과 비타민 외에 요오드, 아연 등 머리카락을 구성하는 성분들과 모발 발육촉진제인 옥소 성분이 들어있다.

7. **뼈와 이를 튼튼하게 함.** 다시마에는 기본적으로 다량의 칼슘 성분에다 칼슘의 활동을 원활하게 하는 마그네슘도 풍부해 **뼈**를 튼튼하게 한다.

8. **숙취해소.** 술을 마시면 칼륨이 빠져나가 숙취와 간질환을 일으킨다. 칼륨이 풍부한 다시마는 이를 예방하는 효과가 탁월하다.

그러나 다시마에 풍부한 요오드는 결핵균을 흩어지게 할 우려가 있으므로 결핵환자는 삼가야 하고, 다시마를 크게 썰 경우 다시마의 칼슘이 알긴산과 결합하여 잘 녹지 않게 되므로 체내 흡수율을 높이려면 잘게 썰어 꼭꼭 씹어 먹어야 한다.

온 가족이 다 먹을 수 있는 메뉴로 다시마튀각을 추천하며 이를 만드는 법을 소개한다.

▶ 준비할 재료 : 다시마30g, 밀가루4큰술, 물1큰술, 튀김기름 적당량

▶ 만드는 방법

① 다시마는 약간 적은 가제로 표면을 닦고 3x4cm 크기로 네모나게 자른다.

② 밀가루에 물을 넣어 되직하게 반죽한 후 다시마에 대충 바르고 햇볕에 널어 꾸덕하게 말린다.

③ 끓는 기름에 다시마을 넣어 바삭하게 튀긴 후 바로 건져내어 기름기를 뺀다.

Tip. 한 번에 많이 튀기면 눅눅해지므로 한 끼 분량만 튀기는 것이 좋다.

매생이

제11호 지리적표시 수산물 - 장흥 매생이

미운 사위에게 매생이국 준다

남도지방에서 회자되는 속담이다. 매생이국은 아무리 오래 끓여도 김이 잘 나지 않아 멋모르고 먹었다간 입천장을 데기 일쑤다. 그러니 펄펄 끓인 매생이국을 말없이 내놓는 장모가 있다면 사위로선 혹 미운 털이 박힌 건 아닌지 자성自省해 보기 바란다.

매생이는 '생생한 이끼를 바로 뜯는다.'는 뜻의 순수한 우리말이다. 전 세계 바닷가에 분포하며 우리나라에서는 남해안 지역에 주로 서식한다. 영어명이 Seaweed fulvescens로 가늘고 부드러운 갈매패목

423

의 녹조류이다. 대롱 모양으로 어릴 때는 짙은 녹색을 띠나 자라면서 색이 옅어진다. 굵기는 머리카락보다 가늘며 미끈거리는 특징이 있다. 가지는 없고 외관상 창자파래의 어린 개체와 비슷하나 파래보다 가늘고 부드러우며 현미경으로 보면 4각형의 세포가 2-4개씩 짝을 짓고 있음을 알 수 있다.

10월경에 모습을 보이기 시작해 겨울 동안 번성하다 4월이 되면 쇠퇴하는데 성장 기간 내내 계속 번식하여 15cm 정도까지 자란다. 지형적으로 조류가 완만하고 물이 잘 드나들며 오염되지 않은 청정 지역에서 잘 자란다. 수질이 조금이라도 오염되면 녹아 버리므로 깨끗한 환경 조성이 절대적이다. 채취는 겨울이 시작되는 11월부터 이듬해 2월까지 자연 채집 방식으로 이루어지므로 생산량이 일정치 않아서 시장가격의 변동폭이 매우 큰 편이다. 게다가 보관이나 운반도 까다로운 편이라 인근 지역 내에서 소비되는 것이 대부분이다. 채취된 매생이는 포구에서 마을 아낙네들이 헹군 뒤 물기를 빼 적당한 크기로 뭉치는데 이를 '재기'라 하며 주로 정월대보름날 향토음식으로 많이 사용한다.

실제 조선시대 때는 전남 해안지방에서 나는 특산물로 이름을 날려 임금님 진상품으로도 바쳐졌다. 정약전의 〈자산어보〉에는 '누에 실보다 가늘고 쇠털보다 촘촘하며 빛깔은 검푸르다. 국을 끓이면 연하고 부드러워 서로 엉켜 잘 풀어지지 않는다. 맛은 매우 달고 향기롭다.'고 상세하게 기술되어 있다. 〈세종실록지리지〉를 비롯한 각종 지리지에 전남 해안의 토산품으로 소개되었으며, 중종 때 편찬된 〈신증동국여지승람〉에는 전라도 장흥 나주 진도 강진 해남 고흥 등의 특산품이라고 해당 지명들이 열거되어 있다. 이 중 장흥군이 지리적표시 수산물로 신청하여 매생이의 본고장임을 신고했다.

특이한 점은 경상도나 전라북도 해안에서는 매생이가 특산품으로 소개되지 않아 전남 해안에 국한된 향토음식이라는 점이다. 요즈음 겨울 별미로 포항의 과메기와 장흥의 매생이칼국수가 손꼽히고 있다. 이 두 가지를 술안주로 차려놓고 마신다면 밤새 취하지 않을 것이란 주당들의 우스개 소리도 들린다. 추운 겨울 날씨에 매생이국을 한 사발 들이킨다면 특유의 향과 맛뿐만 아니라 철분과 칼륨, 단백질 등을 듬뿍 섭취하게 되니 움츠렸던 몸이 거뜬해질 게 틀림없기 때문이다.

매생이의 효능을 열거해 보면

1. **동맥경화 및 고혈압 예방**. 섬유소가 풍부하여 몸 안의 노폐물을 제거하고 피를 맑게 해 콜레스테롤과 중성지방 치수를 떨어뜨리므로 동맥경화와 고혈압을 예방한다.

2. **탈모 예방**. 다이어트나 출산으로 인한 체중감소는 탈모를 유발한다. 매생이의 고단백 성분이 이를 방지하는 효과가 있다.

3. **성장발육 촉진 및 골다공증 예방**. 매생이이 많이 함유된 철분과 칼슘이 어린의 성장발육을 촉진하고 노인들의 골다공증을 예방한다.

4. **숙취 해소**. 콩나물보다 3배가 많은 아스파라긴산이 기본적으로 숙취를 해소하고 풍부한 알긴산이 위벽을 보호하며 고단백질이 간장

기능을 향상시킨다.

5. **피부 미용**. 매생이에 많이 함유된 비타민 A, C가 매끄럽고 탱탱한 피부를 만들어 준다.

6. **다이어트효과 및 변비예방**. 칼로리가 적은 반면 식이섬유 함량이 높아 적게 먹고도 포만감을 유지해 준다.

7. **위장 건강**. 소화흡수가 잘 되므로 위궤양, 십이지장궤양에 도움을 준다

8. **원기회복**. 풍부하고 다양한 영양덩어리인 매생이를 자주 먹으면 허약체질 및 노약자 건강에 도움을 준다.

9. **체질개선**. 인스턴트식품 등으로 인한 산성화를 방지하여 인체를 약알칼리 상태로 유지해 준다.

10. **니코틴 중화**. 니코틴 중화기능이 있어 흡연자에게 더없이 좋은 해조류이다.

겨울 보약인 매생이도 잘 골라 먹어야 진짜 보약이 된다. 발이 가늘고 고우며 잡태가 섞이지 않은 것 중에서 눌러보아 물기가 적은 것을 고르는 것이 좋다. 빛깔은 어두운 초록빛을 띤 것을 골라야 하는데 안 좋거나 오래된 것은 연둣빛을 띠므로 유의할 것. 장기간 오래 두고 먹으려면 옅은 소금물로 가볍게 헹군 후 이물질을 제거하고 손으로 꼭 짜서 물기를 없앤 다음 비닐랩에 납작하게 눌러 넣고 신문지로 포장하여 다시 한 번 더 비닐랩으로 이중 밀봉하여 냉동실에 보관하면 여름철에도 매생이를 맛 볼 수 있다.

최근 박범신 원작의 〈은교〉라는 영화가 상영 중이다. 그런데 원작에는 없는 매생이국이 등장해 화제다. 은교를 둘러싼 노작가와 제자 간의 대립구도를 은유적으로 표현하기 위한 매개체로 제자 서지우가 손수 매생이국을 끓여 스승에게 바치도록 설정한 것. 스승의 대필 작품으로 졸지에 유명작가 반열에 오른 제자에게 졸아서 짠맛뿐인 매생이국은 눈에 가시다. "너에게 이렇듯 아름다운 음식을 어찌 맡기겠냐?" 못난 제자를 향한 스승의 한 마디는 분노에 가깝다. 그 장면을 떠올리며 매생이국 제대로 끓이는 법을 간단히 소개한다.

이물질을 제거한 매생이와 1인분 기준으로 굴 5개 정도를 준비한다. 재료 준비가 끝났으면 우선 무로 육수를 낸 물을 끓인다. 물이 끓기 시작하면 굴을 넣고 1분 정도 끓이다가 매생이를 되직할 정도로 넣는다. 양념은 소금과 후추 약간만 넣어 간하면 된다. 이때 유의할 점은 굴을 너무 많이 넣지 말고 파로 모양을 내선 안 된다는 점이다. 굴이 많이 들어가면 매생이 그 자체의 향이 안 나고 파는 해조류랑 궁합이 안 맞는 음식이므로 피하는 것이 좋다. 단순하면서도 섬세한 매생이국은 절제의 미학이 담긴 음식이기 때문이다.

미꾸라지

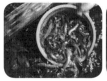

제13호 지리적표시 수산물 - 남원 미꾸라지

미꾸라지처럼 이리저리 잘도 헤엄쳐
피해 다니는 최씨를 잡느라 진땀을 뺐다

　　몇 해 전 가로45cm 세로15cm 크기의 좁은 배식구로 달아나 '미꾸라지 탈옥사건'으로 화제를 모았던 탈주범 최갑복에 대한 경찰관계자의 증언이다. 이처럼 미꾸라지Chinese weatherfish는 미끄럽다는 뜻의 '미끌'에 작은 것을 나타내는 '-아지'가 붙어 탄생된 그야말로 미끄러운 물고기이다. 반면 생김새가 흡사한 미꾸리Oriental weatherfish의 어원은 좀 색다르다. 미꾸리는 물속 산소가 부족할 때마다 물위로 올라와 들이마신 공기로 창자에서 호흡을 하는데 이때 생성되는 이산화탄소가 방울방울 똥구멍으로 나오는 모습에서 '밑이 구린 놈'이란 뜻의 밑구리로 부른 것이 밋구리〉미꾸리로 변한 것이라 한다. 〈동의보감〉에서는 미구리^{한자로는} 鰍魚, 〈난호어목지〉에는 밋구리^{한자로는} 泥鰍;진흙속 물고기로 표기하고 있다.

우리나라를 비롯하여 중국, 대만 등에 분포하는 미꾸라지는 잉어목 기름종개과에 속하는 민물고기이다. 황갈색 바탕에 등 쪽은 검은색, 배 쪽은 회색을 띤다. 미꾸리와 굉장히 비슷하게 생겨 구별하지 않고 부르는 경우가 많지만 생물학적으로 엄연히 다른 종^{잉어목 미꾸리과}이며 생김새도 다소 차이가 난다. 15-20cm까지 자라는 미꾸라지의 몸은 미꾸리보다 크며 전체적으로 가늘고 길다. 몸통이 둥근 미꾸리에 비해 세로로 더 납작하며 머리가 더욱 납작하다. 또한 입 주변에 난 수염의 길이가 미꾸리보다 길어 3번째 수염의 길이는 눈 지름의 4배에 달한다. 수컷보다 암컷이 크고 가슴지느러미가 암컷은 둥글고 짧은 반면 수컷은 가늘고 길다. 몸 옆면에 작고 까만 점이 흩어져 있고 등과 꼬리지느러미에도 작은 반점이 생긴다. 비늘이 미꾸리에 비해 크고 머리에는 비늘이 없다.

주로 강 하류, 물 흐름이 느리거나 고여 있는 연못, 논, 늪 등 진흙이 깔려 있는 곳에서 산다. 물이 맑지 않은 3급수 정도의 물에서도 잘 견디며 진흙 속에 자주 들어간다. 가뭄이 들거나 온도가 떨어지면 진흙 속에서 휴면을 취하고 물속 산소가 부족할 때에는 창자로 공기호흡을 한다. 동물성 플랑크톤과 모기유충인 장구벌레, 진흙속 유기물질을 먹고 살며 대개 밤에 활동한다. 하루에 미꾸라지 1마리가 잡아 먹는 모기유충 수가 1100여 마리에 달해 해마다 모기 방제작업으로 미꾸라지를 방류하여 큰 효과를 얻고 있다. 물이 불어나는 4-6월 사이에 짝짓기가 시작되고 이때 수컷은 암컷 몸을 감아서 알을 낳도록 유도한다. 낳은 알은 수초^{水草}에 붙이는데 보통 2일만에 부화한다.

'남원 미꾸라지'가 민물고기로는 국내 처음으로 제13호 지리적표시 수산물로 등록되었다. 2011년 남원추어산업협의회가 지역 토종인 '남원 미꾸리'로 신청한 것을 관련 심의회가 통칭되는 '남원 미꾸라지'로 바꾸어 등록할 것을 권고하여 이를 받아들인 결과이다. 2012년 9월 현재 '남원'을 상호로 쓰는 추어탕집이 전국적으로 400곳이 넘고 남원 현지에선 30여 곳의 추어탕집이 광한루원 옆에 '추어거리'를 이루고 있다. 미꾸라지 양식장은 41곳, 치어를 공급하는 종묘농가도 6곳에 달해 남원 미꾸라지와 추어탕의 명성을 뒷받침하고 있다.

그런데 인구 8만의 소도시인 남원이 추어탕으로 명성을 쌓게 된 배경을 살펴보면 섬진강과 지리산이 자리한다. 시내에는 섬진강 지류들이 핏줄처럼 엉켜 있어 미꾸리든 미꾸라지든 잡을 수 있는 곳이 많고, 지리산이 가까이 있어 토란대와 무시래기, 고사리 등 탕에 넣을 부재료들을 쉽게 구할 수 있었다. 그러니 추어탕을 해 먹을 기회가 다른 곳보다 많을 수밖에.

미꾸라지는 7월에서 11월 사이가 제철이다. 가장 살이 찌고 맛이 좋아 이때의 추어탕은 가을철 보양식으로 인기가 높지만 맛이 예전만 못하다고 불평하는 이가 적지 않다. 이유인즉슨 맛이 상대적으로 구수한 미꾸리 대신 식당들이 죄다 미꾸라지를 쓰기 때문이다. 최근 남원시는 미꾸리 추어탕 복원에 역점을 두고 있다. 추어탕 감으로 쓰려면 15cm 이상 크기가 되어야 하는데 이 정도 기르려면 성장이 빠른 미꾸라지는 1년 남짓 걸리지만 미꾸리는 2년을 넘겨야 한다. 중국산 미꾸라지 치어를 양식하는 대신 지자체가 발 벗고 나서 토종 미꾸리를 보호 육성하겠다는 것이다. 머지않아 전국 어디서건 토종 미꾸리로 만든 남원추어탕을 맛 볼 날이 올 것을 기대한다.

추어탕은 미꾸라지를 푹 고아 살만 바르거나 뼈째 곱게 갈아서 여러 가지 채소를 넣고 양념하여 끓이는 토속음식이다. 지역에 따라 조리법이 전라도식, 경상도식, 서울식으로 나뉘는데 경상도식과 전라도식은 미꾸라지를 삶아 얼망에 걸러내는 방식은 비슷하나 부재료가 다르다. 경상도식은 토란대, 고사리, 숙주나물을 넣고 전라도식은 된장과 들깨즙을 넣는다. 서울식은 사골 삶아낸 육수에 두부, 버섯 등을 넣고 끓이며 미꾸라지를 갈지 않고 통으로 넣는 것이 특징이다.

1850년께 발간된 〈오주연문장전산고五洲衍文長箋散稿〉를 보면 미꾸라지로 만든 '추두부탕鰍豆腐湯'을 국내 최초로 소개하고 그 요리법을 자세히 설명하고 있다. "미꾸라지를 항아리에 넣고 하루에 3번씩 물을 갈아주면서 5~6일이 지나면 진흙을 다 토해낸다. 솥에다 두부 몇 모와 물을 넣고 여기에 미꾸라지 50~60마리를 넣어 불을 지피면 미꾸라지는 뜨거워서 두부 속으로 기어든다. 더 뜨거워지면 두부의 미꾸라지는 약이 바싹 오른 상태로 죽어간다. 이것을 썰어 참기름으로 지져 탕을 끓이는데 경성의 관노들 사이에 성행하는 음식으로 독특한 맛을 즐길 수 있다."

〈동의보감〉에는 '추어가 맛이 달며 성질이 따뜻하고 독이 없어 비위를 보하고 설사를 멈추게 한다.'고 전한다. 〈본초강목〉 또한 '뱃속을 따뜻하게 데워주고 원기를 북돋우며 술을 빨리 깨게 할 뿐만 아니라 발기불능에도 효과적인 강장식'이라 소개한다. 그래서 예로부터 추어는 병을 앓고 난 다음 몸이 많이 허약해졌을 때나 입맛이 없고 지쳤을 때 탕을 끓이거나 어죽으로 쑤어 먹었다.

또한 추어탕에 함께 넣는 시래기나 우엉은 식이섬유소가 풍부하며, 향신료로 쓰는 산초는 건위, 소염, 이뇨작용뿐 아니라 위장을 자극해서 신진대사 기능을 촉진해주므로 추어탕의 영양가를 한층 더 높여주어 대표적인 궁합음식으로 통한다. 한편 미꾸라지 요리는 손질을 잘해야 한다. 표면의 점액질에 디스토마균 등 세균이 서식할 수 있기 때문이다. 굵은 소금으로 점액물질을 깨끗이 제거한 후에 반드시 끓여 먹어야 한다. 이때 우엉을 넣는 것도 좋은데 우엉은 미꾸라지 특유의 미끈미끈한 점액질을 흡수한다.

미꾸라지는 소화흡수가 잘되는 양질의 단백질뿐만 아니라 불포화지방산과 칼슘, 각종 비타민 등 다양한 영양소가 함유되어 있다. 특히 미꾸라지의 알과 난소에 많이 들어있는 비타민 A, D를 손실 없이 섭취할 수 있고 뼈째 먹어 멸치보다 더 많은 칼슘도 섭취하게 된다. 미끈미끈한 점액질에 많이 함유된 콘드로이틴 황산은 단백질과 결합하여 콜라겐과 더불어 세포간 물질의 주성분을 이루며 몸속에서는 주로 연골, 진피 등에 존재한다. 나이가 들수록 줄어드는 콘드로이틴이 결핍되면 피부조직의 탄력성이 떨어지고 세포조직이 쉽게 손상되며 질병에 대한 저항력도 떨어진다. 따라서 콘드로이틴을 추출한 비싼 가격의 달팽이 크림 대신 추어탕 한 그릇으로 피부건강도 지키고 몸보신도 하는 것이 어떨까.

전라도식 추어탕 만드는 법을 소개한다.

▶ 재료 및 분량 : 미꾸라지 600g, 느타리버섯 100g, 삶은 토란대 100g, 삶은 우거지 200g, 깻잎 10장, 소금 4큰술, 대파 1대
· 육수 : 쇠고기(양지머리) 200g 또는 닭뼈 400g, 마늘 1/2통, 생강 1/2톨
· 양념장 : 국간장 2큰술, 고추장 1작은술, 고춧가루 1큰술, 다진 파 2큰술, 다진 마늘 1큰술, 다진 생강 1큰술, 후춧가루 1/8작은술
· 고명 : 다진 풋고추 3큰술, 다진 홍고추 3큰술, 다진 마늘 4큰술, 다진 생강 2큰술
· 곁들임 : 들깨가루 3큰술, 산초가루 1/2작은술

▶ 만드는 법
① 미꾸라지는 큰 그릇에 담아 물을 붓고 하룻밤 두어 해감을 토하게 한 다음 소쿠리에 건져 소금을 뿌려 둔다.
② 1의 미꾸라지는 거품이 없어질 때까지 비벼 깨끗이 헹군 다음 끓는 물에 넣어서 푹 삶아 체에 내리거나 믹서에 간다.
③ 물에 불린 토란대와 느타리버섯은 삶아 알맞은 길이로 4~6등분해서 양념장으로 밑간해 둔다.

④ 양지머리나 닭뼈에 마늘과 생강을 넣고 푹 끓여 면보에 걸러서 육수를 준비한다.

⑤ 냄비에 육수를 붓고 갈은 미꾸라지와 밑양념한 우거지, 토란대, 느타리버섯을 넣고 푹 끓인다.

⑥ 5를 푹 끓여 깻잎을 넣고 소금으로 간을 맞추고 그릇에 담는다.

⑦ 홍고추, 풋고추, 마늘, 생강을 곱게 다져서 고명으로 올리고 산초가루와 들깨가루를 곁들여 낸다.

Tip. 산 미꾸라지에 소금을 뿌려 항아리에 넣고 뚜껑을 덮어두면 미꾸라지끼리 충돌하며 거죽의 미끄러운 해감이 제거된다. 이때 호박잎으로 싹싹 문지르면 해감이 더 깨끗이 제거된다.

미더덕

지리적표시 수산물 제16호 - 창원진동 미더덕

미더덕에 발목 잡혀 살아온 세월이 벌써 34년,
그 동안 1만6천여 명의 제자가 나를 떠났다.
그들이 이제 마산을 지키고 있다.
세월의 배를 함께 타고 가노라면 노잡이는 항상 그들이 된다.

세월의 무상함을 느끼게 하는 시인 공영해의 수필 일부이다. 제목을 '미더덕에 발목 잡힌 세월'이라 붙였을 정도로 그는 마산 어시장 좌판의 비리도록 싱싱한 아침을 잊지 못한다. 얼마 전 마산-창원-진해가 한데 묶여 통합도시 창원으로 거듭났지만 인접한 진해 태생인 나로서도 그곳의 아구찜, 미더덕찜 맛에 발목 잡혀 있기는 마찬가지이다.

측성해초목 미더덕과에 속하는 무척추동물인 미더덕은 멍게와 유사하며 크기는 좀 작다. 우리나라의 삼면, 일본, 시베리아 연안에서 흔히 볼 수 있는 종으로 일본에서도 '에보야'라 부르며 식용한다. 향이 독특하고 씹히는 소리와 느낌이 좋아 여러 요리에 사용되고 있고 진해만을 중심으로 남해안의 특산물로 알려져 있다. 양식장과 배 바닥에 많이 붙어 자라는데, 마산 합포 진동면 일대가 전체 미더덕 어획량의 70%를 차지하고 있다.

긴 타원형이고 5~10cm 크기의 손가락만한 몸에 자루가 붙어 있어 이 자루를 통해 바닥과 붙는다. 물을 빨아들이는 입수공과 물을 내보내는 출수공이 몸 앞쪽 끝에 있으며, 입수공은 배 쪽으로 약간 굽었고 출수공은 앞쪽을 향해 있다. 몸의 빛깔은 살아가는 곳의 주변 색깔에 따라 다른데 황갈색에서 회갈색, 등황색이며 몸 안쪽은 흰색이다. 몸의 표면은 가끔 해면, 히드라, 군체, 멍게로 덮여 있다.

한 개체에 난소와 정소가 모두 있는 자웅동체이지만 자신의 난소와 정소를 수정시키지 않고 서로 생식 세포를 교환하여 유성 생식을 한다. 7-9월에 수온 15~21도 정도에서 산란을 한다. 어릴 때에는 동물성 플랑크톤으로서 해류를 따라 떠다니다가 이후에 바닥에 붙어 자란다. 3~4월이 주 성장기로 2~15도 정도의 찬물에서 살고 20도 이상의 수온에서는 잘 자라지 못한다. 먹이는 식물성 플랑크톤을 먹는다. 4~5월이 수확기인데, 이때 미더덕은 그 이후에 수확된 것에 비해 맛 성분인 유리아미노산의 함량이 1.8~2.2배 높고 EPA, DHA도 많다.

정약전은 〈자산어보〉에 미더덕을 '음충淫蟲:음탕한 벌레라는 뜻'이라 칭하고 '모양은 양경陽莖을 닮아 입이 없고 구멍이 없다. 물에서 나와도 죽지 않는다. 볕에 말리면 위축되어 빈 주머니 같이 된다. 손으로 때리면 팽창한다. 즙을 낼 때는 털구멍에서 땀을 흘리듯 하며, 가늘기가 실이나 머리칼 같고 좌우로 비사飛射한다. 빛깔은 회색이다.'라고 재미있게 묘사하고 있다.

미더덕은 물을 의미하는 고대 가락국 말인 '미'에 '더덕'이 합쳐진 말이다. '바다에서 나는 더덕'이라는 뜻인데 생김새도 더덕과 비슷한 데다 껍질도 두툼하여 더덕처럼 벗겨 먹어야 한다. 미더덕의 대용품으로 널리 이용되는 오만둥이는 미더덕과는 사촌지간으로 경상도 말로 '오만데 다 붙는다'고 해서 붙여진 이름이다. 지역에 따라 오만디, 통만디, 만득이, 흰멍게, 쫄미 등의 다양한 이름으로 불리는데 미더덕에 비해 껍질이 두꺼우면서도 부드러워 껍질째 먹는다. 향은 미더덕보다 다소 떨어지나 오독오독 씹는 느낌이 좋아 젊은 층이 선호한다. 한편 미더덕을 터트릴 때 나오는 물은 미더덕이 먹이로 먹은 미역이나 다시마 등이 소화된 액체이므로 요리할 때 이를 빼내지 말고 함께 조리해도 무방하다.

미더덕은 향미와 씹는 느낌이 독특하여 음식 재료로 많이 쓰인다. 된장국을 끓일 때 넣거나 각종 해산물을 이용한 탕, 찜, 찌개류에 사용된다. 알이 작거나 껍질을 깔 수 없는 것은 맛이 좋지 않으니 유의할 것. 특별히 끓인 음식 속의 미더덕은 요주의해야 한다. 그냥 터트려 먹다가는 입천장을 데이기 일쑤. 천천히 식혀 먹는 지혜가 필요하다.

최근 미더덕의 영양 성분에 대한 연구가 활발히 진행되고 있다. 열량과 콜레스테롤은 적게 포함하면서 비타민E, 비타민B의 일종인 엽산, 비타민C, 철분, 고도불포화 지방산인 EPA, DHA 등이 들어 있는 것으로 보고되었다. 지금까지 밝혀진 미더덕의 효능을 살펴보면

1. 혈중 콜레스테롤을 개선하여 성인병 예방 및 학습기능 향상에 탁월한 효과가 있다. 불포화지방산인 EPA/DHA의 조성비가 45%로 멸치, 정어리, 고등어 등 등 푸른 생선보다 오히려 높다.

2. 칼로리가 낮아서 다이어트에 도움이 되며 비타민 성분이 골고루 함유되어 있어서 피부미용에도 좋다.

3. 카로티노이드계 항산화물질이 들어있어 유해활성산소를 억제하고 DNA 손상을 막아주어 노화방지에 큰 도움을 준다.

4. 타우린, 아스파리긴산 등 기능성 물질이 함유되어 있어서 간 기능 보호에도 도움을 준다.

최근 경남대 식품생명학과 연구팀은 미더덕에 함유되어 있는 단백질이 혈압상승을 유발하는 안지오텐신 전환효소를 억제하는 것을 밝혀내고 이를 국제 학술지에 발표했다. 미더덕 껍질을 벗겨내듯 하나하나씩 그 진가가 드러나고 있는 셈이다.

흔히 해물찜 속에 들어가는 것을 미더덕으로 부르지만 알고 보면 오만둥이 일색이다. 3월에서 5월 사이가 제철인 미더덕은 통째로 먹는 오만둥이와는 달리 과일 깎듯 껍질을 벗겨 먹어야 한다. 좋은 미더덕은 울퉁불퉁하지 않고 매끈하게 생긴 놈을 골라야 한다. 해마다 4

월 중순이면 경남 창원에선 진동미더덕축제가 열린다. 미더덕의 진미를 맛보고 싶은 분은 한 번 다녀가 보시라.

끝으로 콩나물미더덕찜 만드는 법을 소개한다.

▶ 재료 : 미더덕 300g, 콩나물 300g, 미나리 150g,

· 양념(고춧가루 2큰술, 다진생강 1/2작은술, 간장 1작은술, 다진마늘 1/2큰술, 녹말.육수
  1+1/2컵씩, 소금.후춧가루 약간씩, 참기름 적당량),

· 육수(다시마 10*10cm 1장, 무 1/3개, 양파 1/2개, 국물용 멸치 5마리, 물 5컵)

▶ 만드는 법

① 미더덕은 물에 헹구고, 콩나물은 꼬리를 제거한다. 미나리는 씻어서 5cm 길이로 자른다.

② 냄비에 분량의 물을 붓고 다시마, 무, 양파, 국물용 멸치를 넣어 끓인다.

③ 속이 깊은 냄비에 2의 육수 1+14컵, 미더덕, 고춧가루, 다진생강, 간장 등의 재료를 넣고 센 불에서 5분 정도 살짝 끓인다.

④ ③의 미더덕에 ①에서 손질한 콩나물과 미나리를 넣고 센 불에서 1~2분간 살짝 볶는다. 콩나물과 미나리가 숨이 죽으면 다진 마늘과 참기름을 넣고 섞는다.

⑤ 육수 1/4컵에 멍울이 생기지 않게 녹말을 풀어 넣은 다음 30초 동안 살짝 볶는다.

미역

제3호 지리적표시 수산물 - 완도 미역
제5호 지리적표시 수산물 - 기장 미역
제14호 지리적표시 수산물 - 고흥 미역

생일은 어머니가 나를 낳기 위해 산고의 고통을 겪으신 날이다.
아이를 낳을 때 피를 많이 흘리니까 몸에 좋은 미역국을 먹는다.
미역국을 먹으며 어머니의 고통을 생각하라는 의미다.

일본 공연 중 생일을 맞은 동방신기 멤버에게 일본의 방송 프로그램 진행자가 한국에서는 어떤 식으로 생일을 축하하냐는 질문을 던지자 '미역국을 먹는다.'고 답하며 설명한 내용이다. 한국의 문화를 제대로 알렸다는 네티즌들의 반응으로 화제가 된 적이 있었던 '생일 = 미역국' 유래는 멀리 고려 시대로 거슬러 올라간다.

당나라 〈초학기〉에는 '고려 사람은 새끼를 낳은 고래가 미역을 뜯어 먹는 것을 보고 산모에게 미역국을 먹인다.'고 기술하고 있다. 조선 후기 실학자인 이규경의 책에도 '갓 새끼를 낳은 어미고래가 어떤 사람을 삼켰는데 고래 뱃속에 미역이 가득하고 그 미역이 오장육부 속 나쁜 피를 물로 변하게 하는 것을 목격했다. 천운으로 살아 돌아 온 그 사람에 의해 고래가 산후 조리에 미역을 먹는다는 사실이 확인되면서 산모들에게 미역국을 끓여 먹도록 했다'는 것이다. 민간에서는 산후선약產後仙藥이라 하여 출산 후 첫국밥으로 미역국을 먹였는데 이때 사용하는 해산미역으로는 넓고 긴 것을 고르고 값을 깍지 않고 사 오는 풍습이 생겼다. 이후 산고의 고통을 함께 나눈다는 의미로 생일 국으로 발전했다.

미역 명칭의 유래는 〈삼국사기〉에서 찾아 볼 수 있는데, 고구려 시대 '물'을 '매買'로 대응해 썼으며 모양새가 여뀌의 잎과 비슷하여 물+여뀌, 즉 '매역'으로 불렀다가 후에 미역으로 바꿔 부른 것으로 전해진다. 〈고려도경〉에는 '미역은 귀천 없이 널리 즐겨 먹는다. 맛이 짜고 비리지만 오랫동안 먹으면 먹을 만하다.' 하였고, 〈고려사〉에는 '제 26대 충선왕 재위 중 원나라 황태후에게 미역을 바쳤다'고 기록되어 있으며 중국에 수출한 기록도 남아 있다.

〈자산어보〉에는 '임산부의 여러 가지 병을 고치는데 이보다 나은 것이 없다'고 하였고, 〈동의보감〉에는 '해채海菜, 즉 미역은 성질이 차고 맛이 짜며 독이 없다. 열이 나면서 답답한 것을 없애고 기가 뭉친 것을 치료하며 오줌을 잘 나가게 하는 효능이 있다'고 기술하고 있다.

갈조류 다시마과에 속하는 미역은 한국과 일본의 특산물이다. 한류와 난류가 만나는 지역을 제외하고 전국의 연안에 자생하고 있으며 해채, 감곽, 해대, 자채 등으로도 불린다. 자연산 미역은 간조선 부근에서 점심대漸深帶의 바위 위에 생육하고 봄-초여름에 가장 무성하여 줄기의 하부에 포자엽을 형성한다. 여기에 형성된 유주자遊走子는 끝이 뾰족한 난형-가지 모양이고 크기는 약 9마이크로미터, 장단 2개의 편모를 이용해 헤엄쳐 바위 등에서 발아하고 미세한 실 모양의 배우체가 되어 여름의 고온시기를 지낸다. 가을까지 수정란이 발육을 거듭하여 미역줄기가 형성된다. 겨울에서 봄에 걸쳐 주로 채취되며 이 시기가 가장 맛이 좋다. 현재는 양식도 활발하여 유주자를 붙인 가는 실을 여름-가을 사이 실내에서 배양하여 가을에 천연 시설로 옮겨 포자체를 성장시키는 방식으로 봄-초여름에 주로 채취한다. 미역은 1년생 해조류로 뿌리는 섬유상이고 줄기는 한 개가 편원형이고 다시 그 위에 10cm 가량 뻗어 잎의 증맥을 형성한다. 흑갈 혹은 황갈색 표면에 점상의 점액세포가 있다.

미역의 주산지는 전남지역이 68%로 가장 많고 경남이 20%, 경북, 강원의 순이다. 이 중 전남지역 대표로 완도미역이, 경남지역 대표로 기장미역이 각각 지리적 표시상품으로 등록되었다. 말린 미역 100g에는 단백질 15g, 지방 1g, 탄수화물 35g, 나트륨 6.1g, 칼륨 5.5g, 칼슘 960mg, 외에 철분, 요오드, 비타민, 식이섬유 등이 풍부하다. 특히 미역의 칼슘 함량은 같은 양의 분유와 맞먹고 신진대사가 왕성한 임산부에게 부족하기 쉬운 요오드가 다량 함유되어 있어 산후에 미역국을 먹어 온 우리 선조들의 지혜가 돋보인다. 미역의 미끈미끈한 점액질은 알긴산이라는 물질로서 아이스크림, 면류, 과자, 잼 등 여러 식품의 끈기를 내는데 많이 이용되고 공업용 풀로도 쓰여지고 있다. 또한 미역과 다시마 속에 들어있는 염기성 아미노산의 일종인 라미닌은 혈압을 내리는 작용을 한다.

미역의 효능을 정리해 보면

1. **강압작용.** 미역에 들어있는 히스타민을 비롯한 강압물질들이 부작용 없이 혈압을 낮추어 준다.

2. **항암작용.** 미역에 다량 존재하는 산성 다당체인 퓨코이딘이 체내 면역력을 높이고 다양한 생리활성작용을 나타내어 암을 억제한다. 미역의 생식기관인 미역귀에서 추출한 물질이 암세포 및 ATL^Adult T-cell Lymphoma:성인T세포림프종 바이러스 증식 억제가 있고, 미역의 베타카로틴이 활성산소를 제거하여 암 억제효과를 더해준다. 헬리코박터 파이로리균이 위장관에 부착하는 것을 억제하고 장 운동을 활발하게 함으로써 위암이나 직장암 예방 효과도 크다.

3. **항응혈작용.** 미역은 헤파린과 흡사한 항응혈작용을 갖는다. 혈액 중의 지방질을 깨끗이 청소하고 없애주며 유해한 LDL 콜레스테롤을 줄여주는 대신 유익한 HDL 콜레스테롤을 증가시킨다.

4. **해독작용.** 미역 속의 점액성분과 다당류는 콜레스테롤의 체내 흡수를 방해하고 농약, 중금속 등을 흡착 배설시키는 효과가 매우 크다.

이처럼 암 예방 등에 뛰어난 식품이라지만 조리방법에 따라 그 효과가 반감되기도 한다. 말린 미역에는 적지 않은 나트륨 성분이 존재하므로 물에 적당히 불린 후 조리함은 물론 너무 짜거나 맵지 않게 양념하도록 유의하고 굽거나 튀기는 조리법은 삼가해야 한다.

전복

제2호 지리적표시 수산물 - 완도 전복

제19호 지리적표시 수산물 - 해남 전복

柔沙而淨海	부드러운 모래와 맑은 바다는
無飾之純情	꾸밈없는 순정을 간직하고 있으이.
鰒肴三更酒	전복 안주로 삼경까지 술을 마시니
林蛩祝賀鳴	숲속 귀뚜라미도 노랠 불러 축하하네.

　　문학박사 정태헌이 친구들과 하룻밤을 보낸 청산도의 추억을 노래한 한시 일부이다. 전남 완도에서 뱃길로 45분 거리에 있는 청산도의 아름다운 풍광을 감상하고 밤늦게까지 전복 안주로 술을 마셨으니 어찌 귀뚜라미 울음마저 축가로 들리지 않았으랴. 바삐 살아가는 차도남들에게 느림의 미학을 깨닫게 한다. 이런 연유로 슬로시티로 지정된 이곳을 찾는 사람들의 발길이 끊이질 않는데 이래저래 볼거리와 먹을거리가 풍성하다.

　　다양한 수산물 중에서도 완도군이 이곳 전복을 수산물 제2호 지리적표시 상품으로 등록했다. 완도에서 생산되는 참전복은 청정해역의 해조류만 먹고 자라서 타 지역보다 육질이 부드럽고 맛이 뛰어나다. 산모나 어린이, 노약자, 환자 등의 건강보양식으로 널리 알려진 전복을 보다 대중화시키기 위해 완도군은 매년 초복날을 '전복-데이'로 지정해 범국민운동을 전개하고 있다. 최근 조류인플루엔자나 구제역 등으로 가금류나 축산육을 기피하는 현상이 두드러져 그 수요가 꾸준히 늘고 있다 한다.

전복은 원시복족목 전복과에 속하는 타원형의 연체동물이다. 수온이 섭씨 10-23도의 열대 및 온대 해역연안에 널리 분포하는 전복은 전 세계적으로 100여 종이 알려져 있으며 수명은 12년 정도이다. 우리나라에 서식하는 것으로는 까막전복, 말전복, 오분자기 등 10여종이 있다. 크기가 큰 말전복은 각경이 250mm 이상인데 반해 크기가 작은 오분자기는 80mm 정도이며 11-12월에 산란한다. 암컷은 진한 녹색을 띠고 수컷은 노란색을 띠는데 산란기에는 이 색이 더욱 두드러진다. 껍질은 외짝으로 내면은 진주광택이 나고 외면은 갈색 또는 청자색이다. 45개의 구멍이 나 있고 원추형으로 융기되어 있다.

옛날 진시황이 불로장생에 좋다하여 구했던 것 중에 우리나라 제주도 전복이 포함되어 있었다. 중국에서는 상어지느러미, 해삼과 함께 바다의 삼보三寶로 불렀는데 우리나라 전복을 제일로 친 것 같다. 의약고서인 중국의 〈본초강목〉과 우리나라의 〈동의보감〉에도 자양강장 식품으로 소개하고 있고 한의서적인 〈명의별록〉이나 〈규합총서〉 등에서는 '몸을 가볍게 하고 눈을 밝게 하는 전복의 효능'을 명기하고 있다. 정약전의 〈자산어보〉에는 전복을 복어^{鰒漁}라는 이름으로 소개하면서 '살코기는 맛이 달아서 날로 먹어도 좋고 익혀 먹어도 좋지만 가장 좋은 방법은 말려서 포를 만들어 먹는 것이다. 그 장^腸은 익혀 먹어도 좋고 젓갈로 담가 먹어도 좋으며 종기 치료에 효과가 있다.'고 자세히 기록하고 있다. 조선시대 궁중 요리책인 〈진연의궤〉에서는 궁중연회식으로도 등장한다. 여러 자료들을 종합해 볼 때 전복이 예로부터 매우 귀중하고 영양가 높은 최고의 음식으로 손꼽혔음에 틀림없다.

전복의 일반성분은 단백질 약 13%, 지방 약 0.5%, 당질 4.2%, 무기질 약 2%이다. 이소로이신, 로이신 등 다양한 아미노산이 풍부한 고단백 성분에 반해 지방은 적어 비만을 염려하는 중년층의 건강식으로 안성맞춤이고, 풍부한 인, 철, 요오드 등 미네랄과 비타민 B, C 등과 창자에서 나는 해조류의 독특한 냄새가 한데 어우러져 정력제로도 널리 알려져 있다. 해초류나 해산동물에 주로 존재하는 요오드는 갑상선 호르몬의 재료가 된다. 갑상선 호르몬은 신체의 기초대사, 즉 지방을 태워서 에너지를 생성시키는 중요한 역할을 한다. 그렇기 때문에 갑상선 호르몬이 부족하면 기초대사 둔화로 인해 비만이나 지방의 혈관내 축적현상 등이 나타날 수 있으며 성장기 어린이의 육체적 정신적 성장을 저해한다. 요오드가 부족하면 이러한 갑상선 기능 저하증이 생길 수 있으며 피부가 거칠어지고 모발이 가늘어진다. 이럴 때 요오드가 풍부한 전복요리를 먹으면 큰 도움이 된다.

옛날부터 산후 7일 이내 산모의 젖이 잘 나오지 않을 때 전복을 고아 먹였다. 전복의 풍부한 미네랄이 효과를 보이기 때문이다. 또한 전복은 체내흡수율이 높아서 대사기능이 저하된 임산부, 비만증, 간경화증에도 좋은 식품이다. 그래서 간기능 회복과 폐결핵 약으로 쓰이기도 한다. 전복에는 메티오닌과 시스테인 등 황화아미노산이 많아 병후 원기회복과 피로회복에도 큰 도움을 주고 뇌영양소인 글루타민산이 풍부하여 포도당과 지방 대사를 원활히 하고 중앙신경계로부터 암모니아를 제거하여 신장을 통해 배출시킨다.

전복을 쪄서 말렸을 때 오징어나 문어처럼 표면에 흰 가루가 생기는데 이것이 타우린이다. 타우린은 담석을 녹이고 콜레스테롤 수치를 낮춰줄 뿐 아니라 신장 기능을 강화시키고 시력회복과 함께 간장의 해독작용을 촉진하기 때문에 원기회복에 더욱 효과적이다.

전복은 오돌오돌 씹는 촉감이 좋아 회로 먹고 감칠맛을 느끼려면 익혀 먹어도 된다. 내장은 부패가 빠르므로 소라, 오분자기 등을 함께 썰어 만든 게우젓으로 먹는 게 좋다. 그러나 뭐니뭐니해도 전복요리의 최고 진미는 참기름에 살짝 볶아 만드는 고소한 전복죽이 으뜸이 아닐까. 전복죽 맛있게 만드는 법을 소개한다.

▶ 재료 : 전복4개, 불린쌀2컵, 물14컵, 양파1개, 당근40g, 달걀4개, 김2장, 소금, 잣가루, 참기름 약간

▶ 만드는 법

① 쌀은 깨끗이 씻어 충분히 물에 불려 놓는다.

② 솔로 문질러 씻은 전복을 칼로 도려내어 내장을 뗀 후 깨끗이 씻어 얇게 썰어놓는다.

③ 참기름을 두른 냄비에 쌀과 전복을 넣고 볶다가 물을 붓고 중간 불에서 오래 끓인다.

④ 달걀흰자를 풀어 넣고 다시 살짝 끓이면 완성.

⑤ 완성된 죽에 달걀노른자를 얹고 주위에 잣가루와 구운 김을 가루 내어 얹는다.

⑥ 전복죽에 통깨를 뿌리고 참기름을 끼얹으면 더욱 고소하다.

키조개

제7호 지리적표시 수산물 - 장흥 키조개

조개는 언제 먹지?
입을 벌려야 먹지.
입은 언제 벌리지?
열 받으면 벌리지... 더 구워!

바야흐로 조개의 왕, 키조개의 계절이 돌아왔다. 키조개는 6월 하순부터 8월 상순 사이에 산란하는데 산란 직전인 봄철이 가장 연하고 맛있다. 그러다보니 키조개축제가 열리는 5월초에 장흥 토요장터에 가면 키조개구이 판이 벌어지고 여기저기 불순한(?) 조개타령이 한창이다.

키조개는 곡식의 쭉정이를 까불 때 쓰는 키箕 모양과 흡사하다 하여 붙여진 이름으로서 어릴 적 오줌싸개들이 둘러쓰고 소금동냥을 다녔던 그 모습을 떠올리면 된다. 연근해의 수심 20-50m 뻘沙泥質에 주로 서식하며 남해안의 청정해역인 득량만, 여자만, 진해만과 서해안의 보령, 서천 근해가 주산지이다. 7, 8월 산란을 시작하는 성숙한 난소는 적갈색^{담홍색}을 띠고 정소는 연한 황백색^{유백색}을 띤다. 이 시기에는 자원보호를 위해 조업을 금지하고 있다. 여름철 조개는 가급적 피해야 하는데 해수온도 15도C 근처에서 가장 많이 생성되는 조개독소는 마비성 패독, 설사성 패독 등 다양하며 과량 섭취시 호흡마비를 일으키므로 주의해야 한다.

키조개는 늦은 봄인 5,6월에 잠수기 어업으로 채취하는데 일명 모구리^{머구리}로 불리는 잠수부가 개펄 속에 묻혀 보일 듯 말듯 한 키조개를 갈고리로 찍어 올린다. 서해안에 식인상어가 출몰하여 잠수부를 괴롭히는 것도 이 무렵이다. 키조개를 캘 때 내는 딱딱거리는 소리와 비린내가 상어를 유혹하기 때문이다.

정약전은 〈자산어보〉에서 키조개를 키홍합이라 소개하고 '큰놈은 지름이 대여섯치 정도이고 평평하고 넓으며 두껍지 않다. 실과 같은 세로무늬가 있고 빛깔은 붉고 털이 있다. 돌에 붙어 있다가 곧잘 떨어져 헤엄쳐 간다. 맛은 달고 산뜻하다'고 하였다. 우리 조상들이 강정식품으로 애용해 온 키조개는 영양소가 많고 효능이 뛰어나, 일본인들이 즐기는 가이바시라^{패주;貝柱의 일본발음}로 알고 있는 사람이 더 많다.

전남 장흥 키조개가 지리적표시 수산물 제8호로 지정되었다. 이곳 득량만 일대 200ha가 키조개 밭인데 전국 유일의 키조개 양식장이다. 수심 6,7m 깊이에 종패를 심어야 하고 채취할 때도 잠수부가 일일이

캐내야 하므로 키조개 양식은 쉽지 않다. 그러나 이곳은 물결이 잔잔하고 수심이 깊지 않으며 먹잇감이 풍부한 넓은 갯벌로 이루어져 천혜의 생육조건을 갖추고 있다. 성장속도도 1년이나 빨라 2-3년이면 손바닥만 한 성패로 성장한다. 이곳에서 캐낸 피조개의 50%는 일본인 밥상에 올라간다. 대일본 수출량의 80%를 차지할 정도로 일본인 입맛을 사로잡고 있는 것이다.

키조개는 단백질 18.2g 중 필수아미노산인 이소로이신 683mg, 로이신 1,335mg, 페닐알라닌 1,340mg, 발린 680mg, 라이신 1,164mg, 메티오닌 467mg, 트레오닌 625mg, 트립토판 169mg, 히스티딘 281mg를 함유한 고단백식품이다. 또한 100g당 12.8mg이나 함유할 정도로 아연의 보고이다. 아연은 갑상선 호르몬과 인슐린, 성호르몬 등 각종 호르몬의 작용을 도와주는 미량원소로서 부족하면 미각기능과 성장발육에 이상이 생기고 전립선 장애, 성기능 저하, 피부장애 등 여러 가지 악영향을 받게 된다. 아연 이외에도 칼슘$^{20.1mg}$, 철$^{1.2mg}$ 등 미네랄 성분이 다른 어패류에 비해 5배 이상 많아 성장기 어린이의 발육촉진과 성인들의 스트레스 해소 등에 큰 도움이 된다. 키조개는 풍부한 단백질과 함께 타우린$^{100g당\ 994mg}$도 풍부하여 피를 맑게 하는 정혈작용이 있고 임산부의 산후조리 및 피로회복에 도움을 주어 술에 혹사당한 간장을 보호하는데도 매우 유용한 수산식품이다. 특히 조개류에 많은 타우린은 간 기능을 높이고 황달 치료 효능을 가지므로 간질환 및 담석증 환자에 좋은 식품으로 잘 알려져 있다.

키조개의 특유한 맛은 글루탐산, 이노신산 등에서 비롯하는데 열을 가하면 영양가를 잃게 되므로 날로 먹는 것이 좋다. 키조개를 얇게 나박나박 썰어 문어와 함께 술안주로 먹으면 그 맛이 부드럽고 순후하다. 키조개살에 쌀가루를 넣어 끓인 국물은 달작지근 혀끝을 자극하여 감칠맛을 내므로 속앓이를 푸는데 최고다.

조갯살과 조개껍질을 연결하는 근육인 키조개의 관자 부분은 일식집에서 흔히 '가이바시'라 불리는 가장 맛있는 부위이다. 키조개는 특별히 이 관자부위가 발달하여 이를 재료로 하는 버터구이나 두루치기 등 다양한 요리가 선보인다. 회로 먹으면 담백하고, 데쳐 먹으면 부드러우면서 쫄깃하고, 프라이팬에 은박지를 깔고 살짝 구워내면 고소함이 살아있다. 이는 키조개의 관자가 비리지 않고 담백하며 쫄깃한 식감이 매우 뛰어나기 때문이다. 장흥에 가면 그곳 특산품인 표고버섯, 한우등심과 함께 구워먹는 '장흥 삼합'이 유명하다.

장흥 키조개마을에서 추천하는 키조개삼합구이 만드는 법을 소개한다.

▶ 재료 : 장흥키조개1kg, 장흥 한우등심, 장흥 표고버섯

▶ 요리순서
① 키조개는 조개껍질을 벗겨 속의 육질(패주)만 도려낸다. (날개부분도 사용)
② 패주는 생긴 방향으로 얇게 5-7mm 두께로 자른다.
③ 등심과 표고버섯을 얇게 자른다.
④ 참기름을 불판에 살짝 두른다.

⑤ 키조개와 등심, 표고버섯을 불판에 올린다.

⑥ 키조개가 봉우리처럼 올라갈 때까지 굽는다.(너무 익히지 말 것)

⑦ 상추에 키조개와 등심, 표고버섯을 놓고 쌈장과 마늘 등을 싸서 먹는다.

요리법을 다 읽기도 전에 군침이 도는 건 어쩔 수가 없다. 삼합이 그냥 삼합이랴. 그런데 키조개로만 요리할 경우에는 비타민A와 C가 부족할 수 있으므로 피망이나 당근, 레몬, 버섯 등 보완 식품을 곁들이는 것이 좋겠다.

남기는 글

나는 등산을 즐긴다. 내가 살고 있는 경기도 군포에는 수리산 도립공원이 있어 이곳을 자주 찾는다. 8단지 뒤편 삼림욕장을 막 벗어나는 등산로 초입에, 지금은 다른 시로 교체되고 없지만 다음과 같은 시화가 전시되어 있었다.

옛날 밥상머리에는
할아버지 할머니 얼굴이 있었고
어머니 아버지 얼굴과

형과 동생과 누나의 얼굴이 맛있게 놓여 있었습니다.

가끔 이웃집 아저씨와 아주머니

먼 친척들이 와서

밥상머리에 간식처럼 앉아 있었습니다.

어떤 때는 외지에 나가 사는

고모와 삼촌이 와서 외식처럼 앉아 있기도 했습니다.

이런 얼굴들이 풀잎반찬과 잘 어울렸습니다.

그러나 지금 새벽 밥상머리에는

고기반찬이 가득한 늦은 저녁 밥상머리에는

아들도 딸도 아내도 없습니다.

모두 밥을 사료처럼 퍼 넣고

직장으로 학교로 동창회로 나간 것입니다.

밥상머리에 얼굴반찬이 없으니

인생에 재미라는 영양가가 없습니다.

공광규 시인의 [얼굴반찬]이라는 시인데, 소설가 김훈이 [밥벌이의 지겨움]에서 밝혔듯이 밥벌이도 힘들지만 벌어놓은 밥을 넘기기도 힘든 세상을 살아가는 도회지 사람들의 비애가 서려 있다. 맞벌이 아내에 대학생인 두 딸과 복학비 마련에 여념이 없는 아들, 우리 가족도 예외는 아니다. 주말이 아니고선 거의 매일 서로 다른 시간에 서로 다른 식사로 각자 끼니를 해결한다. 시인의 말대로 모두 밥을 사료처럼 퍼 넣고 직장으로 학교로 나가는 것이다.

글을 쓰는 내내 이 시가 맴돌았다. 여기 실린 80여 편의 지리적 표시 특산품은 우리 밥상머리에서 쉽게 만나는 식품들이다. 가장 많이 등록된 고추와 마늘 양념이 빠진 반찬은 상상도 할 수 없으며 주식인 쌀, 특선 요리로 쓰이는 한우, 국물이나 무침 요리로 쓰이는 미역과 다시마, 간식으로 내놓는 사과, 배, 포도 등 이루 헤아릴 수가 없다. 그야말로 대한민국 밥상머리의 주역들인 셈이다.

그런데 그 밥상머리에 마주할 얼굴반찬이 없다면 설익은 고기에 양념이 덜 된 반찬으로 식은 밥을 꾸역꾸역 집어넣는 꼴이 아니겠는가. 지리적 표시제는 해당 지역민들이 만든 애정의 산물을 정부기관이 인증해 주는 제도이다. 그런 만큼 위의 시 속에 드러난 풀잎반찬처럼 밥상의 얼굴들과 잘 어울리는 식품들로 채우는 일은 오롯이 함께 마주할 우리 얼굴반찬들의 몫이다.

지금도 전국 여기저기서 지리적 표시 등록을 위한 신청이 쇄도하고 있다 한다. 앞으로도 숨겨진 특산품들이 속속 제 얼굴을 내밀기 바란다. 그러나 지리적 표시 등록이 남발되는 듯한 느낌도 지울 수가 없다. 엄격한 심사를 거쳐야 하고 등록상품의 관리도 엄격해야 한다. 해외에선 여전히 중국산 상주곶감이 버젓이 팔리고 있다 한다. 어렵게 등록시킨 지리적 표시상품의 면모가 이 지경이라면 누가 본 제도를 믿고 따르겠는가. 얼굴반찬이 재미라는 영양가를 선사하듯 지리적 표시제는 신뢰라는 영양가를 제공해야 할 것이다.

참고문헌

제목	시대	저자
가락국기(駕洛國記)	1075~1084년(고려 문종)	
강은집	고려 말	이숭인
경상지리지(慶尙地理誌)	조선 초기	
계림유사(鷄林類事)	고려 숙종	손목
고금석림(古今釋林)	조선 영정조	이의봉
고려도경(高麗圖經)	고려 인종	서긍
고려사(高麗史)	1449~1451년	김종서, 정인지
고사십이집(攷事十二集)	조선 후기	서명응
관자(管子)	중국 제나라	관중
구급방언해(諺解救急方)	1456년	
구세심방		인산 김일훈
구황촬요(救荒撮要)	1554년(명종9년)	
국조오례의(國朝五禮儀)	1474년(성종5년)	신숙주 외
규합총서(閨閤叢書)	1809년(순조9년)	빙허각 이씨
난호어목지(蘭湖漁牧志)	1820년	서유구
남강만록(南岡謾錄)	조선 후기	황곡
농가월령가(農家月令歌)	조선 헌종	정학유
대동지지(大東地志)	조선 후기	김정호
대한약전(大韓藥典)		약전위원회
도문대작(屠門大嚼)	1611년(광해군3년)	허균
동국여지승람(東國輿地勝覽)	조선 성종	노사신 외
동다송(東茶頌)	조선 후기	초의
동의보감(東醫寶鑑)	1610년(광해군2년)	허준

제목	시대	저자
명물기략(名物紀略)	조선 후기	
명의별록(名醫別錄)	중국 한나라말	
목은집(牧隱集)	고려 말	이색
미국의학회지(JAMA)	1927년	미국의학회
박물지(Histoires naturelles, 博物誌)	1896년(프랑스)	J.르나르
방약합편(方藥合編)	1885년(고종22년)	황필수
본초강목(本草綱目)	중국 명나라	이시진
본초경주(本草經註)	중국 청나라	진념조
본초구진(本草求眞)	중국 청나라	황궁수
본초도감(本草圖鑑)		
본초문헌(本草文獻)		
본초비요(本草備要)	중국 청나라	왕앙
본초습유(本草拾遺)	중국 당나라	진장기
부생육기(浮生六記)	중국 청나라	심복
북사(北史)	중국 당나라	이연수
삼국사기(三國史記)	1145년(인종24년)	김부식
삼국유사(三國遺事)	1281년(충렬왕7년)	일연
상방정례(尙方定例)	1752년(영조28년)	상의원
선화봉사고려도경(宣和奉使高麗圖經)	중국 송나라	서긍
성경(The Bible, 聖經)		
세종실록(世宗實錄)	조선 세종	
수문사설(謏聞事說)	1740년경	
시경(詩經)	중국 춘추시대	공자

제목	시대	저자
시의전서(是議全書)	조선 말	작자미상
식료본초(食療本草)	중국 당나라	맹선
식물본초(食物本草)	중국 명나라	적충 유문청 외
신농본초경(神農本草經)		
신농본초경집주(神農本草經集註)	중국 양나라	도홍경
신증동국여지승람(新增東國輿地勝覽)	조선 중기(1530년)	이행, 홍언필
앗시리아식물지	BC 600년경	
양화소록(養花小錄)	조선 세조	강희안
어우야담(於于野譚)	조선 광해군	유몽인
언해두창집요(諺解痘瘡集要)	1608년(조선 선조)	허준
연산군일기(燕山君日記)	1509년(중종4년)	
열하일기(熱河日記)	조선 정조	박지원
오십이병방(五十二病方)	기원전 168년	
오주연문장전산고(五洲衍文長箋散稿)	조선 후기	이규경
우리말큰사전		
우해이어보(牛海異魚譜)	1803년(순조3년)	김려
임원경제지(林園經濟志)	조선 후기	서유구
자산어보(玆山魚譜)	1814년(순조14년)	장약전
제민요술(齊民要術)	중국 북위	가사협
조선산업지(朝鮮産業誌)	1911년	
조선왕조실록(朝鮮王朝實錄)	조선 태조~철종	
주례(周禮)	중국 주나라	주공
증보산림경제(增補山林經濟)	1766년(영조42년)	유중림

제목	시대	저자
지봉유설(芝峰類說)	1614년(광해군6년)	이수광
진연의궤(進宴儀軌)	조선	
천주본초(泉州本草)	중국 의서	
춘향전(春香傳)	조선	작자미상
탐진어가(耽津漁歌)	1804년(조선 후기)	정약용
통아(通雅)	1639년(중국 명말)	방이지
한국 식물명의 유래	2005년	이우철
향약구급방(鄕藥救急方)	1236년(고려 고종)	작자미상
향약채취월령(鄕藥採取月令)	1431년(세종13년)	유효통, 노중례, 박윤덕
화왕계(花王戒)	통일신라시대	설총
화음방언자의해(華音方言字義解)	조선 후기	황윤석
훈몽자회(訓蒙字會)	1577년(선조10)	최세진
훈민가(訓民歌)	조선 선조	정철

밥상 가득, 우리 먹거리

대한민국 지리적 표시 농/림/수/축산물을 찾아서

2015년 4월 20일 초판 1쇄

지은이_ 신완섭
펴낸이_ 강진수
디자인 _디자인마음(hongsh71@gmail.com)

펴낸곳_ 도서출판 우리두리
등록_ 189-96-00039
주소_ 경기도 의정부시 용현로 111
전화_ 070-7554-4538
팩스_ 031-5171-3035
값_22,000원

ISBN 979-11-955024-1-7